集成学习实战

[美] 高塔姆·库纳普利(Gautam Kunapuli) 著

郭 涛 译

清华大学出版社

北 京

北京市版权局著作权合同登记号 图字：01-2023-6190

Gautam Kunapuli

Ensemble Methods for Machine Learning

EISBN: 9781617297137

图书在版编目(CIP)数据

集成学习实战 / (美) 高塔姆•库纳普利(Gautam Kunapuli)著；郭涛译. —北京：清华大学出版社，2024.5

书名原文：Ensemble Methods for Machine Learning

ISBN 978-7-302-66092-7

Ⅰ. ①集… Ⅱ. ①高… ②郭… Ⅲ. ①机器学习 Ⅳ. ①TP181

中国国家版本馆CIP数据核字(2024)第072572号

责任编辑：王　军
装帧设计：孔祥峰
责任校对：马遥遥
责任印制：杨　艳

出版发行：清华大学出版社
网　　　址：https://www.tup.com.cn，https://www.wqxuetang.com
地　　　址：北京清华大学学研大厦 A 座　　　邮　　编：100084
社　总　机：010-83470000　　　　　　　　邮　　购：010-62786544
投稿与读者服务：010-62776969，c-service@tup.tsinghua.edu.cn
质　量　反　馈：010-62772015，zhiliang@tup.tsinghua.edu.cn
印　装　者：北京联兴盛业印刷股份有限公司
经　　销：全国新华书店
开　　本：170mm×240mm　　印　张：21　　字　数：412 千字
版　　次：2024 年 7 月第 1 版　　印　次：2024 年 7 月第 1 次印刷
定　　价：128.00 元

产品编号：101491-01

译者序

近些年，深度学习在学术界和产业界大放异彩，取得了巨大成功；另外，迁移学习、集成学习和强化学习等先进的机器学习模型也崭露头角，出现了百花齐放、百家争鸣的局面。其中集成学习是颇受青睐的机器学习方法之一。集成学习的主要思想是采用群体智慧决策方式，将多个机器学习算法通过不同方式和策略集成起来，因为集成的多个机器学习结果比单个机器学习具有更好的泛化性和更高的精确度。

联合多个模型解决问题的思想具有悠久的历史。20世纪90年代以来，集成学习一直是热门的研究课题，近些年在诸多机器学习算法竞赛和数据科学竞赛中展现出了惊人的效果。目前，集成学习将几种机器学习技术结合成预测模型的元算法，以减小方差和偏差以及改进预测。根据集成方式和学习模式，学术界已经形成两种集成范式，分别是同质集成(homogeneous ensemble)和异质集成(heterogeneous ensemble)。根据基础分类器的生成方式，可以形成串行生成基础分类器(串行集成方法)和并行生成基础分类器(并行集成学习)。典型代表有AdaBoost和Bagging。本书详细介绍了LogitBoost、LightGBM、XGBoost、CatBoost等集成学习变体模型。

目前，关于集成学习著作比较少，主要是周志华教授团队编写的*Ensemble Methods Foundations and Algorithms*。不过，该书的出版时间较早(2012年出版英文，2020年出版了中文译著)，未涉及近10年来集成学习的前沿理论和技术；另外该书主要偏向前沿理论，缺少算法实现和案例配套。

本书的引进可谓恰逢其时，填补了集成学习领域著作方面的不足。本书图文并茂地对深奥的集成学习理论和方法进行描述，并结合大量的案例和应用程序，引导读者边思考边实践，从而逐步加深对集成学习的理解，并将这些新方法、新理论和新思想用于自己的研究。本书梳理了集成学习近20年来的前沿理论和技术，主要从集成学习基础知识、集成方式和集成学习数据集制作、特征提取和可解释性三个方面进行了专题讨论，还讨论集成学习理论以及与概率机器学习和深度学习的结合策略。本书包含大量的图、案例以及Python代码实现，读者可以一边阅读一边动手实践。本书面向计算机、人工智能和大数据专业的高年级本科生和研究生，也面向对机器学习与集成学习感兴趣的研究人员和企业工程师。

在翻译本书的过程中，得到了很多人的帮助。成都文理学院外国语学院何静老师、电子科技大学外国语学院研究生尹秋委、西南交通大学外国语学院英语专业钱益萱和电子科技大学外国语学院研究生相思思参与了本书的审校。最后，感谢清华大学出版社的编辑，他们完成了大量的编辑与校对工作，保证了本书的质量，使本书符合出版要求。在此深表感谢。

由于本书涉及的广度和深度较大，加上译者翻译水平有限，在翻译过程中难免有不足之处，欢迎各位读者批评指正。

译者简介

  郭涛，主要从事人工智能、现代软件工程、智能空间信息处理与时空大数据挖掘分析等前沿交叉研究。已经出版多部译作，包括《深度强化学习图解》《机器学习图解》和《Effective 数据科学基础设施》。

作者简介

　　Gautam Kunapuli在学术界和机器学习行业都有超过15年的经验。他的工作重点是人机协作学习、基于知识和建议的学习算法，以及针对机器学习难题的可扩展学习。Gautam已经为社交网络分析、文本和自然语言处理、计算机视觉、行为挖掘、教育数据挖掘、保险和金融分析以及生物医学等多个应用领域开发了多种新算法。他还发表了研究论文，探讨关系域和不平衡数据的集成方法。

致谢

我从未想过，这样一本有关集成方法的书籍会成为家人、朋友、同事和合作者的集体努力目标，他们从构思到完成都对本书做出了巨大贡献。

感谢Brian Sawyer，是他让我产生了写这本书的想法，感谢他对这个项目的信任，感谢他的耐心，感谢他让我一直走在前进的道路上，让我可以做这件我一直想做的事情。

感谢策划编辑Katherine Olstein、Karen Miller，感谢技术编辑Alain Couniot；当我刚开始写这本书时，我就对它有了一个愿景，是这三位编辑让它变得更好。感谢他们日复一日的细致审阅，感谢他们慧眼识珠，感谢他们不断挑战我，使我成为一名更好的作家。本书的最终质量与他们的努力密不可分。

感谢Manish Jain，感谢你不厌其烦地对代码进行逐行校对。感谢Marija Tudor，感谢他设计了精美的封面。感谢Manning的校对和制作团队的出色工作让本书看起来完美无瑕——评审编辑Mihaela Batinic、制作编辑Kathleen Rossland、文字编辑Julie McNamee和校对Katie Tennant。

感谢审稿员们：Al Krinker、Alain Lompo、Biswanath Chowdhury、Chetan Saran Mehra、Eric Platon、Gustavo A. Patino、Joaquin Beltran、Lucian Mircea Sasu、Manish Jain、McHugson Chambers、Ninoslav Cerkez、Noah Flynn、Oliver Korten、Or Golan、Peter V. Henstock、Philip Best、Sergio Govoni、Simon Seyag、Stephen John Warnett、Subhash Talluri、Todd Cook和Xiangbo Mao，感谢他们给予的宝贵反馈以及非常精彩的见解和评论。我尽量采纳了所有的建议(真的)，其中许多都已体现在本书中。

感谢那些在早期阅读本书的读者，他们留下了许多评论、修改意见和鼓励的话语！

感谢我的导师Kristin Bennett、Jong-Shi Pang、Jude Shavlik、Sriraam Natarajan和Maneesh Singh，他们在我作为学生、博士后、教授和专业人士的不同阶段，都

深刻地影响了我的思维：感谢他们教我如何用机器学习思考、如何用机器学习语言进行交流，以及如何利用机器学习构建模型。他们的智慧和教诲在本书中得到了很好的传承。Kristin，希望你喜欢第1章的标题。

感谢Jenny和Guilherme de Oliveira，感谢我们多年来的友谊。我将永远铭记2020年夏秋之际的午后和傍晚，那些一起在小后院里安静度过的时光，那里成为我们的小天地和避风港。

感谢我的父母Vijaya和Shivakumar，以及我的兄弟Anupam：感谢他们始终相信我，始终支持我，即使他们远在千里之外。我知道他们为我感到骄傲。这本书终于完成了，现在我们可以去实现那些一直在谈论的其他计划了……不过要在我开始写下一本书之前。

感谢我的妻子和最坚定的支持者Kristine：她一直是我无穷的慰藉和鼓励之源，尤其是在我遇到困难时。谢谢她和我交流想法，和我一起校对，为我准备茶点和小吃，谢谢她的陪伴，也感谢她在我写作时牺牲了那么多周末(有时甚至包括周末晚上)。谢谢她始终陪伴在我身边，始终支持我，并且从未怀疑过我的能力。

关于封面插图

    本书封面上的人物是"Musiciene Chinoise",即"中国音乐家",出自 Jacques Grasset de Saint-Sauveur于1788年出版的作品集。作品集的每幅插图都经过精细的手工绘制和上色。

    在那个年代,很容易通过衣着打扮辨别出人们的居住地、职业或社会地位。Manning以几个世纪前丰富多彩的地区文化为基础,通过图片集再现了地区文化,并通过书籍封面来颂扬计算机行业的创造精神。

前言

曾几何时，我还是一名研究生，仿佛在茫茫大海中漂泊，船上没有舵手，研究方向不尽如人意，前途未卜。后来，我偶然看到了一篇题为"支持向量机：是炒作还是福音？"的文章。彼时是21世纪初，支持向量机(Support Vector Machine，SVM)无疑是当时最重要的机器学习技术。

在这篇文章中，作者(其中一位后来成为我的博士生导师)采用了一种相当简化的方法来解释SVM这一相当复杂的主题，将直觉和几何与理论、应用交织在一起。这篇文章给我留下了深刻印象，一下子激发了我对机器学习的热情，并使我对了解这些方法在实现中的工作原理产生了强烈的迷恋。事实上，本书第1章的标题就是向那篇文章致敬，因为它对我的人生产生了十分深刻的影响。

与当时的SVM一样，集成方法如今也被广泛认为是最重要的机器学习技术。但很多人没有意识到的是，在过去几十年里，一些集成方法一直被认为是最先进的：20世纪90年代的Bagging法，21世纪最初的随机森林和提升法，21世纪10年代的梯度提升法，以及21世纪20年代的XGBoost。最佳机器学习模型在不断变化，集成方法似乎确实值得炒作。

在过去10年中，我有幸花费了大量时间训练各种类型的集成模型，将它们应用于工业领域，并撰写了相关的学术研究论文。在本书中，我尽可能多地展示了这些集成方法：一些是你肯定听说过的，还有一些你应该真正了解的新方法。

本书绝不仅是一本按部就班、代码剪贴的教程(虽然你也可以这样使用它)。网络上有很多这样的优秀教程，可以让你立即开始处理数据集。相反，我在介绍每一种新方法时，都会采用一种身临其境的方式，这种方式的灵感来源于我读过的第一篇机器学习论文，在我担任研究生讲师期间，我在大学课堂上对这篇论文进行了改进。

我始终认为，要深入理解一个技术主题，就必须将其剥离、拆解，并尝试重新结合。在本书中，我也采用了同样的做法：将拆解集成方法，并重新创建它们。将对它们进行调整，看看它们是如何变化的。这样，就能看到它们的真正魅力！

希望本书能揭开这些技术和算法细节的神秘面纱，让你进入集成思维模式，无论是为你的课程项目、Kaggle竞赛还是用于生产应用。

现在是学习集成方法的最佳时机。本书涵盖的模型可分为三大类：

- 基础集成方法——经典的、人们耳熟能详的方法，包括历史悠久的集成技术，如Bagging法、随机森林和AdaBoost等。
- 最先进的集成方法——现代集成时代经过实践验证的强大方法，构成了许多实际生产中的预测、推荐和搜索系统的核心。
- 新兴的集成方法——刚刚问世的最新方法，用于应对新需求和新兴优先事项，如可解释性(explainability)和解释性(interpretability)。

每章都将采用三管齐下的方法，介绍不同的集成技术。首先，你将一步步地直观了解每种集成方法的原理。其次，你将自己实现每种集成方法的基本版本，以充分理解算法的核心和关键。最后，你将学习如何实际应用鲁棒的集成库和工具。

大多数章节还提供了来自现实世界数据的案例研究，这些数据来自手写数字预测、推荐系统、情感分析、需求预测等应用领域。这些案例适当地解决了几个实际应用中的问题，包括预处理和特征工程、超参数选择、高效训练技术和有效的模型评估。

读者对象

本书面向广泛的读者群体：

- 对使用集成方法在实际应用中获得最佳数据感兴趣的数据科学家。
- 正在构建、评估和部署基于集成方法的生产就绪型应用程序和流程的MLOps和DataOps工程师。
- 希望将本书作为学习资料或补充教科书的数据科学和机器学习专业的学生。
- Kaggler和数据科学爱好者，可将本书作为学习集成方法无尽建模可能性的切入点。

本书不是机器学习和数据科学的入门读物。本书假定你已经掌握了一些机器学习的基础知识，并且至少使用过一种基本的学习技术(如决策树)。

此外，本书还假定你掌握Python的基础知识。本书中的示例、可视化和章节案例研究均使用Python和Jupyter Notebook。了解其他常用的Python软件包，如NumPy(用于数学计算)、pandas(用于数据处理)和Matplotlib(用于可视化)，也是有用的，但并非必要。实际上，你可通过示例和案例研究来学习如何使用这些包。

本书结构

本书分3个部分，共9章。第Ⅰ部分是集成方法的简单介绍，第Ⅱ部分介绍并解释几种基本的集成方法，第Ⅲ部分涵盖高级主题。

第Ⅰ部分"集成学习基础知识"介绍集成方法以及为什么要学习集成方法。该部分还包含本书其余部分所涉及的集成方法的路线图。

- 第1章讨论集成方法和基本集成术语，介绍拟合度与复杂性的权衡(或更正式的说法是偏差-方差权衡)。你将在该章构建第一个集成模型。

第Ⅱ部分"基本集成方法"涵盖几个重要的集成方法系列，其中许多被认为是"基本"集成方法，并广泛应用于实际中。在该部分的每一章中，你将学习如何从零开始实现不同的集成方法，了解它们的工作原理，并将它们应用于实际问题中。

- 第2章开始介绍并行集成方法，确切地说，是同质并行集成。涵盖的集成方法包括Bagging法、随机森林(random forest)、Pasting、随机子空间(random subspace)、random patch法和极度随机树(Extra Tree)。

- 第3章继续介绍更多并行集成方法，但本章的重点是异质并行集成方法。涵盖的集成方法包括通过多数投票结合基础模型、加权结合、使用Dempster-Shafer进行预测融合，以及通过Stacking进行元学习。

- 第4章介绍另一种集成方法——顺序适应性集成，特别是将许多弱模型提升为一个强大模型的基本概念：介绍了AdaBoost和LogitBoost等集成方法。

- 第5章以提升的基本概念为基础，介绍另一种基本的顺序集成方法——梯度提升(它将梯度下降与提升相结合)。该章将讨论如何使用scikit-learn和LightGBM训练梯度提升集成。

- 第6章将继续探讨顺序集成方法，介绍牛顿提升(Newton boosting，是梯度提升的一种高效扩展)，将牛顿下降与提升相结合。该章将讨论如何使用XGBoost训练牛顿提升集成。

第Ⅲ部分"集成之外：将集成方法应用于你的数据"将展示如何将集成方法应用于许多情况，包括具有连续值标签和计数值标签的数据集以及具有分类特征的数据集。还将讨论如何解释你的集成并说明其预测结果。

- 第7章将介绍如何针对不同类型的回归问题和广义线性模型(训练标签为连续值或计数值)进行集成训练。内容包括线性回归、泊松回归、Γ回归和

　　　Tweedie回归的并行和顺序集成方法。

■ 第8章指出使用非数字特征(特别是分类特征)进行学习时面临的挑战，并介绍一些编码方案，有助于为这类数据训练有效的集成模型。该章还讨论两个重要的实际问题：数据泄露和预测偏移。最后，将讨论如何通过有序编码和CatBoost来解决这些问题。

■ 第9章从集成方法的角度阐述可解释人工智能这一新兴且非常重要的课题。该章介绍可解释性的概念及其重要性。还讨论几种常见的黑盒可解释方法，包括排列特征重要性、部分依赖图、代理方法、局部解释模型、Shapley值和SHapley加性解释。此外，还介绍白盒集成方法、可解释性提升机和InterpretML包。

■ 结语为旅程画上了句号，并提供更多可供进一步探索和阅读的主题。

　　　虽然本书的大部分章节都可独立阅读，但第7～9章是在本书第Ⅱ部分的基础上编写的。

关于代码

　　　本书中的所有代码和示例都是用Python 3编写的。代码编排在Jupyter Notebook中，可扫封底二维码下载。

　　　本书包含许多源代码示例，这些示例既有以编号形式列出的，也有与普通文本并列的。这两种情况下，源代码的格式都是等宽字体，以使其与普通文本区分开来。许多情况下，原始源代码都经过重新格式化，添加了换行符，并重新调整了缩进，以适应书中可用的页面空间。

目录

第 I 部分
集成学习基础知识

你可能经常听说"随机森林"、XGBoost或"梯度提升"。似乎总有人使用这样或那样的方法来构建酷炫的应用程序或赢得Kaggle竞赛。你有没有想过这究竟是怎么回事？

原来，这一切都与集成方法有关，集成方法是一种鲁棒的机器学习范式，已被广泛应用于医疗保健、金融、保险、推荐系统、搜索等领域。

本书将带你进入集成方法的广阔世界，本部分将帮助你入门。

本书的第 I 部分将介绍集成方法的拟合度与复杂性(或者更正式的说法是偏差-方差权衡)，然后将指导你从头开始构建自己的第一个集成模型。

在阅读完这部分内容后，你就会明白为什么集成模型通常比单个模型更好，以及你为什么应该关注它们。

第 *1* 章

集成方法：炒作还是福音

本章内容
- 定义集成学习问题
- 在不同应用中激发对集成学习的需求
- 理解集成方法如何处理拟合度与复杂性的关系
- 使用集成多样性和模型结合实现的第一个集成模型

2006年10月，Netflix宣布了一项竞赛：只要开发出好过CineMatch(Netflix的专有电影推荐系统)算法10%的方法，就能获得100万美元奖金。Netflix特等奖是有史以来第一个公开的数据科学竞赛之一，吸引了成千上万的团队参赛。

训练集包括480 000名用户对17 000部电影做出的1亿次评分。仅在三周内，就有40个团队超过了CineMatch的成绩。到2007年9月，已有4万多个团队参加了竞赛，来自AT&T实验室的一个团队在CineMatch的基础上提高了8.42%，获得了2007年的进步奖。

随着竞赛的进行，10%的目标仍然遥不可及，参赛者之间出现了一个有趣的现象。团队之间开始合作，共享关于有效特征工程、算法和技术的知识。不可避免地，他们开始将各自的模型结合起来，将单个方法融合成强大而复杂的集成模型。这些集成模型结合了各种不同的模型和特征的优点，事实证明它们比任何单个模型都有效得多。

2009年6月，在竞赛开始近三年后，BellKor's Pragmatic Chaos合并团队(由3个不同团队合并而成)以微弱优势击败了The Ensemble合并团队(由30多个不同团队合并而成)，在基准线的基础上提高了10.06%，赢得了100万美元的奖金。"微弱优势"可能有些轻描淡写，因为BellKor's Pragmatic Chaos在The Ensemble提交模型的前20分钟提交了最终模型。

虽然Netflix竞赛激发了全球数据科学家、机器学习者和普通数据科学爱好者的想象力，但它的持久影响在于将集成方法确立为构建大规模、实用和鲁棒模型的强大方法，适用于现实世界的应用。在所使用的单个算法中，有几种已成为当今协同过滤和推荐系统中不可或缺的基本算法：k最近邻算法、矩阵分解和受限玻尔兹曼机。BigChaos的联合获奖者Andreas Töscher和Michael Jahrer总结了他们的成功之道：

在近三年的Netflix竞赛中，有两个主要因素提高了整体准确率：单个算法的质量和集成思想——集成思想从一开始就是竞赛的一部分，并随着时间的推移而不断发展。一开始，使用了不同参数的不同模型，并进行了线性混合……最终，线性混合被非线性混合所取代。

此后几年，集成方法的使用呈爆炸式增长，成为机器学习领域最先进的技术。

接下来将简要介绍什么是集成方法，集成方法为何有效以及集成方法的应用领域。然后将探讨所有机器学习算法中普遍存在的一个微妙但重要的挑战：拟合度与复杂性的权衡。

最后，将开始训练的第一个集成方法，以全面了解集成方法如何权衡拟合度与复杂性，从而提高整体性能。在这个过程中，你将熟悉构成集成方法词典的几个关键术语，这些术语将贯穿全书。

1.1　集成方法：集体智慧

究竟什么是集成方法？以Forrest医生的工作为例，直观地了解集成方法及其工作原理。然后，就可以继续探讨集成学习问题了。

Forrest是一位备受赞誉且成功的诊断专家，就像他的偶像Gregory House医生一样。然而，他的成功不仅因为他非常有礼貌(与他玩世不恭的偶像不同)，还因为他那与众不同的诊断方法。

Forrest医生在一所教学医院工作，受众多住院医师尊敬。Forrest医生精心组建了一个拥有多种技能的团队(这一点非常重要，很快就会知道原因)。他的住院医师擅长不同的专业：一位擅长心脏病学(心脏)，另一位擅长肺病学(肺部)，还有一位擅长神经学(神经系统)等等。总之，这群人技术相当多样化，各有所长。

每次Forrest医生接到一个新病例，都会征求住院医师们的意见，并从他们那里收集所有可能的诊断意见(见图1.1)。然后，他以民主方式从所有的诊断中选出最常见的一个作为最终诊断。

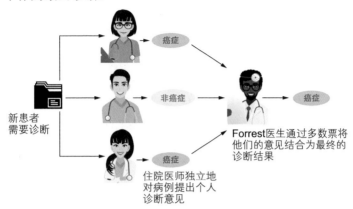

图1.1 Forrest医生每次接到新病例时，都会询问所有住院医师对该病例的意见。他的住院医师会提出自己的诊断意见：患者是否患有癌症。然后，Forrest医生会选择多数人的答案作为他的团队给出的最终诊断结果

Forrest医生体现了一种诊断集成：他将住院医师的诊断结合成一个代表团队集体智慧的最终诊断结果。结果证明，Forrest医生的判断比任何一个住院医师都更正确，因为他知道住院医师都非常聪明，而一大批聪明的住院医师不可能都犯同样的错误。这里，Forrest医生依靠模型结合或模型平均的力量，他知道平均答案很可能是一个好答案。

不过，Forrest医生如何确保他的所有住院医师都没有犯错呢？当然，他无法百分之百确定。但是，他还是防范了这种不良后果。记住，他的住院医师都来自不同的专业。由于他们的背景、培训方式、专业和技能各不相同，所有住院医师都出错也不是不可能，但可能性极小。这里，Forrest医生依靠集成多样性或各个组成部分的多样性。

当然，Forrest医生采用的是集成方法，而他的住院医师(正在接受培训)则是组成这个集成的机器学习算法。他的成功秘诀(实际上也是集成方法的成功秘诀)是：

- 集成多样性——他有多种意见可供选择。
- 模型结合——他可将这些意见合并成一个最终意见。

任何机器学习算法的集合都可以用于构建集成，即一组机器学习器。但是，它们为什么能发挥作用呢？James Surowiecki在《群体的智慧》一书中描述了人类集成或智慧的群体：

如果你让一大群不同的、独立的人做出预测或估计概率，那么这些答案的平均值会抵消个人估计中的误差。你可以说，每个人的猜测有两个组成部分：信息和误差。消除误差，剩下的就是信息。

这也正是集成学习的直观认识：通过结合单个学习器，可以构建一个智慧的

机器学习集成。

> **集成方法**
>
> 正式地说，集成方法是一种机器学习算法，旨在结合多个估计器或模型的预测结果来提高任务的预测性能。通过这种方式，集成方法学习元估计器。

集成方法成功的关键在于集成多样性，也有模型互补性或模型正交性等其他说法。非正式地说，集成多样性是指单个集成组件或机器学习模型之间彼此不同。训练这种由不同单个模型组成的集合是集成学习的一个关键挑战，不同的集成方法以不同方式实现这一目标。

1.2   关注集成学习原因

集成方法能做什么？它们真的只是炒作吗，还是真的有用？正如在本节中所看到的，它们可用于为许多不同应用训练和部署强大而有效的预测模型。

集成方法的一个明显成功之处是，它们在数据科学竞赛中占据主导地位(与深度学习并列)，在不同类型的机器学习任务和应用领域取得了普遍成功。

Kaggle的首席执行官安东尼·戈尔德布鲁姆在2015年透露，对于结构化问题，最成功的三种算法是XGBoost、随机森林和梯度提升，它们都是集成方法。事实上，如今应对数据科学竞赛的最流行方法就是将特征工程与集成方法相结合。结构化数据通常以表格、关系数据库和为人熟知的其他格式组织，而集成方法已被证明在这类数据上非常成功。

相比之下，非结构化数据并不总是具有表格结构。图像、音频、视频、波形和文本数据通常都是非结构化数据，而深度学习方法(包括自动特征生成)已经在这些类型的数据上取得了很大的成功。虽然本书的大部分内容中都集中在结构化数据上，但集成方法也可与深度学习相结合，用于解决非结构化问题。

除竞赛外，集成方法还推动了多个领域的数据科学发展，包括金融和商业分析、医学和医疗保健、网络安全、教育、制造业、推荐系统、娱乐等。

2018年，Olson等人对14种流行的机器学习算法及其变体进行了全面分析，对每种算法在165个分类基准数据集上的性能进行了排名。他们的目标是模拟标准的机器学习流程，为选择机器学习算法提供建议。

图1.2结合了这些综合结果。每一行显示了在所有165个数据集中，一种模型优于其他模型的频率。例如，在165个基准数据集中，XGBoost在34个数据集(第一行，第二列)击败了梯度提升(Gradient Boosting)，而梯度提升在165个基准数据集中的12个数据集(第二行，第一列)上优于XGBoost。在其余的119个数据集上，它们的表现非常接近，这意味着这两个模型在119个数据集上表现相当。

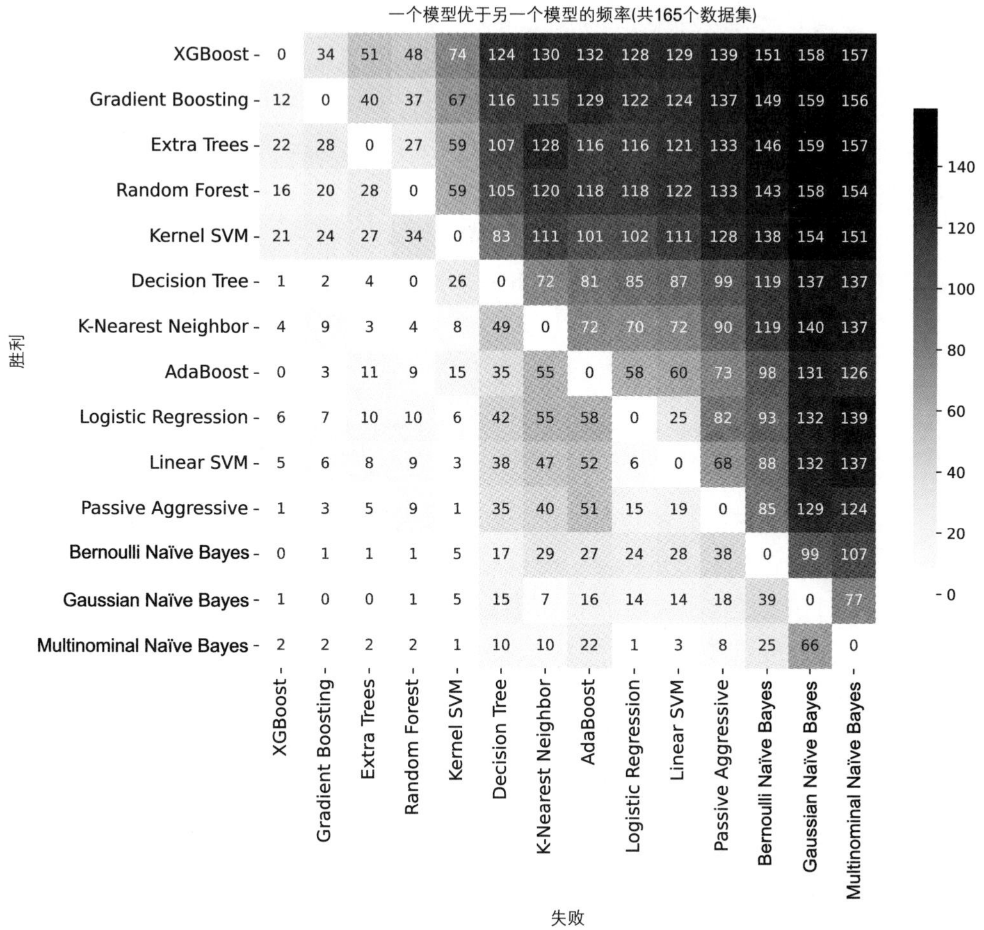

一个模型优于另一个模型的频率(共165个数据集)

	XGBoost	Gradient Boosting	Extra Trees	Random Forest	Kernel SVM	Decision Tree	K-Nearest Neighbor	AdaBoost	Logistic Regression	Linear SVM	Passive Aggressive	Bernoulli Naïve Bayes	Gaussian Naïve Bayes	Multinominal Naïve Bayes
XGBoost	0	34	51	48	74	124	130	132	128	129	139	151	158	157
Gradient Boosting	12	0	40	37	67	116	115	129	122	124	137	149	159	156
Extra Trees	22	28	0	27	59	107	128	116	116	121	133	146	159	157
Random Forest	16	20	28	0	59	105	120	118	118	122	133	143	158	154
Kernel SVM	21	24	27	34	0	83	111	101	102	111	128	138	154	151
Decision Tree	1	2	4	0	26	0	72	81	85	87	99	119	137	137
K-Nearest Neighbor	4	9	3	4	8	49	0	72	70	72	90	119	140	137
AdaBoost	0	3	11	9	15	35	55	0	58	60	73	98	131	126
Logistic Regression	6	7	10	10	4	42	55	58	0	25	82	93	132	139
Linear SVM	5	6	8	9	3	38	47	52	6	0	68	88	132	137
Passive Aggressive	1	3	5	5	1	35	40	51	15	19	0	85	129	124
Bernoulli Naïve Bayes	0	1	1	1	5	17	29	27	24	28	38	0	99	107
Gaussian Naïve Bayes	1	0	0	1	5	15	7	16	14	14	18	39	0	77
Multinominal Naïve Bayes	2	2	2	2	1	10	10	22	1	3	8	25	66	0

胜利

失败

图1.2　应该使用哪种机器学习算法来处理数据集？这里展示了几种不同机器学习算法在165个基准数据集上的相对性能。根据模型在所有基准数据集上的表现，对最终训练出来的模型进行排序(从上到下，从左到右)。在评估中，Olson等人认为，如果两种方法在一个数据集上的预测准确率相差在1%以内，则这两种方法在该数据集上的性能相同。本图是使用作者在GitHub仓库(https://github.com/rhiever/sklearn-benchmarks)中公开的代码库和综合实验结果复制的，其中包括作者对XGBoost的评估

相比之下，XGBoost在165个数据集中的157个数据集(第一行，最后一列)中击败了多项式朴素贝叶斯(MNB)，而MNB仅在165个数据集中的2个数据集(最后一行，第一列)上击败了XGBoost，并且只能在165个数据集中的6个数据集上与XGBoost持平！

总体而言，集成方法(XGBoost、梯度提升、极度随机树、随机森林和AdaBoost)的性能远远优于其他方法。这些结果恰恰说明了集成方法(特别是基于树的集成方法)被认为是最先进的原因。

如果你的目标是从数据中开发出最先进的分析方法，或者是为了提升性能并改进已有的模型，那么本书就是为你准备的。如果你的目标是在数据科学竞赛中更有效地获得奖励，或只是为了提高自己的数据科学技能，那么本书同样适合你。如果你对将鲁棒的集成方法添加到机器学习武器库中感兴趣，那么本书绝对是你的不二选择。

为说明这一点，接下来将构建第一个集成方法：一个简单的模型结合集成。在此之前，先来深入了解一下大多数机器学习方法必须应对的拟合度和复杂性之间的权衡，因为这将帮助理解集成方法如此有效的原因。

1.3　单个模型中的拟合度与复杂性

本节将介绍两种流行的机器学习方法：决策树和支持向量机(SVM)。在此过程中，将探讨它们在学习日益复杂的模型时，拟合度和预测行为是如何变化的。本节还将复习在建模过程中通常采用的训练和评估方法。

机器学习任务通常是：

- 监督学习任务——这些任务有一个标注样本的数据集，其中的数据已经进行了标注。例如，在癌症诊断中，每个样本都是一个病人，带有标签/注释"患有癌症"或"未患癌症"。标签可以是0-1(二元分类)、分类(多类分类)或连续(回归)。
- 无监督学习任务——这些任务的数据集是没有标签的样本，数据缺乏标注。这包括通过某种"相似性"概念将样本分组(聚类)，或识别不符合预期模式的异常数据(异常检测)等任务。

将创建一个简单的、通过合成生成的监督回归数据集，以说明训练机器学习模型的关键挑战，并激发对集成方法的需求。通过这个数据集，将训练越来越复杂的机器学习模型，这些模型在训练过程中拟合(并最终过拟合)数据。我们会发现，训练过程中的过拟合并不一定会产生泛化效果更好的模型。

1.3.1　决策树回归

决策树是最受欢迎的机器学习模型之一，可用于分类和回归任务。决策树由决策节点和叶节点组成，每个决策节点针对特定条件测试当前样本。

例如，在图1.3中，使用决策树分类器对具有x_1和x_2两个特征的数据集进行二元分类。第一个节点会对每个输入样本进行测试，以查看第二个特征x_2是否大于5，然后根据结果将样本输送到决策树的右侧或左侧分支。这一过程一直持续到输入样本到达叶节点(此时，将返回与叶节点对应的预测值)为止。对于分类任务，叶节点值是一个类别标签；而对于回归任务，叶节点返回一个回归值。

　　深度为1的决策树称为决策桩(decision dump)，是最简单的树形结构。一个决策桩包含一个决策节点和两个叶节点。浅层的决策树(如深度为2或3的决策树)的决策节点和叶子节点数量较少，是一个简单模型。因此，它只能表示简单函数。

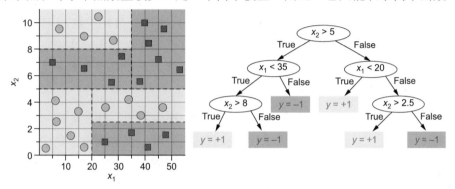

图1.3　决策树将特征空间分成与轴平行的矩形区域。当用于分类时，决策树会检查决策节点中的特征条件，每次测试后都会将样本向左或向右输送。最终，样本会过滤到叶节点，叶节点会给出分类标签。根据这棵决策树划分的特征空间如左图所示

　　另一方面，更深的决策树是一个更复杂的模型，有更多决策节点和叶节点。因此，更深的决策树可以表示更丰富、更复杂的函数。

决策树中的拟合度与复杂性之间的权衡

　　将一个名为Friedman-1的合成数据集作为背景，探讨模型拟合与表征复杂性之间的权衡。这个数据集最初由Jerome Friedman于1991年创建，目的是探索其新的MARS(多元自适应回归样条)算法对高维数据的拟合效果。

　　这个数据集是经过精心设计生成的，用于评估回归方法在数据集中只提取真实特征依赖性而忽略其他特征的依赖性能力。更具体地说，数据集随机生成了15个特征，其中只有前5个特征与目标变量相关：

$$y = 10\sin(\pi x_1 x_2) + 20\left(x_3 - \frac{1}{2}\right)^2 + 10x_4 + 5x_5 + \text{Gaussian Noise}(0, \sigma)$$

scikit-learn包含一个内置函数，可用它在此方案中生成尽可能多的数据：

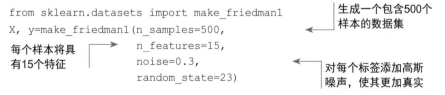

```
from sklearn.datasets import make_friedman1
X, y=make_friedman1(n_samples=500,
                    n_features=15,
                    noise=0.3,
                    random_state=23)
```

生成一个包含500个样本的数据集

每个样本将具有15个特征

对每个标签添加高斯噪声，使其更加真实

随机将数据集划分为训练集(占数据的67%)和测试集(占数据的33%)，以便更

清楚地说明复杂性与拟合度的影响。

提示：在建模过程中，经常需要将数据划分为训练集和测试集。这两个数据集应该有多大呢？如果构成训练集的数据太少，模型就没有足够的数据进行训练。而如果构成测试集的数据太少，将导致泛化评估(评估模型在未来数据上的表现)波动过大。对于大中型数据，一个好的经验法则(即帕累托原则)是将训练集和测试集以80%:20%的比例进行划分。另一个适用于小型数据集的良好法则是采用留一法(leave-one-out)，即每次评估只留下一个样本，而对每个样本都重复整个训练和评估过程。

对于不同深度d=1到10，在训练集上训练一棵决策树，并在测试集上对其进行评估。当观察不同深度下的训练误差和测试误差时，就能确定"最佳决策树"的深度。用评价指标来描述"最佳"；对于回归问题，有几个常见的评估指标，如均方差(MSE)、平均绝对误差(MAD)和决定系数等。

接下来将使用决定系数，也称为R^2分数，它衡量的是标签(y)中可通过特征(x)预测的方差比例。

> **决定系数**
>
> 决定系数(R^2)是一种衡量回归性能的指标。R^2是真实标签中可通过特征预测的方差比例。R^2取决于两个量：①真实标签的总方差，即总平方和(TSS)；②均方差(MSE)，即真实标签和预测标签之间的残差平方和(RSS)。R^2=1−RSS/TSS。完美模型预测误差为零，即RSS=0，对应的R^2=1。真正的好模型的R^2值接近1。而非常糟糕的模型会有很高的预测误差和RSS。这意味着，对于非常糟糕的模型，可能得到负的R^2值。

最后需要注意的一点是，将数据随机划分训练集和测试集，这意味着在拆分过程中可能非常幸运，也可能非常不幸。为避免随机性的影响，我们重复了K=5次实验，并取各次实验结果的平均值。为什么是5次呢？这个选择通常有些随意，你需要决定是要减少测试误差的变化(K值大)，还是要缩短计算时间(K值小)。

实验的伪代码如下：

```
for run=1:5
    (Xtrn, ytrn), (Xtst, ytst)=split data (X), labels (y) into
                            training & test subsets randomly
    for depth d=1:10
        tree[d]=train decision tree of depth d on the
                training subset (Xtrn, ytrn)
        train_scores[run, d]=compute R2 score of tree[d] on the
                            training set (Xtrn, ytrn)
```

```
        test_scores[run, d]=compute R2 score of tree[d] on the
                          test set (Xtst, ytst)
    mean_train_score=average train_scores across runs
    mean_test_score=average test_scores across runs
```

下面的代码片段正是这样做的，绘制了训练和测试分数；没有明确实现前面的伪代码，而是使用scikit-learn函数sklearn.model_selection.ShuffleSplit自动将数据划分五个不同的训练和测试子集，并使用sklearn.model_selection.validation_curve来确定不同决策树深度的R^2分数：

```
import numpy as np
from sklearn.tree import DecisionTreeRegressor
from sklearn.model_selection import ShuffleSplit
from sklearn.model_selection import validation_curve    ← 将数据随机划分五组，
                                                          每组分为训练集和测
subsets=ShuffleSplit(n_splits=5, test_size=0.33,         试集
                      random_state=23)  ←
model=DecisionTreeRegressor()
trn_scores, tst_scores=validation_curve(model, X, y,    ←
                                param_name='max_depth',
                                param_range=range(1, 11),
                                cv=subsets, scoring='r2')
mean_train_score=np.mean(trn_scores, axis=1)            对于每个划分，训练深
mean_test_score=np.mean(tst_scores, axis=1)            度为1~10的决策树，然
                                                        后在测试集上进行评估
```

记住，最终目标是建立一个泛化能力强的机器学习模型，即一个在未来、未见数据上表现良好的模型。因此，我们的第一直觉就是训练出一个训练误差最小的模型。为拟合尽可能多的训练样本，这种模型通常会非常复杂。毕竟，复杂模型很可能能够很好地拟合训练数据，并具有小的训练误差。当然，训练误差最小的模型在未来也具有良好的泛化能力，并能同样出色地预测未见过的样本。

现在，来看看图1.4中的训练和测试分数，看看情况是否如此。记住，R^2分数接近1表示回归模型非常好，而分数离1越远表示模型越差。

更深的决策树更复杂，表征能力也更强，因此看到它们能更好地拟合训练数据也就不足为奇了。图1.4清楚地表明了这一点：随着树的深度(模型复杂性)的增加，训练分数逐渐接近$R^2=1$。因此，更复杂的模型对训练数据的拟合效果更好。

然而，令人意外的是，测试的R^2分数并没有随着复杂性的增加而增加。事实上，超过max_depth=4后，测试分数保持相对稳定。这表明，深度为8的树可能比深度为4的树能更好地拟合训练数据，但这两种树在尝试对新数据进行泛化和预测时，表现大致相同！

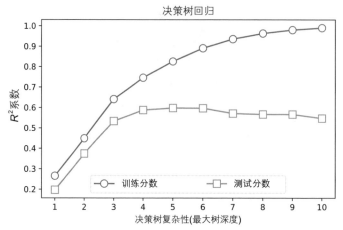

图1.4　使用R^2作为评估指标，比较不同深度的决策树在Friedman-1回归数据集上的
表现。R^2分数越高，说明模型的误差越小，与数据的拟合度越高。R^2分数接近1意味
着模型误差几乎为零。深度决策树可能近乎完美地拟合训练数据，但这些过于复杂
的模型实际上会过拟合训练数据，并不能很好地泛化到未来的数据中，测试分数就
是证明

随着决策树深度的增加，它们会变得越来越复杂，训练误差也会越来越小。
然而，它们对未来数据的泛化能力(通过测试分数估计)并不会随之下降。这是一
个相当令人意外的结果：在训练集上拟合效果最好的模型在实际应用中未必是预
测效果最好的模型。

或许会认为，在随机划分训练集和测试集时运气不好。不过，为避免出现这
种情况，在实验中使用了五种不同的随机分区，并对结果取平均值。不过，为了
确保万无一失，再用另一种广泛应用的机器学习方法来重复这个实验：支持向量
回归。

1.3.2　支持向量回归

与决策树一样，支持向量机(SVM)是一种出色的现成基线建模方法，大多数
软件包都配备了鲁棒的SVM实现。你可能已经将SVM用于分类，这种情况下，
可以使用径向基函数(RBF)核或多项式核等核函数学习相当复杂的非线性模型。
SVM也适用于回归问题，并且与分类情况类似，在训练过程中，SVM试图找到一
个在正则化和拟合度之间权衡的模型。具体而言，支持向量回归(SVR)尝试找到一
个模型来最小化：

$$
\underbrace{\text{regularization}}_{\text{模型平坦度测量}} + c \cdot \overbrace{\text{loss}}^{\text{模型拟合度测量}}
$$

正则化(regularization)项衡量模型的平坦度：正则化项越小，学习到的模型就越线性、越简单。损失(loss)项通过损失函数(通常为MSE)来衡量对训练数据的拟合度：损失项最小化得越多，模型与训练数据的拟合度就越高。正则化参数C在这两个竞争的目标之间进行权衡。

- C值较小时，表示模型将更关注正则化和简洁性，而非训练误差，这会导致模型的训练误差更大，拟合度更低。
- C值较大时，表示模型将更关注训练误差，学习更复杂的模型，从而导致模型的训练误差更小，并可能出现过拟合。

可从图1.5中看到C值增大对所学模型的影响。特别是，可以直观地看到拟合度与复杂性之间的权衡。

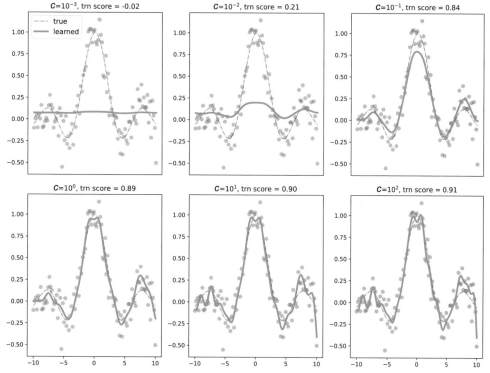

图1.5　带有RBF核的支持向量机，核参数$\gamma=0.75$。C值较小时，模型更线性(更平坦)，更简单，对数据的拟合度更低。而C值较大时，模型更弯曲，更复杂，对数据的拟合度更高。选择一个合适的C值对于训练出一个好的支持向量机模型至关重要

注意：SVM会识别支持向量，即模型所依赖的较小训练样本集。计算支持向量的数量并不是衡量模型复杂性的有效方法，因为C值越小，对模型的限制就越大，迫使它在最终模型中使用越多的支持向量。

支持向量机中的拟合度与复杂性

与DecisionTreeRegressor中的max_depth一样，支持向量回归SVR()中的参数C可以调整，以获得具有不同行为的模型。同样，再次面临同样的问题：哪个是最佳模型？为回答这个问题，可以重复与决策树相同的实验：

```
from sklearn.svm import SVR
model=SVR(kernel='rbf', gamma=0.1)
trn_scores, tst_scores=validation_curve(model, X, y.ravel(),
                                        param_name='C',
                                        param_range=np.logspace(-2, 4, 7),
                                        cv=subsets, scoring='r2')
mean_train_score=np.mean(trn_scores, axis=1)
mean_test_score=np.mean(tst_scores, axis=1)
```

在这段代码片段中，使用三阶多项式核训练SVM。图1.6中展示了训练和测试分数。

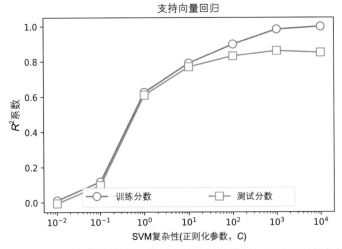

图1.6　在Friedman-1回归数据集上，使用R^2作为评估指标，比较不同复杂性的SVM回归模型。与决策树一样，高度复杂的模型(对应更高的C值)似乎在训练数据上达到了极佳的拟合效果，但实际上它们的泛化能力并不理想。这意味着随着C值的增加，过拟合的可能性也随之增加

同样，令人费解的是，在训练集上拟合度最高的模型在实际应用中并不一定是预测效果最好的模型。实际上，每一种机器学习算法都会表现出这种行为：

- 过于简单的模型往往不能很好地拟合训练数据，而且在未来数据上泛化效果也很差；在训练数据和测试数据上都表现不佳的模型是欠拟合的。

- 过于复杂的模型可达到很低的训练误差，但在未来数据上的泛化效果往往也很差；一个模型在训练数据上表现很好，但在测试数据上表现很差，这就是过拟合。
- 最佳模型在复杂性和拟合度之间作出权衡，训练过程中在复杂性和拟合度之间各做出一些妥协，以便在部署时能够最有效地泛化。

将在下一节中看到，集成方法是解决拟合度与复杂性问题的有效方法。

偏差-方差的权衡

到目前为止，已经讨论过拟合度与复杂性之间的权衡，即偏差-方差之间的权衡。模型的偏差是由建模假设(如偏好较简单的模型)而产生的误差。模型的方差是由于对数据集中微小变化的敏感性而产生的误差。

高度复杂的模型(低偏差)会过拟合数据，对噪声(高方差)更敏感，而较简单的模型(高偏差)会对数据进行欠拟合，对噪声(低方差)不太敏感。这种权衡是每个机器学习算法所固有的。集成方法通过结合几个低偏差模型来降低其方差，或结合几个低方差模型来降低其偏差，从而解决这个问题。

1.4　第一个集成模型

在本节中，将通过训练第一个集成模型来克服单个模型的拟合度与复杂性问题。回顾一下Forrest医生的寓言故事，一个有效的集成在一组组件模型上执行模型结合，如下所示：

- 在同一数据集上使用不同的基础学习算法训练一组基础估计器(也称为基础学习器)。也就是说，依靠每种学习算法中的显著变化来产生一组不同的基础估计器。
- 对于回归问题(如上一节介绍的Friedman-1数据)，各个基础估计器的预测是连续的。可以通过对单个预测结果进行简单平均，将结果结合成一个最终的集成预测。

使用以下回归算法来生成数据集的基础估计器：核岭回归器、支持向量回归器、决策树回归器、近邻回归器、高斯过程回归器和多层感知器(神经网络)。

有了训练好的模型后，就使用每个模型进行单独预测，然后将这些单独预测结合成最终预测，如图1.7所示。

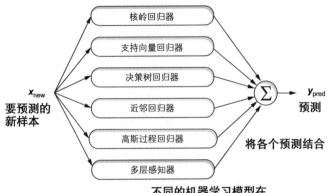

图1.7　第一种集成方法通过对六种不同回归模型的预测进行平均来实现集成。这个简单的集成方法阐明了集成的两个关键原则：①模型多样性，在本例中通过使用六种不同的基础机器学习模型来实现；②模型结合，在本例中通过简单的预测平均来实现

训练单个基础估计器的代码清单1.1所示。

代码清单1.1　训练不同的基础估计器

```
from sklearn.model_selection import train_test_split
from sklearn.datasets import make_friedman1

X, y=make_friedman1(n_samples=500, n_features=15,
                    noise=0.3, random_state=23)
Xtrn, Xtst, ytrn, ytst=train_test_split(
                       X, y, test_size=0.25)
from sklearn.kernel_ridge import KernelRidge
from sklearn.svm import SVR
from sklearn.tree import DecisionTreeRegressor
from sklearn.neighbors import KNeighborsRegressor
from sklearn.gaussian_process import GaussianProcessRegressor
from sklearn.neural_network import MLPRegressor

estimators={'krr': KernelRidge(kernel='rbf',
                    gamma=0.25),
            'svr': SVR(gamma=0.5),
            'dtr': DecisionTreeRegressor(max_depth=3),
            'knn': KNeighborsRegressor(n_neighbors=4),
            'gpr': GaussianProcessRegressor(alpha=0.1),
            'mlp': MLPRegressor(alpha=25, max_iter=10000)}

for name, estimator in estimators.items():
    estimator=estimator.fit(Xtrn, ytrn)
```

生成一个包含500个样本和15个特征的合成Friedman-1数据集

将其划分一个训练集(包含75%的数据)和一个测试集(包含剩余的25%数据)

初始化每个基础估计器的超参数

训练单独的基础估计器

现在，已经使用六种不同的基础学习算法训练了六个不同的基础估计器。如果给定新的数据，可将单独预测结合成最终预测，如代码清单1.2所示。

代码清单1.2　结合基础估计器预测

```
import numpy as np
n_estimators, n_samples=len(estimators), Xtst.shape[0]    初始化
y_individual=np.zeros((n_samples, n_estimators))    ◀   单独预测
for i, (model, estimator) in enumerate(estimators.items()):
    y_individual[:, i]=estimator.predict(Xtst)    ◀   使用基础估计器
                                                      进行单独预测
y_final=np.mean(y_individual, axis=1)    ◀   结合(平均)
                                             单独预测
```

了解集成的好处的一种方法是，查看所有可能的预测模型结合。也就是说，每次只查看一个模型的性能，然后查看两个模型的所有可能结合(有15种结合方式)，查看三个模型的所有可能结合(有20种结合方式)，以此类推。在图1.8中，绘制了集成大小为1到6的所有结合方式在测试集上的性能。

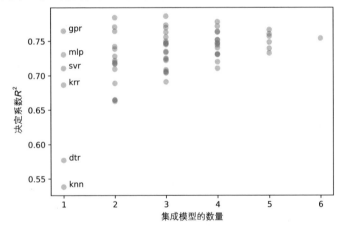

图1.8　预测性能与集成大小的关系。当集成大小为1时，可以看到单个模型的性能差异很大。当集成大小为2时，平均不同模型对的结果(在本例中有15个集成)。当集成大小为3时，一次平均3个模型的结果(在本例中有20个集成)，以此类推，直到大小为6时，将所有6个模型的结果平均，得到一个大型集成

随着结合越来越多的模型，发现集成的泛化能力越来越好。不过，实验中最引人注目的结果是，所有六个估计器的集成性能通常比每个单独估计器的性能更好。

最后，拟合度与复杂性的关系如何？很难描述集成的复杂性，因为集成中不同类型的估计器具有不同的复杂性。不过，可以描述集成的方差。

回顾一下，估计器的方差反映了它对数据的敏感性。方差高的估计器敏感性高，鲁棒性低，这通常是因为它过拟合了。在图1.9中，展示了图1.8中集成的方差，也就是带宽。

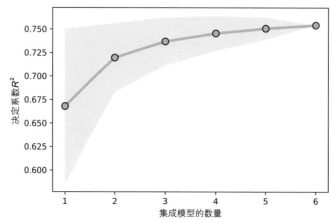

图1.9　集成结合的平均性能越高，表明集成越大性能越好。集成结合的性能标准差(方差的平方根)减少，表明总体方差减小

随着集成规模的增加，集成的方差也会减小！这是模型结合或平均的结果。平均化可以"磨平粗糙的边缘"。在集成中，对单个预测进行平均，可以消除单个基础估计器所犯的错误，取而代之的是集成的智慧：从多到一。整个集成对错误的鲁棒性更强，而且不出所料，比任何单一的基础估计器的通用性都要好。

集成中的每个组件估计器都是独立的，就像Forrest的住院医师一样，每个估计器都会根据自己的经验(在学习过程中引入)做出预测。在预测时，当个体数量为6时，会有6个预测，或者6种意见。对于"简单样本"，个体之间通常会达成一致。对于"复杂样本"，个体之间的差异会更大，但平均而言，更可能接近正确答案。[1]

在这个简单场景中，使用6种不同的学习算法训练了6个"多样化"的模型。集成多样性对于集成的成功至关重要，因为它能确保各个估计器彼此不同，不会犯同样的错误。

1　有些情况下，这种方法也可能失效。在英国版的《谁想成为百万富翁？》节目中，一名选手成功获得了125 000英镑，当时向他提出的问题是：哪部小说的开头是"5月3日晚上 8:35 离开慕尼黑，去往比斯特里察"。使用了50/50生命线后，他只剩下两个选择：《间谍游戏》和《德古拉》。他知道如果回答错误，可能损失93 000英镑，于是向现场观众求助。结果，81%的观众投给了《间谍游戏》。观众们信心十足，但遗憾的是，答案却大错特错。正如你将在本书中所看到的，需要对"观众"(即基础估计器)作出一定的假设，来避免这种情况的发生。

将在每一章中反复看到，不同的集成方法采用不同的方法来训练多样化的集成模型。在结束本章前，先来看看各种集成技术的大致分类，其中许多技术将在接下来的几章中进行介绍。

1.5 集成方法的术语和分类

所有集成都由称为基模型、基础模型、基础学习器或基础估计器(这些术语在本书中交替使用)的单个机器学习模型组成，并使用基础机器学习算法进行训练。基础模型通常用复杂性进行描述。足够复杂(如深度决策树)且具有"良好"预测性能(如对于二元分类任务的准确率超过80%)的基础模型通常称为强学习器或强模型。

相反，非常简单(如浅层决策树)且性能勉强可以接受(如对于二元分类任务的准确率约为51%)的基础模型被称为弱学习器或弱模型。更正式地说，弱学习器只需要比随机概率稍微好一点，或者在二元分类任务中的准确率为50%。很快就会看到，集成方法将弱学习器或强学习器作为基础模型。

更广泛地说，根据训练方式的不同，集成方法可分为两种类型：并行集成和顺序集成。这也是本书中采用的分类法，为我们提供了一种简洁的方法，可将大量的集成方法归类(见图1.10)。

顾名思义，并行集成方法独立于其他方法训练每个基础模型组件，这意味着可以并行训练。并行集成通常由强学习器构成，并可进一步分成以下几类：

- 同质并行集成——所有基础学习器的类型都是相同的(如所有决策树)，并使用相同的基础学习算法进行训练。一些著名的集成方法，如Bagging法、随机森林和极度随机树，都是并行集成方法。这些将在第2章中介绍。
- 异质并行集成——使用不同的基础学习算法训练基础学习器。通过Stacking(堆叠)进行元学习是这类集成技术的著名范例。这些内容将在第3章中介绍。

与并行集成方法不同，顺序集成方法利用了基础学习器的依赖性。更具体地说，在训练过程中，顺序集成以这样的方式训练新的基础学习器，以尽量减少上一步训练的基础学习器所犯的错误。这些方法按阶段顺序构建，通常使用弱学习器作为基础模型。

同质并行集成

使用相同的基础机器学习算法训练许多强学习器或复杂模型。集成多样性由单个算法创建，每个基础模型的训练采用随机数据或特征采样。

该类别的集成方法有： Bagging，随机森林(random forest)，Pasting，随机子空间(random subspace)，random patch，极度随机树(extra tree)

异质并行集成

同样使用许多强学习器，但每个学习器都使用不同的基础机器学习算法进行训练。通过在同一数据集上使用多种训练算法，并结合具有不同预测结合类型的学习器来创建集成多样性。

该类别的集成方法有： 多数投票，基于熵的预测加权，Dempster-Shafer预测融合，用于Stacking和blending的元学习。

顺序自适应提升集成

使用许多弱学习器或简单模型，以逐阶段、连续进行训练。每个连续的模型在训练时都会修正之前训练过的模型所犯的错误，从而使集成在训练中的适应性增强。将大量弱模型的预测提升为强模型！

该类别的集成方法有： AdaBoost、LogitBoost

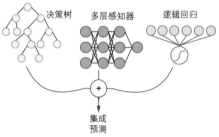

顺序梯度提升集成

此外，还使用许多弱学习器，逐阶段进行训练，以模拟任务特定的损失函数上的梯度下降。每个连续模型都是根据之前训练过的模型的残差或实例损失进行训练的。因此，每个集成组件既是近似梯度，也是弱学习器！

该类别的集成方法有： 梯度提升，LightGBM，牛顿提升，XGBoost，有序提升，CatBoost和可解释提升模型

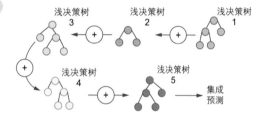

图1.10　本书中涵盖的集成方法分类

还可进一步将这些方法分为以下几类：

- 顺序自适应提升集成——也称为"标准提升"，这些集成通过自适应地重新加权样本来训练连续的基础学习器，以修正之前迭代中的错误。所有提升方法中的鼻祖AdaBoost就是这类集成方法的一个例子。这些内容将在第4章中介绍。

■ 顺序梯度提升集成——这些集成扩展并概括了自适应提升的理念，旨在模仿梯度下降，而梯度下降通常用于实际训练机器学习模型。一些功能鲁棒的现代集成学习工具包实现了某种形式的梯度提升(LightGBM，第5章)、牛顿提升(XGBoost，第6章)或有序提升(CatBoost，第8章)。

1.6　小结

■ 集成学习旨在通过训练多个模型并将它们结合成元估计器来提高预测性能。集成的组件模型称为基础估计器或基础学习器。
■ 集成方法利用"集体智慧"，其原理是集体意见比群体中任何一个人的意见都更有效。
■ 集成方法被广泛应用于多个应用领域，包括金融和商业分析、医疗保健、网络安全、教育、制造、推荐系统、娱乐等。
■ 大多数机器学习算法都需要在拟合度与复杂性(也称为偏差-方差)之间进行权衡，这会影响它们对未来数据的泛化能力。
■ 一个有效的集成方法需要两个要素：①集成多样性，②最终预测的模型结合。

第**II**部分
基本集成方法

　　本书的这一部分将介绍几种"基本"集成方法。在每章中,你将学习如何①从头开始实现一种集成方法的基本版本,以获得对其基本原理的理解;②逐步可视化学习的过程;③使用复杂的、现成的实现方法,使模型发挥最佳效果。

　　第2章和第3章介绍不同类型的著名并行集成方法,包括Bagging法、随机森林、Stacking及其变体。第4章介绍一种称为提升的基础顺序集成技术,以及另一种众所周知的集成方法AdaBoost(及其变体)。

　　第5章和第6章主要介绍梯度提升,这种集成技术在本书撰写时风靡一时,被广泛认为是最先进的技术。第5章介绍梯度提升的基础知识和内部工作原理。你还将学习如何使用LightGBM,这是一个鲁棒的梯度提升框架。第6章介绍梯度提升的一个重要变体——牛顿提升。你还将学习如何开始使用XGBoost,这是另一个著名且鲁棒的梯度提升框架。

　　第II部分主要介绍基于树的集成方法在分类任务中的应用。读完这部分内容后,你将对许多集成技术有更深入、更广泛的了解,包括它们的工作原理和局限性。

第2章

同质并行集成：
Bagging 法和随机森林

本章内容

- 训练同质并行集成
- 实现及理解Bagging法
- 实现及理解随机森林的工作原理
- 使用Pasting、随机子空间、random patch法和极度随机树训练变体
- 在实践中使用Bagging法和随机森林

在第1章中，介绍了集成学习，并创建了第一个初级集成模型。回顾一下，集成方法依赖于"集体智慧"概念：许多模型的综合答案往往比任何一个单独答案更好。本章将介绍同质并行集成方法。之所以从并行集成方法开始，是因为从概念上讲，并行集成方法易于理解和实施。

顾名思义，并行集成方法独立地训练每个组件基础估计器，这意味着它们可以并行训练。正如将看到的那样，可以根据使用的学习算法类型将并行集成方法进一步分为同质并行集成和异质并行集成。

在本章中，你将学习同质并行集成的知识，其组件模型均使用相同的机器学习算法进行训练。这与异质并行集成(将在第3章中介绍)形成对比，后者的组件模型使用不同的机器学习算法进行训练。同质并行集成方法包括两种流行的机器学习方法，你可能之前已经接触甚至使用过其中一种或两种：Bagging法和随机森林。

回顾一下，集成方法的两个关键组成部分是集成多样性和模型结合。由于同

质集成方法在相同的数据集上使用相同的学习算法，你可能想知道它们是如何生成一组多样化的基础估计器的。它们通过对训练样本(如Bagging法所做的那样)、特征(如Bagging的某些变体)或两者(如随机森林)进行随机采样来实现这一目标。

本章介绍的一些算法，例如随机森林，已广泛应用于医学和生物信息学领域。事实上，随机森林因其高效性(可在多个处理器上轻松并行或分布)，仍然是在新数据集上尝试的一种鲁棒的现成基准算法。

接下来将从最基础的同质并行集成Bagging法开始。了解了Bagging法如何通过采样实现集成多样性后，将了解Bagging法最鲁棒的变体：随机森林。

你还将了解Bagging法的其他变体(Pasting、随机子空间、random patch法)和随机森林(极度随机树)。这些变体通常对于大数据或高维数据的应用非常有效。

2.1　并行集成

首先，要明确定义并行集成的概念。这有助于把本章和下一章的算法放在统一的背景下，这样就能很容易地看出它们的异同。

回顾一下Randy Forrest，第1章中的集成诊断医生。每次Forrest医生接到一个新病例，他都会征求所有住院医生的意见。然后，他会从住院医师提出的意见中确定最终诊断结果(如图2.1顶部)。Forrest医生的诊断方法之所以成功，有两个原因：

- 他召集了一批不同专业的住院医师，这意味着每个医师对一个病例的看法都不尽相同。这对Forrest医生很有帮助，因为这为他提供了许多不同的视角来考虑问题。
- 他将住院医师的独立意见结合成一个最终诊断。在这里，他采用民主方式，选择的是多数人的意见。不过，还可通过其他方式结合住院医师的意见。例如，可将经验更丰富的住院医生的意见权重提高。这反映出，基于经验或技能等因素，他更信任某些住院医师，这意味着他们比团队中的其他住院医师的正确率更高。

Forrest医生和他的住院医师团队组成了一个并行集成(图2.1，底部)。在前面的例子中，每个住院医师都是一个需要训练的组件基础估计器(或基础学习器)。基础估计器可使用不同的基础算法(导致异质集成)进行训练，也可使用相同的基础算法(导致同质集成)进行训练。

如果想要组建一个类似Forrest医生那样的有效集成模型，就必须解决两个问题：

- 如何从单一数据集中创建一组具有不同观点的基础估计器？也就是说，在训练过程中如何确保集成的多样性？

■ 如何将每个基础估计器的决策或预测结合为最终预测结果？也就是说，如何在预测过程中进行模型结合？

你将在下一节中了解如何解决这两个问题。

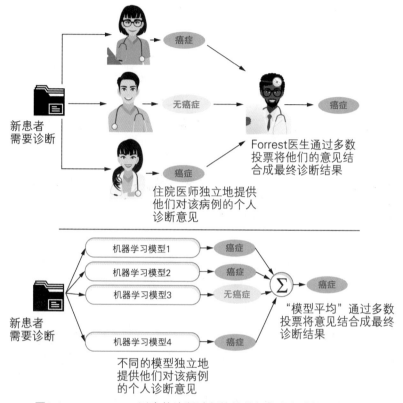

图2.1　Randy Forrest医生的诊断过程就是并行集成方法的一个类比

2.2　Bagging法：Bootstrap结合算法

Bagging法，即Bootstrap aggregating(Bootstrap结合算法)，是由Leo Breiman于1996年提出的，指出如何实现集成多样性(通过自举采样)和执行集成预测(通过模型结合)。

Bagging法是可以构建的最基本的同质并行集成方法。了解Bagging法有助于理解本章中的其他集成方法。这些方法以不同方式进一步增强了基本的Bagging算法，可提高集成的多样性或整体计算效率。

Bagging法使用相同的基础机器学习算法来训练基础估计器。那么，如何从单个数据集和单个学习算法中获得多个基础估计器和多样性？这就需要在重复数据集上训练基础估计器。Bagging法包括两个步骤，如图2.2所示。

(1) 在训练过程中，使用自举采样(或有放回采样)来生成训练数据集的副本，这些副本彼此不同，但都来自同一个原始数据集。这确保了在每个副本上训练的基础学习器也是不同的。

(2) 在预测阶段，使用模型结合将单个基础学习器的预测结合成一个集成预测。对于分类任务，可使用多数投票将单个预测合并在一起。对于回归任务，可使用简单平均将单个预测结合起来。

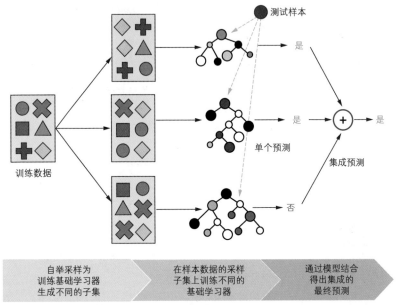

图2.2　Bagging法示意图。Bagging法使用自举采样从单一数据集生成相似但并非完全相同的子集(注意这里的副本)。模型在这些子集中进行训练，得到相似但不完全相同的基础估计器。给定一个测试样本后，单个基础估计器的预测会结合为最终的集成预测。还要注意，训练样本可能在复制的子集中重复出现；这是自举采样的结果

2.2.1　直觉：重采样和模型结合

集成多样性的关键挑战在于，需要使用相同的学习算法和相同的数据集创建(和使用)不同的基础估计器。现在，将了解①如何生成数据集的副本，进而用于训练基础估计器，②如何结合基础估计器的预测。

1. 自举采样法：有放回采样

接下来将使用随机采样来轻松地从原始数据集中生成较小子集。为生成相同大小的数据集副本，需要进行有放回采样，也称为自举采样。

在进行有放回采样时，一些已经采样过的对象有机会被第二次采样(甚至第三次、第四次等)，因为它们被放回了。实际上，有些对象可能会被多次采样，而有

些对象可能永远不会被采样。图2.3举例说明了有放回采样，可以看到，允许在采样后放回样本会导致重复采样。

图2.3　以包含六个例子的数据集为例说明自举采样。通过有放回采样，可以得到6个样本，其中只包含4个唯一对象，但有重复。多次执行自举采样可以得到原始数据集的多个副本——所有副本都有重复

因此，自然而然地将数据集划分为两组：自举采样(包含至少被采样一次的训练样本)和OOB(out-of-bag)采样(包含从未被采样过的训练样本)。

可使用每个自举采样来训练不同的基础估计器。因为不同的自举采样将包含重复次数不同的样本，所以每个基础估计器都与其他估计器具有一定差异。

2. OOB采样

直接丢弃OOB采样似乎有些浪费。但是，如果在自举采样上训练基础估计器，OOB采样就会被保留下来，并且在学习过程中，基础估计器永远不会看到它们。听起来熟悉吗？

OOB采样实际上是一个被保留下来的测试集，可用于评估集成，而不需要单独的验证集，甚至不需要交叉验证过程。这一点非常好，因为它允许在训练过程中更有效地利用数据。使用OOB实例计算的误差估计称为OOB误差或OOB分数。

使用numpy.random.choice生成有放回的自举采样非常简单。假设有一个包含50个训练样本的数据集(例如，ID从0到49的患者记录)。可生成一个自举采样结果，大小也为50(与原始数据集相同)，用于训练(replace=True表示有放回采样)：

```
import numpy as np
bag=np.random.choice(range(0, 50), size=50, replace=True)
np.sort(bag)
```

这会生成以下输出：

```
array([ 1, 3, 4, 6, 7, 8, 9, 11, 12, 12, 14, 14, 15, 15, 21, 21, 21,
24, 24, 25, 25, 26, 26, 29, 29, 31, 32, 32, 33, 33, 34, 34, 35, 35,
37, 37, 39, 39, 40, 43, 43, 44, 46, 46, 48, 48, 48, 49, 49, 49])
```

你能看到这个自举采样中的重复部分吗？这个自举采样现在作为原始数据集的一个副本，可用于训练。相应的OOB采样是自举采样中没有的所有样本：

```
oob=np.setdiff1d(range(0, 50), bag)
oob
```

这会生成以下输出:

```
array([ 0,  2,  5, 10, 13, 16, 17, 18, 19, 20, 22, 23, 27, 28, 30, 36,
        38, 41, 42, 45, 47])
```

很容易验证自举采样子集和OOB子集之间没有重叠。这意味着OOB采样可以用作"测试集"。总结一下:经过一轮自举采样后,会得到一个自举采样(用于训练基础估计器)和一个相应的OOB采样(用于评估基础估计器)。

注意:有放回样本采样会丢弃某些项,但更重要的是会复制其他项。当应用于数据集时,自举采样可用于创建带有副本的训练集。你可将这些副本视为加权的训练样本。例如,如果一个特定样本在自举采样中重复了四次,那么当用于训练基础估计器时,这四个副本就相当于使用具有4个权重的单个训练样本。这样,不同的随机自举采样实际上是随机采样和加权训练集。

当多次重复这些步骤时,就会训练出多个基础估计器,并通过各自的OOB误差来估计它们各自的泛化性能。平均OOB误差以很好地估算整个集成的性能。

63.2% 自举采样法

进行有放回采样时,自举采样将包含大约63.2%的数据集,而OOB采样将包含另外36.8%的数据集。可以通过计算数据点被采样的概率来证明这一点。如果数据集有n个训练样本,在自举采样中选中一个特定数据点x的概率为$\dfrac{1}{n}$。在自举采样中不抽取x的概率(即选择x进入OOB采样)为$1-\dfrac{1}{n}$。

对于n个数据点(对于足够大的n),在OOB采样中被选中的总概率为

$$\left(1-\left(\frac{1}{n}\right)\right)^n \approx e^{-1} \approx 0.368$$

因此,每个OOB采样将包含大约36.8%的训练样本,而相应的自举采样将包含其余大约63.2%的实例。

3. 模型结合

自举采样会生成数据集的不同副本,这样就可独立地训练不同的模型。训练完成后,就可以使用这个集成进行预测。关键是要将它们有时不同的意见合并成一个最终答案。

已经看到了两个模型结合的例子:多数投票和模型平均。对于分类任务,多数投票用于结合单个基础学习器的预测。多数投票也称为统计模式。模式就是出现频率最高的元素,类似于平均值或中位数的统计量。

可将模型结合视为平均化：它可以消除集成中的不完美之处，并生成反映多数意见的单一答案。如果有一组鲁棒的基础估计器，模型结合就能弥补单个估计器的错误。

根据任务的不同，集成方法会使用各种结合技术，包括多数投票、平均值、加权平均值、结合函数，甚至是另一种机器学习模型！在本章中，将坚持使用多数投票作为结合器。第3章将探索一些其他的结合分类技术。

2.2.2　实现Bagging法

可轻松实现自己的Bagging法版本。这说明了Bagging法的简单性，并为本章的其他集成方法提供了一个通用模板。Bagging法集成中的每个基础估计器都是独立训练的，具体步骤如下：

(1) 从原始数据集中生成一个自举采样。

(2) 将一个基础估计器拟合到自举采样中。

这里的"独立"指每个基础估计器的训练阶段都不考虑其他基础估计器的情况。

使用决策树作为基础估计器；可使用max_depth参数设置最大深度。还需要另外两个参数：n_estimators，即集成大小；max_samples，即Bootstrap子集的大小，也就是每个估计器要采样(有放回)的训练样本数量。

简单实现会依次训练每个基础决策树，如代码清单2.1所示。如果训练一棵决策树需要10秒钟，要训练一个包含100棵树的集成，那么实现共需要10秒×100=1000秒的训练时间。

代码清单2.1　带决策树的Bagging法：训练阶段

```
import numpy as np
from sklearn.tree import DecisionTreeClassifier
                                                          初始化
                                                          随机种子
rng=np.random.RandomState(seed=4190)
def bagging_fit(X, y, n_estimators, max_depth=5, max_samples=200):
    n_examples=len(y)
    estimators=[DecisionTreeClassifier(max_depth=max_depth)
                for _ in range(n_estimators)]       创建未训练的
                                                    基础估计器列表
    for tree in estimators:
        bag=np.random.choice(n_examples, max_samples,
                             replace=True)          生成一个
                                                    自举采样
        tree.fit(X[bag, :], y[bag])    将一棵决策树拟合
                                       到自举采样中
    return estimators
```

此函数将返回DecisionTreeClassifier对象列表。可使用这个集成进行预测,预测的实现见代码清单2.2。

代码清单2.2   带决策树的Bagging法:预测阶段

```
from scipy.stats import mode

def bagging_predict(X, estimators):                    使用集成中的每个估计
    all_predictions=np.array([tree.predict(X)          器预测每个测试样本
                              for tree in estimators])
    ypred, _=mode(all_predictions, axis=0,
                  keepdims=False)                      通过多数表决
    return np.squeeze(ypred)                           进行最终预测
```

可在二维数据上测试实现,并将结果可视化,如下面的代码片段所示。Bagging法集成了500棵决策树,每棵树的深度为12,并且在大小为300的自举采样上训练。

```
from sklearn.datasets import make_moons
from sklearn.model_selection import train_test_split
from sklearn.metrics import accuracy_score

X, y=make_moons(n_samples=300, noise=.25,              创建一个二维
                random_state=rng)                      数据集
Xtrn, Xtst, ytrn, ytst=train_test_split(X, y, test_size=0.33,
                                        random_state=rng)
bag_ens=bagging_fit(Xtrn, ytrn, n_estimators=500,      训练一个
                    max_depth=12, max_samples=300)      Bagging法集成
ypred=bagging_predict(Xtst, bag_ens)                   通过多数投票
                                                        进行最终预测
print(accuracy_score(ytst, ypred))
```

这段代码生成以下输出:

```
0.898989898989899
```

Bagging法实现在测试集上达到89.90%准确率。通过图2.4,可以比较单棵树(测试集准确率为83.84%)与Bagging集成的效果。

Bagging法可以学习相当复杂和非线性的决策边界。即使单个决策树(通常是基础估计器)对异常值很敏感,基础学习器的集成也会将各个差异平滑化,鲁棒性更强。

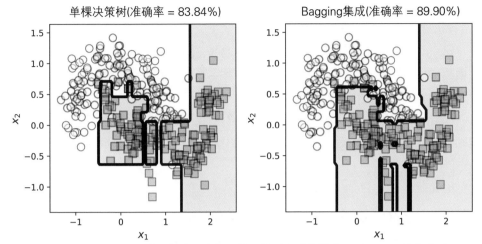

图2.4　单棵决策树(左)会过拟合训练集，并可能对离群值敏感。而Bagging法集成(右)可以消除过拟合效应和误分类，通常能得到鲁棒性更强的答案

Bagging法的这种平滑行为是由模型结合引起的。当有许多高度非线性的分类器，每个分类器在略微不同的训练数据副本上进行训练时，每个分类器都可能过拟合，但它们过拟合的方式并不相同。更重要的是，结合会导致平滑化，从而有效减少过拟合的影响！因此，当结合预测时，它会平滑错误，从而提高集成性能！就像一个管弦乐团一样，最终结果是一曲流畅的交响乐，任何一位音乐家的错误都会被其掩盖。

2.2.3　使用scikit-learn实现Bagging法

既然已经了解了Bagging法的底层工作原理，那么来看看如何使用scikit-learn的BaggingClassifier软件包，如代码清单2.3所示。scikit-learn的实现提供了更多功能，包括支持并行计算、使用除决策树之外的其他基础学习算法，以及最重要的OOB评估。

代码清单2.3　使用scikit-learn实现Bagging法

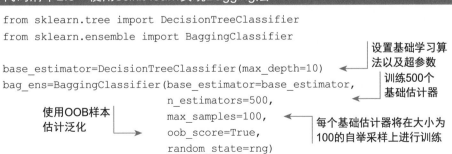

```
from sklearn.tree import DecisionTreeClassifier
from sklearn.ensemble import BaggingClassifier

base_estimator=DecisionTreeClassifier(max_depth=10)
bag_ens=BaggingClassifier(base_estimator=base_estimator,
                          n_estimators=500,
                          max_samples=100,
                          oob_score=True,
                          random_state=rng)
```

设置基础学习算法以及超参数

训练500个基础估计器

每个基础估计器将在大小为100的自举采样上进行训练

使用OOB样本估计泛化

```
bag_ens.fit(Xtrn, ytrn)
ypred=bag_ens.predict(Xtst)
```

BaggingClassifier支持OOB评估，如果设置oob_score＝True，它将返回OOB准确率。回顾一下，对于每个自举采样，也有一个相应的OOB样本，其中包含在采样过程中未被选中的所有数据点。

因此，每个OOB样本都是"未来数据"的代表，因为它没有用于训练相应的基础估计器。训练完成后，可查询学习到的模型，以获得OOB分数：

```
bag_ens.oob_score_
0.9658792650918635
```

OOB分数是Bagging法集成预测(泛化)性能的估计值(此处为96.6%)。除了OOB样本外，还保留了一个测试集。将计算该模型在测试集上的另一个泛化估计值：

```
accuracy_score(ytst, ypred)
0.9521276595744681
```

测试准确率为95.2%，与OOB分数相当接近。使用最大深度为10的决策树作为基础估计器。深度更深的决策树更复杂，这使它们能够拟合(甚至过拟合)训练数据。

提示：对于复杂的非线性分类器来说，Bagging法是最有效的，因为这些分类器往往会过拟合数据。这种复杂的过拟合模型是不稳定的，也就是说，对训练数据的微小变化非常敏感。要了解其原因，可考虑Bagging法集成中的单个决策树具有大致相同的复杂性。但是，由于自举采样，这些决策树是在不同的重复数据上训练出来的，因此它们的过拟合度也不同。换句话说，它们的过拟合量大致相同，但在不同位置上。对于这类模型，Bagging法效果最好，因为它的模型结合可以减少过拟合，最终形成一个鲁棒性更强、更稳定的集成。

如图2.5所示，可将BaggingClassifier的决策边界和其组件基础DecisionTreeClassifier进行比较，来可视化其平滑行为。

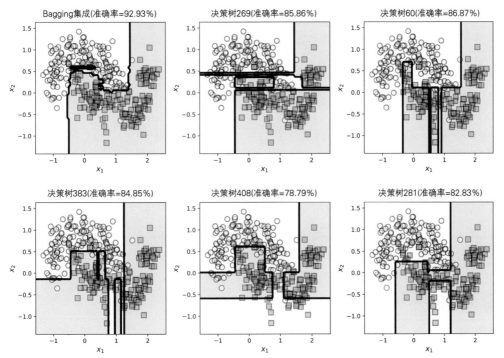

图2.5 自举采样导致不同的基础估计器出现过拟合，而模型结合会平均个别错误并产生更平滑的决策边界

2.2.4 使用并行化进行更快的训练

Bagging是一种并行集成算法，因为它可以独立地训练每个基础学习器，不受其他基础学习器的影响。这就意味着，如果你可以访问多个核心或集群等计算资源，将可以并行地处理。

BaggingClassifier支持通过n_jobs参数加速训练和预测。默认情况下，该参数设置为1，Bagging法将在一个CPU上运行，并按顺序逐个训练模型。

或者，也可以通过设置n_jobs来指定Bagging-Classifier应使用的并发进程数量。如果n_jobs设置为-1，那么所有可用的CPU都将用于训练，每个CPU训练一个集成。当然，这样可以同时并行地训练更多模型，从而加快训练速度。

```
bag_ens=BaggingClassifier(base_estimator=DecisionTreeClassifier(),
                          n_estimators=100, max_samples=100,
                          oob_score=True, n_jobs=-1)
```
如果n_jobs设置为-1，BaggingClassifier
将使用所有可用的CPU

图2.6比较了在具有六个核的机器上使用单个CPU(n_jobs=1)和多个CPU(n_jobs=-1)训练Bagging法的训练效率。比较结果表明，如果有足够的计算资源，

Bagging法可以被有效地并行化处理，并可显著缩短训练时间。

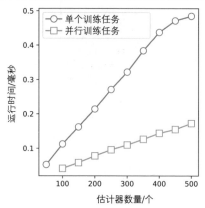

图2.6　Bagging法可以并行化以提高训练效率

2.3　随机森林

现在，来看看随机森林，它是Bagging法的一种特殊扩展，引入了额外的随机化来进一步促进集成多样性。

在梯度提升(参见第5章和第6章)出现之前，随机森林曾是当时最先进的方法，并得到了广泛应用。在许多应用领域，尤其是生物信息学领域，随机森林仍然是一种常用方法。由于随机森林的训练计算效率高，因此可以作为一种出色的现成数据基线。还能按重要性对数据特征进行排序，因此特别适合高维数据分析。

2.3.1　随机决策树

"随机森林(Random forest)"特指使用Bagging法构建的随机决策树集成。随机森林通过自举采样来生成训练子集(与Bagging法完全相同)，然后使用随机决策树作为基础估计器。

随机决策树通过修改过的决策树学习算法进行训练，该算法在构建决策树时引入了随机性。这种额外的随机性增加了集成的多样性，通常会带来更好的预测性能。

标准决策树和随机决策树的主要区别在于如何构建决策节点。在标准决策树的构建过程中，所有可用特征都要经过详尽评估，以确定最佳的划分特征。由于决策树学习是一种贪婪算法，因此它将选择分数最高的特征进行划分。

在Bagging法中，这种详尽枚举(与贪婪学习相结合)意味着在不同的树中经常可能重复使用相同的少量主要特征，从而降低了集成的多样性。

为了克服标准决策树学习的这一局限性，随机森林在决策树学习中引入了额外的随机元素。具体来说不是考虑所有特征来确定最佳划分，而是评估一个随机子集的特征来确定最佳划分特征。

因此，随机森林使用一种改进的决策树学习算法，在创建决策节点之前，首先对特征进行随机采样。这样得到的树就是随机决策树，它是一种新型的基础估计器。

正如你将看到的，随机森林本质上通过使用随机决策树作为基础估计器来扩展Bagging法。因此，随机森林包含两种类型的随机化：①自举采样，类似于Bagging法；②随机特征采样，用于学习随机决策树。

样本：决策树学习中的随机化

考虑在包含六个特征的数据集上进行树学习(这里是$\{f_1, f_2, f_3, f_4, f_5, f_6\}$)。在标准的树学习中，会对所有六个特征进行评估，并找出最佳划分特征(如f_3)。

在随机决策树学习中，首先随机抽取一个特征子集(如f_2、f_4、f_5)，然后从中选出最佳特征(如f_5)。这意味着在树学习的这一阶段，特征f_3已不再可用。因此，随机化在本质上迫使树学习在不同的特征上划分。图2.7展示了随机化对于树学习过程中选择下一个最佳划分的影响。

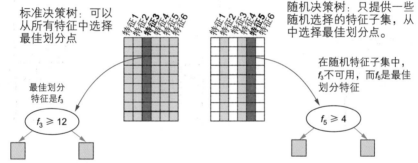

图2.7　随机森林使用一种改进过的树学习算法，首先选择一个随机的特征子集，为每个决策节点确定最佳划分标准。无阴影列代表被忽略的特征；浅色阴影列代表可用的特征，从中选择最佳特征，显示在深色阴影列中

最终，每当构建一个决策节点时，都会发生这种随机化。因此，即使使用相同的数据集，每次训练时也会获得不同的随机树。当随机树学习(采用随机采样的特征)与自举采样(采用随机训练样本)相结合时，就会得到一个随机决策树集成，称为随机决策森林(或简称随机森林)。

与只进行自举采样的Bagging法相比，随机决策森林集成更加多样化。接下来将看到如何在实践中使用随机森林。

2.3.2　使用scikit-learn实现随机森林

scikit-learn提供了一种高效的随机森林实现，它还支持OOB估计和并行化。由于随机森林专门使用决策树作为基础学习器，因此RandomForestClassifier还采用了DecisionTreeClassifier的参数(如max_leaf_nodes和max_depth)来控制树的复杂性。代码清单2.4演示了如何调用RandomForestClassifier。

代码清单2.4　使用scikit-learn实现随机森林

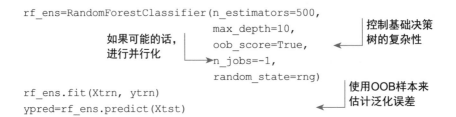

```
from sklearn.ensemble import RandomForestClassifier

rf_ens=RandomForestClassifier(n_estimators=500,
                              max_depth=10,
                              oob_score=True,
                              n_jobs=-1,
                              random_state=rng)
rf_ens.fit(Xtrn, ytrn)
ypred=rf_ens.predict(Xtst)
```

如果可能的话，进行并行化

控制基础决策树的复杂性

使用OOB样本来估计泛化误差

图2.8展示了一个随机森林分类器，以及其中的几个组件基础估计器。

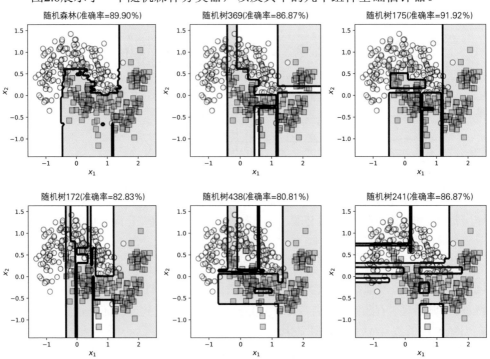

图2.8　随机森林(左上角)与单个基础学习器(随机决策树)的比较。与Bagging法类似，随机森林集成也产生了平滑稳定的决策边界。还要注意随机化对单个树的影响，单个树比普通决策树更尖锐

2.3.3　特征重要性

使用随机森林的一个好处是，它们还提供了一种根据特征重要性进行评分的自然机制。这意味着可以对特征进行排序，识别出最重要的特征并剔除效果较差的特征，从而进行特征选择！

> **特征选择**
>
> 特征选择又称变量子集选择，是一种识别最具影响力或最相关数据特征/属性的过程。特征选择是建模过程中的重要步骤，对于高维数据而言尤其重要。
>
> 剔除最不相关的特征往往能改善泛化性能，并最大限度地减少过拟合。通常还可提高训练的计算效率。这些问题都是"维数诅咒"的后果，即大量特征会抑制模型有效泛化的能力。
>
> 要了解关于特征选择和工程的更多信息，请参见Pablo Duboue的*The Art of Feature Engineering：Essentials for Machine Learning*。

可以通过查询rf_ens.feature_importances_获取简单的二维数据集的特征重要性：

```
rf_ens.feature_importances_:

for i, score in enumerate(rf_ens.feature_importances_):
    print('Feature x{0}: {1:6.5f}'.format(i, score))
```

这会生成以下输出：

```
Feature x0: 0.50072
Feature x1: 0.49928
```

简单二维数据集的特征分数表明，两个特征的重要性大致相当。在本章末尾的案例研究中，将计算并可视化一个真实任务数据集的特征重要性：乳腺癌诊断。在第9章还将重温并深入探讨特征重要性这一主题。

注意，特征重要性的总和为1，特征重要性实际上就是特征权重。不太重要的特征权重较低，通常可以舍弃，不会对最终模型的整体质量产生重大影响，还能缩短训练和预测时间。

具有相关特征的特征重要性

如果两个特征具有很强的相关性或依赖性，那么凭直觉，就知道在模型中使用其中任何一个特征就足够了。但是，特征的使用顺序可能会影响特征的重要性。例如，对海螺进行分类时，大小和重量这两个特征高度相关(这并不奇怪，因为海螺越大就越重)。这意味着，在决策树中包含这些特征将增加大致相同的信息量，并导致总体误差(或熵)以大致相同的幅度减少。因此，预计它们的平均误差减少分数将是相同的。

但是，假设首先选择权重作为划分变量。将这一特征添加到树中会删除大小和重量特征中包含的信息。这意味着大小特征的重要性降低了，因为在模型中加入大小特征所能减少的误差已通过加入权重而减少了。因此，相关特征有时可能会被赋予不平衡的特征重要性。随机特征选择可在一定程度上缓解这个问题，但并非总是如此。

总之，在存在特征相关性的情况下，解释特征重要性时必须谨慎。

2.4 更多同质并行集成

已经了解了两种重要的同质并行集成方法：Bagging法和随机森林。现在来探讨一些针对大型数据集(如推荐系统)或高维数据(如图像或文本数据集)开发的变体。其中包括Bagging的变体，如Pasting、随机子空间和random patch法，以及一种称为极度随机树的极度随机森林变体。所有这些方法都以不同方式引入随机化，以确保集成的多样性。

2.4.1 Pasting

Bagging法使用的是自举采样或有放回自举采样。如果在训练时不使用有放回采样，而是使用子集采样，就得到了一种称为Pasting的Bagging法变体。Pasting是专为非常大的数据集设计的，因为对于如此大规模的数据集，没必要采用有放回采样。相反，由于在如此大规模的数据集上训练完整的模型非常困难，Pasting的目的是通过不放回采样的方式来获取小部分数据。

Pasting利用了不放回采样可在非常大的数据集上生成多样数据子集这一事实，进而产生集成的多样性。Pasting还能确保每个训练子样本都是整个数据集的一小部分，并能用于高效地训练基础学习器。

模型结合仍然用于生成最终的集成预测。然而，由于每个基础学习器都是在大数据集的小部分数据上训练的，因此可将模型结合看作将基础学习器的预测粘贴(Pasting)在一起，从而得出最终的预测。

提示：BaggingClassifier可通过设置Bootstrap＝False，并将max_samples设置为一个较小数字(如max_samples＝0.05)，使其在训练时对小的子集进行采样，从而轻松扩展为执行Pasting。

2.4.2　随机子空间和random patch法

还可通过对特征进行随机采样(见图2.9)来进一步增加基础学习器的多样性。如果不对训练实例进行采样，而是通过对特征进行采样(有或没有放回)来生成子集，就能得到一种Bagging法的变体，称为随机子空间。

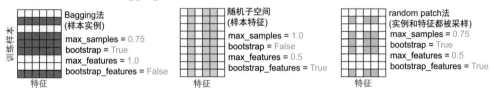

图2.9　Bagging法与随机子空间和random patch法的比较。未阴影处理的行和列分别表示被忽略的训练样本和特征

BaggingClassifier通过两个参数支持对特征进行自举采样：bootstrap_features(默认为False)和max_features(默认为1.0，或所有特征)。这两个参数分别类似于用于采样训练样本的参数bootstrap(默认为False)和max_samples。为实现随机子空间法，仅对特征进行随机采样：

```
bag_ens=BaggingClassifier(
    base_estimator=SVC(), n_estimators=100,
    max_samples=1.0, bootstrap=False,
    max_features=0.5, bootstrap_features=True)
```

← 使用所有训练样本

← 自举采样 50%的特征

如果对训练样本和特征进行随机采样(有或没有放回)，就会得到一种称为random patch的Bagging法变体：

```
bag_ens=BaggingClassifier(
    base_estimator=SVC(), n_estimators=100,
    max_samples=0.75, bootstrap=True,
    max_features=0.5, bootstrap_features=True)
```

← 自举采样 75%的样本

← 自举采样 50%的特征

注意，在前面的样本中，基础估计器是支持向量分类器，即sklearn.svm.SVC。通常情况下，随机子空间和random patch法可应用于任何基础学习器，以提高估计器的多样性。

提示：在实际应用中，这些Bagging法的变体在处理大数据时尤其有效。例如，由于随机子空间和random patch法会对特征进行采样，因此对于图像数据等具有大量特征的数据，它们可以更有效地训练基础估计器。另外，由于Pasting法执行的是无放回采样，因此在有大量训练数据集的情况下，可用它来更有效地训练基础估计器。

随机森林和Bagging法变体(例如随机子空间和random patch)之间的主要区别在于对特征进行采样的位置。随机森林完全使用随机决策树作为基础估计器。具体而言，每次在决策树上增加一个决策节点时，都会在树学习算法中执行特征采样。

另一方面，随机子空间和random patch法并不局限于树学习，且可使用任何学习算法作为基础估计器。在调用每个基础估计器的基础学习算法之前，这两种方法会在外部随机采样特征。

2.4.3　极度随机树

极度随机树将随机决策树的理念发挥到极致，它不仅从随机特征子集中选择划分变量(见图2.9)，还选择划分阈值！为更清楚地理解这一点，请回顾决策树中的每个节点都会测试一个形式为"$f_k <$ threshold？"的条件，其中f_k是第k个特征，threshold是划分值。

标准决策树学习会考虑所有特征，以确定最佳f_k，然后查看该特征的所有值来确定阈值。随机决策树学习会查看随机的特征子集来确定最佳f_k，然后查看该特征的所有值以确定阈值。

极度随机决策树学习也会从随机特征子集中选择最佳f_k。但为了提高效率，它还会选择一个随机的划分阈值。注意，极度随机决策树是另一种用于集成的基础学习器类型。

事实上，这种极度随机化非常有效，甚至可直接从原始数据集构建极度随机树的集成，而不必进行自举采样！这意味着可非常高效地构建极度随机树集成。

提示：实际上，极度随机树集成非常适用于具有大量连续特征的高维数据集。

scikit-learn提供的ExtraTreesClassifier与BaggingClassifier和RandomForestClassifier一样，支持OOB估计和并行化。注意，极度随机树通常不进行自举采样(默认情况下Bootstrap＝False)，因为能够通过极度随机化来实现基础估计器的多样性。

注意：scikit-learn提供了两个名字非常相似的类：sklearn.tree.ExtraTreeClassifier和sklearn.ensemble.ExtraTreesClassifier。tree.ExtraTreeClassifier类是一种基础学习算法，应用于学习单个模型或作为集成方法的基础估计器。ensemble.ExtraTreesClassifier是

本节中讨论的集成方法。区别在于使用单数(ExtraTreeClassifier是基础学习器)还是使用复数(ExtraTreesClassifier是集成方法)。

2.5　案例研究：乳腺癌诊断

第一个案例研究探讨一项医学决策任务：乳腺癌诊断。将学习如何在实践中使用scikit-learn的同质并行集成模块。具体来说，将训练和评估三种同质并行算法的性能：带有决策树的Bagging法、随机森林和极度随机树。

医生每天都要对患者护理做出许多决策，例如诊断(患了哪种疾病？)、预后(疾病将如何发展？)、治疗计划(应该如何治疗？)。医生根据患者的健康记录、病史、家族史、检查结果等做出这些决策。

将使用的具体数据集是WDBC(威斯康星州乳腺癌诊断)数据集，这是机器学习中常见的基准数据集。自1993年以来，WDBC数据集已被用于评估数十种机器学习算法的性能。

机器学习的任务是训练一个能够诊断乳腺癌患者的分类模型。按照现代标准，在大数据时代，这是一个小型数据集，但非常适合展示迄今为止出现的集成方法。

2.5.1　加载和预处理

WDBC数据集最初是通过对患者活检医学图像应用特征提取技术而创建的。更具体地说，对于每个患者，数据描述了活检过程中提取的细胞核的大小和纹理。

WDBC数据集可在scikit-learn中获得，加载方式如图2.10所示。

	索引	平均半径	平均纹理	平均周长	平均面积	平均平滑度	平均紧凑度	平均凹度	诊断结果
0	216	11.89	18.35	77.32	432.2	0.09363	0.11540	0.06636	1
1	30	18.63	25.11	124.80	1088.0	0.10640	0.18870	0.23190	0
2	445	11.99	24.89	77.61	441.3	0.10300	0.09218	0.05441	1
3	496	12.65	18.17	82.69	485.6	0.10760	0.13340	0.08017	1
4	469	11.62	18.18	76.38	408.8	0.11750	0.14830	0.10200	1

图2.10　WDBC数据集由569个训练样本组成，每个样本由30个特征描述。此处列出一小部分患者的30个特征中的几个以及每个患者的诊断情况(训练标签)。诊断=1表示恶性，诊断=0表示良性

此外，创建了一个RandomState，以便以可重复的方式进行随机化：

```
from sklearn.datasets import load_breast_cancer
dataset = load_breast_cancer()
X, y = dataset['data'], dataset['target']
rng=np.random.RandomState(seed=4190)
```

2.5.2 Bagging法、随机森林和极度随机树

对数据集进行预处理后，将带有决策树、随机森林和极度随机树的Bagging法进行训练和评估，以回答以下问题：

- 集成性能如何随集成大小而变化？也就是说，当集成越来越大时，会发生什么情况？
- 集成性能如何随基础学习器复杂性而变化？也就是说，当单个基础估计器变得越来越复杂时，会发生什么情况？

在本案例研究中，由于考虑到所有三种集成方法都使用决策树作为基础估计器，因此复杂性的"衡量标准"之一就是树深度，深度更深的树更复杂。

集成大小与集成性能

首先，通过比较三种算法在参数n_estimators增加时的表现，看看训练和测试性能是如何随集成规模变化的。与往常一样，遵循良好的机器学习实践，并将数据集随机划分为训练集和保留测试集。目标将是在训练集上学习诊断模型，并评估该诊断模型在测试集上的性能。

回顾一下，由于测试集在训练过程中被保留，因此测试误差通常是对在未来数据上的表现(即泛化能力)的一个有用估计。但是，由于不希望学习和评估受到随机性的影响，将这个实验重复20次，然后取平均值。在代码清单2.5中，将看到集成大小对模型性能的影响。

代码清单2.5 随着集成大小的增加，训练误差和测试误差的变化情况

```
max_leaf_nodes=8          ←── 每个集成中的每个基本
n_runs=20                     决策树最多有八个叶节点
n_estimator_range=range(2, 20, 1)

bag_trn_error=\
    np.zeros((n_runs, len(n_estimator_range)))
rf_trn_error=\                                      初始化数组以
    np.zeros((n_runs, len(n_estimator_range)))     存储训练误差
xt_trn_error=\
    np.zeros((n_runs, len(n_estimator_range)))

bag_tst_error=\
    np.zeros((n_runs, len(n_estimator_range)))
rf_tst_error=\                                      初始化数组以
    np.zeros((n_runs, len(n_estimator_range)))     存储测试误差
xt_tst_error=
    np.zeros((n_runs, len(n_estimator_range)))
```

```
for run in range(0, n_runs):
    X_trn, X_tst, y_trn, y_tst=train_test_split(
                                X, y, test_size=0.25,random_
state=rng)
    for j, n_estimators in enumerate(n_estimator_range):
        tree=DecisionTreeClassifier(
                max_leaf_nodes=max_leaf_nodes)
        bag=BaggingClassifier(base_estimator=tree,
                            n_estimators=n_estimators,
                            max_samples=0.5, n_jobs=-1,
                            random_state=rng)
        bag.fit(X_trn, y_trn)
        bag_trn_error[run, j]=1 - accuracy_score(y_trn, bag.predict(X_trn))
        bag_tst_error[run, j]=1 - accuracy_score(y_tst, bag.predict(X_tst))
```

运行20次，每次都使用不同的训练/测试数据划分

针对本次运行和迭代，训练和评估Bagging法

针对本次运行和迭代，训练和评估随机森林法
```
        rf=RandomForestClassifier(
                max_leaf_nodes=max_leaf_nodes, n_estimators=n_estimators,
                n_jobs=-1, random_state=rng)

        rf.fit(X_trn, y_trn)
        rf_trn_error[run, j]=1 - accuracy_score(y_trn, rf.predict(X_trn))
        rf_tst_error[run, j]=1 - accuracy_score(y_tst, rf.predict(X_tst))
```

针对本次运行和迭代，训练和评估极度随机树
```
        xt=ExtraTreesClassifier(
                max_leaf_nodes=max_leaf_nodes, n_estimators=n_estimators,
                bootstrap=True, n_jobs=-1, random_state=rng)

        xt.fit(X_trn, y_trn)
        xt_trn_error[run, j]=1 - accuracy_score(y_trn, xt.predict(X_trn))
        xt_tst_error[run, j]=1 - accuracy_score(y_tst, xt.predict(X_tst))
```

现在，可以看到WDBC数据集的平均训练和测试误差，如图2.11所示。不出所料，随着估计器数量的增加，所有方法的训练误差都稳步下降。测试误差也随着集成规模的增加而减少，然后趋于稳定。由于测试误差是对泛化误差的估计，这些集成方法在实践中的性能得到实验的证实。

最后，这三种方法都远优于单棵决策树(图中的起始位置)。这表明，在实践中，即使单棵决策树不稳定，决策树集成也是鲁棒的，并且可以很好地泛化。

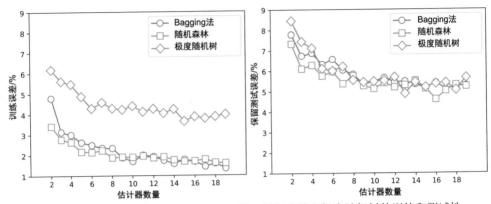

图2.11　随着集成规模的增加，Bagging法、随机森林和极度随机树的训练和测试性能。Bagging法使用决策树作为基础估计器，随机森林使用随机决策树，而极度随机树使用极度随机决策树

基础学习器复杂性与集成性能

接下来，比较三种算法在基础学习器复杂性增加时的表现(图2.12)。有几种方法可以控制基础决策树的复杂性：最大深度、最大叶节点数、不纯度标准等。这里比较了三种集成方法的性能，其中每个基础学习器的复杂性由max_leaf_nodes决定。

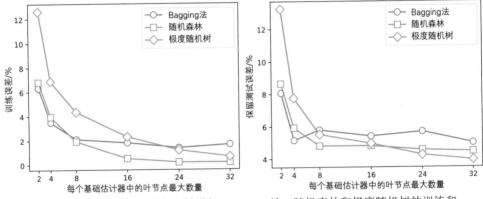

图2.12　随着基础学习器复杂性增加，Bagging法、随机森林和极度随机树的训练和测试性能。其中，Bagging法使用决策树作为基础学习器，随机森林使用随机化决策树，而极度随机树使用极度随机决策树

这种比较可通过与上一个实验类似的方式进行。为让每种集成方法使用越来越复杂的基础学习器，可逐步增加每个基础决策树中的max_leaf_nodes数量。也就是说，在每个BaggingClassifier、RandomForestClassifier和ExtraTreesClassifier中，依次通过以下参数设置max_leaf_nodes=2,4,8,16,24和32：

```
base_estimator=DecisionTreeClassifier(max_leaf_nodes=32)
```

回顾一下，高度复杂的树本质上是不稳定的，对数据中的微小扰动非常敏感。这意味着，一般而言，如果增加基础学习器的复杂性，就需要更多的学习器才能成功降低整个集成的变异性。但在这里，已经固定了n_estimators = 10。

在确定基础决策树深度时，一个关键考虑因素是计算效率。训练深度越深的树会耗费越多的时间，却不会显著提升预测性能。例如，深度为24和32的基础决策树的性能大致相同。

2.5.3　随机森林中的特征重要性

最后，来看看如何利用随机森林集成的特征重要性来识别乳腺癌诊断中最具预测性的特征。这种分析增加了模型的可解释性，并且在与医生等领域专家进行沟通和解释时非常有帮助。

通过标签相关性计算特征重要性

首先，深入分析数据集，看看能否发现特征和诊断之间的一些有趣关系。当得到一个新数据集时，这类分析很典型，因为需要了解它的更多信息。这里，我们的分析将试图找出哪些特征与彼此以及诊断(标签)之间的相关性最高，这样就可检查随机森林能否做类似的事情。在代码清单2.6中，使用pandas和seaborn包来可视化特征和标签的相关性。

代码清单2.6　可视化特征和标签之间的相关性

```
import pandas as pd
import seaborn as sea

df=pd.DataFrame(data=dataset['data'],        ← 将数据转换为
                columns=dataset['feature_names'])   pandas DataFrame
df['diagnosis']=dataset['target']


fig, ax=plt.subplots(nrows=1, ncols=1, figsize=(8, 8))
cor=np.abs(df.corr())
sea.heatmap(cor, annot=False, cbar=False, cmap=plt.cm.Greys, ax=ax)  ←
fig.tight_layout()
```

计算并绘制一些选定特征和标签(诊断)之间的相关性

此代码清单的输出结果如图2.13所示。有几个特征彼此之间高度相关，如平均半径、平均周长和平均面积。有几个特征还与标签(即良性或恶性诊断)高度相关。现在找出与诊断标签最相关的10个特征：

```
label_corr=cor.iloc[:, -1]
label_corr.sort_values(ascending=False)[1:11]
```

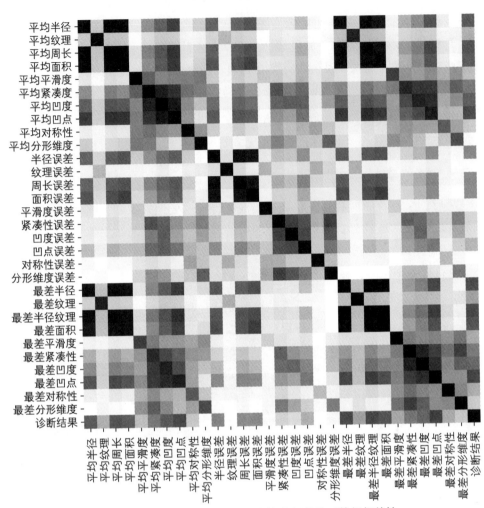

图2.13　所有30个特征与标签(诊断)之间的绝对特征相关性

由此得出以下前10个特征的排名：

worst concave points(最差凹点)	0.793566
worst perimeter(最差半径)	0.782914
mean concave points(平均凹点)	0.776614
worst radius(最差半径)	0.776454
mean perimeter(平均周长)	0.742636
worst area(最差面积)	0.733825
mean radius(平均半径)	0.730029
mean area(平均面积)	0.708984
mean concavity(平均凹度)	0.696360
worst concavity(最差凹度)	0.659610

因此，相关性分析表明这10个特征与诊断的相关性最高；也就是说，这些特征可能对乳腺癌诊断最有帮助。

记住，相关性并不总是识别有效变量的可靠手段，尤其是在特征和标签之间存在高度非线性关系的情况下。不过，只要我们意识到它的局限性，它仍然可以作为一个合理的指导方针。

使用随机森林法的特征重要性

随机森林也可以提供特征重要性，如代码清单2.7所示。

代码清单2.7　在WDBC数据集中使用随机森林的特征重要性

```
X_trn, X_tst, y_trn, y_tst=train_test_split(X, y, test_size=0.15)
n_features=X_trn.shape[1]

rf=RandomForestClassifier(max_leaf_nodes=24,          ← 训练一个随机
                          n_estimators=50, n_jobs=-1)    森林集成
rf.fit(X_trn, y_trn)
err=1 - accuracy_score(y_tst, rf.predict(X_tst))
print('Prediction Error={0:4.2f}%'.format(err*100))   ← 设置重要性阈值，其
                                                         中所有高于阈值的特
importance_threshold=0.02                                征均为重要特征
for i, (feature, importance) in enumerate(zip(dataset['feature_names'],
                                  rf.feature_importances_)):
    if importance > importance_threshold:
        print('[{0}] {1} (score={2:4.3f})'.   ← 打印"重要"特征，
            format(i, feature, importance))      即重要性阈值以上的特征
```

代码清单2.7依赖于一个importance_threshold，此处设置为0.02。通常情况下，阈值是通过检查来设置的，这样就能得到一个目标特征集，或者使用一个单独的验证集来识别重要特征，保证整体性能不下降。

对于WDBC数据集，随机森林将以下特征识别为重要特征。注意，相关性分析和随机森林所识别的重要特征之间存在相当大的重叠，尽管它们的相对排序是不同的：

```
[2] mean perimeter (score=0.055)
[3] mean area (score=0.065)
[6] mean concavity (score=0.071)
[7] mean concave points (score=0.138)
[13] area error (score=0.065)
[20] worst radius (score=0.080)
[21] worst texture (score=0.023)
[22] worst perimeter (score=0.067)
[23] worst area (score=0.131)
[26] worst concavity (score=0.029)
[27] worst concave points (score=0.149)
```

最后，图2.14展示了随机森林集成识别的特征重要性。

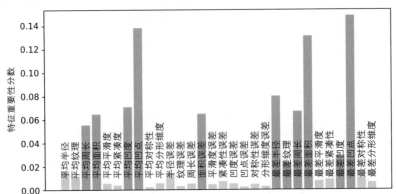

图2.14　随机森林集成通过特征的重要性对其进行评分。这样，就可以只使用分数最高的特征进行特征选择

注意：由于树构建过程中的随机化，特征重要性往往会在运行之间发生变化。还要注意，如果两个特征高度相关，随机森林通常会在它们之间分配特征重要性，导致它们的总权重看起来比实际小。还有其他更鲁棒的方法来计算特征重要性，以实现集成可解释性，将在第9章中对此进行探讨。

2.6　小结

- 同质并行集成通过随机化促进集成多样性：对训练样本和特征进行随机采样，甚至在基础学习算法中引入随机化。
- Bagging法是一种简单的集成方法。它依赖于①自举采样(或有放回采样)来生成数据集的不同副本，并训练不同的模型；②模型结合，从一组单个的基础学习器预测中生成集成预测。
- 对于任何不稳定的估计器(未修剪的决策树、支持向量机[SVM]、深度神经网络等)，Bagging法及其变体都能发挥最佳效果。这些模型具有较高的复杂性和/或非线性。
- 随机森林指的是一种Bagging变体，专门使用随机决策树作为基础学习器。增加随机性会显著提升集成的多样性，使集成降低变异性，使预测更加平滑。
- Pasting是Bagging法的一种变体，如果训练时不使用有放回采样，或数据集的训练样本数量极大，Pasting也很有效。
- Bagging法的其他变体，如随机子空间(对特征进行采样)和random patch(对特征和训练样本进行采样)，在高维数据集上也很有效。

- 极度随机树是另一种类似于Bagging法的集成方法，其专门设计用于将极度随机树作为基础学习器。不过，极度随机树不使用自举采样，因为额外的随机化有助于产生集成多样性。
- 随机森林提供特征重要性，从预测角度对最重要的特征进行排序。

第3章

异质并行集成：
结合强学习器

本章内容
- 通过基于性能的加权来结合基础学习模型
- 通过Stacking和blending将基础学习模型与元学习模型相结合
- 通过交叉验证进行集成以避免过拟合
- 使用异质集成探索大规模、真实的文本挖掘案例研究

在第2章中，介绍了两种并行集成方法：Bagging法和随机森林。这些方法(及其变体)训练同质集成，其中每个基础估计器都使用相同的基础学习算法进行训练。例如，在Bagging分类中，所有基础估计器都是决策树分类器。

在本章中，将继续探索并行集成方法，但这次将重点放在异质集成上。异质集成方法使用不同的基础学习算法来直接确保集成的多样性。例如，一个异质集成可以由三个基础估计器组成：决策树、支持向量机(SVM)和人工神经网络(ANN)。这些基础估计器仍然是独立训练的。

最早的异质集成方法，如Stacking法，早在1992年就已开发出来了。然而，在2006年宣布的Netflix Prize竞赛中，这些方法才真正崭露头角。排名前三的团队，包括最终赢得100万美元奖金的团队，都采用了集成方法，他们的解决方案是数百个不同基模型的复杂混合。这次成功是对本章将要讨论的许多方法有效性的一次引人注目的公开展示。

受到这一成功案例的启发，Stacking和blending广受欢迎。有了足够的基础估计器多样性，这些算法往往可以提高数据集的性能，成为数据分析师工具箱中强

大的集成工具。

它们受欢迎的另一个原因是，可轻松地结合现有模型，这样就可使用先前训练过的模型作为基础估计器。例如，假设你和一位朋友正在为Kaggle竞赛各自独立完成一个数据集。你训练了一个支持向量机，而你的朋友训练了一个逻辑回归模型。虽然你们的模型表现都还不错，但你们都认为，如果将你们的头脑(和模型)结合起来，可能会做得更好。可以用这些现有模型构建一个异质集成，而不必再次训练它们。你需要做的就是设法将两个模型结合起来。异质集成有两种类型，取决于它们如何将单个基础估计器的预测结合成最终预测：

- 加权法——这些方法为单个基础估计器的预测分配与其强度对应的权重。更好的基础估计器被分配更高的权重，对整体最终预测的影响更大。单个基础估计器的预测被反馈到预定的结合函数中，从而得出最终的预测。
- 元学习法——这些方法使用一种学习算法来结合基础估计器的预测；单个基础估计器的预测被视为元数据，并传递给第二级元学习器，该元学习器经过训练可进行最终预测。

可参见图3.1。

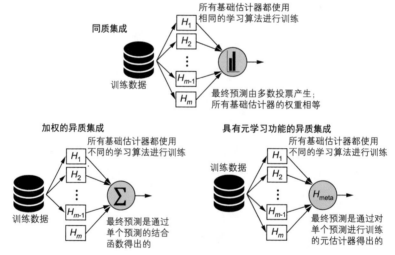

图3.1　同质集成(见第2章)，如Bagging法和随机森林，使用相同的学习算法来训练基础估计器，并通过随机采样实现集成多样性。本章讲述的异质集成使用不同的学习算法来实现集成多样性

首先介绍加权法，这种方法根据每个分类器的有效性对其贡献进行加权，从而结合分类器。

3.1　异质集成的基础估计器

在本节中，将建立一个学习框架，用于拟合异构基础估计器并从中获取预测。这是为任何应用建立异质集成的第一步，相当于训练图3.1底部的单个基础估计器H_1, H_2, ..., H_m。

将使用一个简单的二维数据集来训练基础估计器，这样就能清楚地看到每个基础估计器的决策边界和行为，以及估计器的多样性。训练完成后，就可使用加权法(第3.2节)或元学习法(第3.3节)构建异质集成：

```
from sklearn.datasets import make_moons
from sklearn.model_selection import train_test_split
X, y = make_moons(600, noise=0.25, random_state=13)
X, Xval, y, yval = train_test_split(X, y,
                                    test_size=0.25)    ← 预留25%的数据用于验证
Xtrn, Xtst, ytrn, ytst = train_test_split(X, y,
                                          test_size=0.25)    ← 再预留25%的数据用于暂缓测试
```

此代码片段生成600个合成训练样本，均匀分布在两个类中，如图3.2所示，分别为圆形和方形。

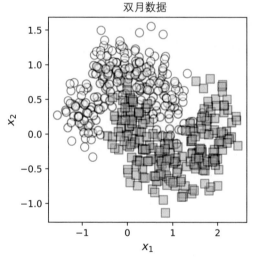

图3.2 带有两个类别的合成数据集：类别0(圆)和类别1(正方形)各300个样本

3.1.1 拟合基础估计器

首要任务是训练单个基础估计器。与同质集成不同，可使用任意数量的不同学习算法和参数设置来训练基础估计器。关键是要确保选择的学习算法有足够的差异，从而产生多样化的估计器结合。基础估计器集成越多样化，产生的集成就越好。这种情况下，使用六种流行的机器学习算法，这些算法都可在scikit-learn中找到：DecisionTreeClassifier(决策树分类器)、SVC、GaussianProcessClassifier(高斯过程分类器)、KNeighborsClassifier(K近邻分类器)、RandomForestClassifier(随机森林分类器)和GaussianNB(高斯朴素贝叶斯)，见图3.3。

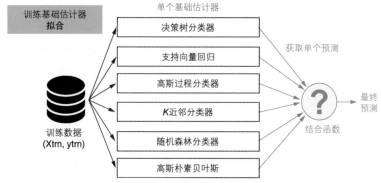

图3.3   使用scikit-learn拟合六个基础估计器

　　代码清单3.1初始化了图3.3所示的六个基础估计器，并对它们进行了训练。注意用于初始化单个基础估计器的个别参数设置(例如，DecisionTreeClassifier的max_depth=5或KNeighborsClassifier的n_neighbors=3)。在实际应用中，必须仔细选择这些参数。对于这个简单数据集，可以猜测参数或直接使用默认的参数建议。

代码清单3.1   拟合不同的基础估计器

```
from sklearn.svm import SVC
from sklearn.neighbors import KNeighborsClassifier
from sklearn.gaussian_process import GaussianProcessClassifier
from sklearn.gaussian_process.kernels import RBF
from sklearn.ensemble import RandomForestClassifier
from sklearn.naive_bayes import GaussianNB

estimators = [                                              初始化多个
    ('dt', DecisionTreeClassifier (max_depth=5)),  ◄─┐    基础学习算法
    ('svm', SVC(gamma=1.0, C=1.0, probability=True)),
    ('gp', GaussianProcessClassifier(RBF(1.0))),
    ('3nn', KNeighborsClassifier(n_neighbors=3)),
    ('rf',RandomForestClassifier(max_depth=3, n_estimators=25)),
    ('gnb', GaussianNB())]

def fit(estimators, X, y):                         使用这些不同的学习
    for model, estimator in estimators:            算法，在训练数据上
        estimator.fit(X, y)               ◄─┐      拟合基础估计器
    return estimators
```

在训练数据上训练基础估计器：

```
estimators = fit(estimators, Xtrn, ytrn)
```

训练完成后，还可以可视化每个基础估计器在数据集上的表现。看来，能够产生一些相当多样化的基础估计器。

除了集成多样性外，从对单个基础估计器的可视化中还能立即看出另一个方面，那就是它们在保留测试集上的表现并不完全相同。在图3.4中，3最近邻(3nn)在测试集上的表现最好，而高斯朴素贝叶斯(gnb)的表现最差。

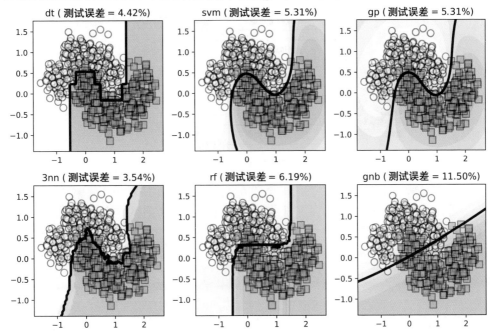

图3.4 异质集成中的基础估计器。每个基础估计器都使用不同的学习算法进行训练，使得集成具有多样性

例如，DecisionTreeClassifier(dt)生成的分类器使用轴平行边界，将特征空间划分为多个决策区域(因为树中的每个决策节点都与单个变量相关)。另外，svm分类器SVC使用RBF(径向基函数)核，使决策边界更加平滑。因此，虽然这两种学习算法都可以学习非线性分类器，但它们的非线性方式不同。

核方法

SVM是核方法的一个示例，是一种可使用核函数的机器学习算法。核函数可以在高维空间中隐式地高效测量两个数据点之间的相似性，而不必明确地将数据转换到该空间中。用核函数代替内积计算，线性估计器就能变成非线性估计器。常用的核函数包括多项式核和高斯(也称为RBF)核。详见*Elements of Statistical Learning*的第12章"数据挖掘、推理和预测"。

3.1.2　基础估计器的单个预测

对于给定的测试数据(Xtst)，可用每个基础估计器得到每个测试实例的预测结果。在方案中，鉴于有六个基础估计器，每个测试样本将有六个预测，每个预测分别对应一个基础估计器(参见图3.5)。

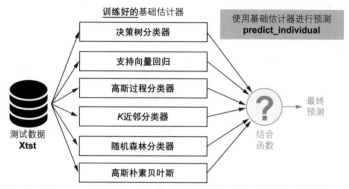

图3.5　在scikit-learn中使用六个训练好的基础估计器对测试集进行单个预测

现在的任务是将每个已训练好的基础估计器对每个测试样本的预测收集到一个数组中。在代码清单3.2中，变量y是保存预测结果的结构，大小为n_samples * n_estimators。也就是说，项$y[15,1]$的值将是第2个分类器(SVC)对第16个测试样本的预测结果(记住，Python中的索引是从0开始的)。

代码清单3.2　　基础估计器的单个预测

```
import numpy as np

def predict_individual(X, estimators, proba=False):
    n_estimators = len(estimators)
    n_samples = X.shape[0]

    y = np.zeros((n_samples, n_estimators))
    for i, (model, estimator) in enumerate(estimators):
        if proba:
            y[:, i] = estimator.predict_proba(X)[:, 1]
        else:
            y[:, i] = estimator.predict(X)
    return y
```

> proba标志允许预测标签或标签的概率。

> 如果设置为True，则预测类别1的概率(返回介于0和1之间的浮点概率值)

> 否则，直接预测类别1(返回整数类标签0或1)

注意，函数predict_individual有一个标志proba。当设置proba=False时，predict_individual将根据每个估计器返回预测的标签。预测标签的值为$y_{pred}=0$或$y_{pred}=1$，这表示该估计器预测该样本属于类别0或类别1。

但是，当设置proba=True时，每个估计器将通过各自的predict_proba()函数返回类别预测的概率值：

```
y[:, i] = estimator.predict_proba(X)[:, 1]
```

注意：scikit-learn中的大多数分类器都能返回标签的概率，而不是直接返回标签。其中一些分类器(如SVC)需要明确告知才能这样做(注意，在初始化SVC时设置了proba=True)，而其他分类器则是自然概率分类器，可以表示和推理类别概率。这些概率表示每个基础估计器对其预测的置信度。

可使用此函数预测测试样本：

```
y_individual = predict_individual(Xtst, estimators, proba=False)
```

这将生成以下输出：

```
[[0. 0. 0. 0. 0. 0.]
 [1. 1. 1. 1. 1. 1.]
 [1. 1. 1. 1. 1. 1.]
 ...
 [0. 0. 0. 0. 0. 0.]
 [1. 1. 1. 1. 1. 1.]
 [0. 0. 0. 0. 0. 0.]]
```

每一行包含六个预测，每个预测都对应于每个基础估计器的预测。对预测进行了检验：Xtst有113个测试样本，而y_individual对每个样本进行了六次预测，这样就得到一个113×6的预测数组。

当proba=True时，predict_individual返回一个样本属于类别1的概率，用$P(y_{pred}=1)$表示。对于像本例这样的两类(二元)分类问题，样本属于类别0的概率为$1-P(y_{pred}=1)$，因为样本只能属于其中一类，而所有概率的总和为1。计算方法如下：

```
y_individual = predict_individual(Xtst, estimators, proba=True)
```

这会生成以下输出：

```
array([[0. , 0.01, 0.08, 0. , 0.04, 0.01],
       [1. , 0.99, 0.92, 1. , 0.92, 0.97],
       [0.98, 0.89, 0.76, 1. , 0.89, 0.95],
       ...,
       [0. , 0.03, 0.15, 0. , 0.11, 0.07],
       [1. , 0.97, 0.87, 1. , 0.72, 0.62],
       [0. , 0. , 0.05, 0. , 0.1 , 0.12]])
```

在该输出的第三行中，第三项为0.76，表示第三个基础估计器，即GaussianProcessClassifier有76%的置信度认为第三个测试样本属于类别1。另一方面，第三行的第一个项是0.98，这意味着决策树分类器有98%的置信度认为第一个测试样本属于第1类。

这种预测概率通常称为软预测。只需要选择概率最高的类别标签，就能将软预测转换为硬（0～1）预测；在本例中，根据高斯过程分类器(GaussianProcessClassifier)，硬预测为$y=0$，因为$P(y=0)>P(y=1)$。

为构建异质集成，既可直接使用预测，也可使用它们的概率。使用后者通常会产生更平滑的输出。

注意：前面讨论的预测函数是专门为二元分类问题编写的。如果注意存储每个类别的预测概率，它还可扩展到多类别问题。也就是说，对于多类问题，你需要在一个大小为n_samples * n_estimators * n_classes的数组中存储各个预测概率。

现在，已经建立了创建异质集成所需的基本基础设施。已经训练了六个分类器，并且有一个函数可以给出它们对新样本的预测。当然，最后一步(也是最重要的一步)是如何结合各个预测：通过加权或元学习。

3.2 通过加权结合预测

加权方法的目标是什么？回顾一下3nn和gnb分类器在简单二维数据集上的表现(见图3.6)。想象一下，试图用这两个分类器作为基础估计器，构建一个非常简单的异质分类器。

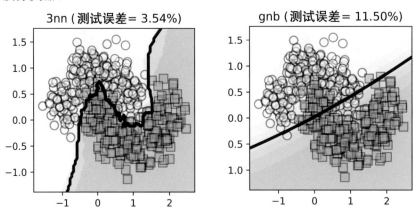

图3.6 两个基础估计器在同一数据集上的表现可能截然不同。加权策略应反映分类器的性能，为性能较好的分类器赋予更高的权重

假设使用测试误差作为评估指标来比较这两个分类器的行为。测试误差可以使用Xtst中的样本进行评估，这些样本在训练过程中被保留下来。这样，就能很好地估计模型在未来未见数据上的表现。

3nn分类器的测试误差率为3.54%，而gnb的测试误差率为11.5%。直观地说，在这个数据集上，会更信任3nn分类器，而不是gnb分类器。但是，这并不意味着gnb毫无用处，应该弃之不用。许多情况下，gnb可以强化3nn做出的决策。不希望它在3nn对自己的预测没有信心时与之相矛盾。

这种基础估计器置信度的概念可以分配权重来体现。当试图为基础分类器分配权重时，应该以符合这种直觉的方式进行。这样，最终预测会更多地受到强分类器的影响，而较弱分类器的影响较小。

假设得到一个新的数据点x，单个预测分别为y_{3nn}和y_{gnb}。一种简单的结合方式是根据性能对它们进行加权。3nn的测试集准确率为$a_{3nn}=1-0.0354=0.9646$，gnb的测试集准确率为$a_{gnb}=1-0.115=0.885$。最终预测可以计算如下：

$$y=\underbrace{\frac{a_{3nn}}{a_{3nn}+a_{gnb}}}_{w_{3nn}}\cdot y_{3nn}+\underbrace{\frac{a_{gnb}}{a_{3nn}+a_{gnb}}}_{w_{gnb}}y_{gnb}$$

估计器权重w_{3nn}和w_{gnb}与它们各自的准确率成比例，准确率越高的分类器权重越大。在本例中，$w_{3nn}=0.522$，$w_{gnb}=0.478$。使用一个简单的线性组合函数(严格来说是凸结合，因为所有权重都是正的，且总和为1)来结合这两个基础估计器。

继续对二维双月数据集进行分类，并探索各种加权和结合策略。这通常包括两个步骤(见图3.7)：

(1) 以某种方式为每个分类器(clf)分配权重(w_{clf})，以反映其重要性。

(2) 使用结合函数h_c来结合加权预测($w_{clf}\cdot y_{clf}$)。

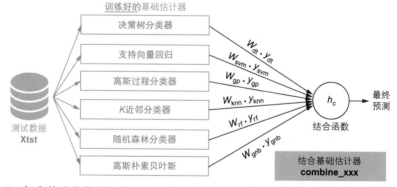

图3.7　每个基础分类器都被分配了一个重要性权重，该权重反映了它的意见对最终决策的贡献程度。每个基础分类器的加权决策使用结合函数进行结合

接下来将探讨几种将这种直觉推广到预测和预测概率上的策略。其中许多策略都非常容易实现，通常用于融合多个模型的预测。

3.2.1 多数投票

在第2章中，已经熟悉了一种加权结合方法：多数投票法。在此简要回顾一下多数投票法，以说明它只是许多结合方案中的一种，并将其纳入结合方法的通用框架中。

多数投票可以看作一种加权结合方案，其中每个基础估计器都被赋予相同的权重；也就是说，如果有m个基础估计器，那么每个基础估计器的权重都是$w_{clf} = \frac{1}{m}$。单个基础估计器的(加权)预测使用多数投票进行结合。

与Bagging法一样，这种策略也可扩展到异质集成中。在图3.8中所示的一般结合方案中，为实现这种加权策略，设$w_{clf} = \frac{1}{m}$，$h_c =$多数投票(即统计模式)。

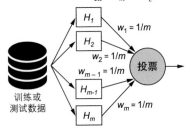

图3.8   通过多数投票进行结合。Bagging法可以看作应用于同质集成的简单加权方法。所有分类器的权重相等，且结合函数是多数投票。也可将多数投票策略用于异质集成

代码清单3.3使用多数投票法，将来自一组异质基础估计器的单个预测y_individual进行结合。注意，因为基础估计器的权重都是相等的，所以没有明确计算权重。

代码清单3.3   使用多数投票结合预测

```
from scipy.stats import mode                    重新调整向量，
                                                确保每个样本返
def combine_using_majority_vote(X, estimators): 回一个预测
    y_individual = predict_individual(X, estimators, proba=False)
    y_final = mode(y_individual, axis=1, keepdims=False)
    return y_final[0].reshape(-1, )
```

可利用这个函数，使用之前训练好的基础估计器对测试数据集Xtst进行预测：

```
from sklearn.metrics import accuracy_score
ypred = combine_using_majority_vote(Xtst, estimators)
tst_err = 1 - accuracy_score(ytst, ypred)
```

这将生成以下测试误差：

```
0.06194690265486724
```

这种加权策略生成了一个测试误差为6.19%的异质集成。

3.2.2　准确率加权

回顾一下本节开头的例子，试图使用3nn和gnb作为基础估计器，建立一个非常简单的异质分类器。在这个例子中，直观集成结合策略是根据每个估计器的性能(特别是准确率分数)来加权。这是一个非常简单的准确率加权例子。

这里，将这个过程推广到两个以上估计器的情况，如图3.8所示。为获得基础分类器的无偏性能估计，将使用验证集。

为什么需要验证集？

在生成数据集时，将其划分为训练集、验证集和保留测试集。这三个子集相互排斥；也就是说，它们没有任何重叠的样本。那么，应该用这三个子集中的哪一个对单个基础分类器的性能进行无偏估计呢？

在机器学习中，最好不要重复使用训练集进行性能估计，因为已经看过这些数据，所以性能估计会有偏差。这就像在期末考试中看到以前布置的作业题一样。这并不能真正告诉教授你成绩很好，因为你已经学过这个概念；只是表明你擅长解决特定的问题。同样，使用训练数据来估计性能并不告诉一个分类器能否很好地泛化，只表明分类器在已经见过的样本上表现如何。要想获得有效且无偏的估计，需要在模型从未见过的数据上评估性能。

可以使用验证集或保留测试集获得无偏估计。不过，测试集通常用于评估最终模型的性能，也就是整个集成的性能。

这里关心的是估计每个基础分类器的性能。因此，将使用验证集来获得每个基础分类器性能的无偏估计：准确率。

使用验证集的准确率权重

训练完每个基础分类器(clf)后，将在验证集上评估其性能。设 a_t 为第 t 个分类器 H_t 的验证准确率。然后，每个基础分类器的权重计算如下：

$$w_t = \frac{a_t}{\sum_{t=1}^{m} a_t}$$

分母是一个归一化项，即所有单个验证准确率的总和。这种计算方法可确保分类器的权重与其准确率成正比，且所有权重之和为1。

给定一个新的待预测样本 x，可得到单个分类器的预测值 y_t(使用predict_individual函数)。现在，最终预测可计算为单个预测值的加权和：

$$y_{\text{final}} = w_1 \cdot y_1 + w_2 \cdot y_2 + \cdots + w_m \cdot y_m = \sum_{t=1}^{m} w_t \cdot y_t$$

该过程在图3.9中说明。

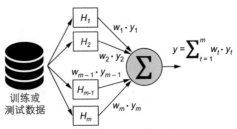

图3.9　通过性能加权进行结合。每个分类器的权重与其准确率成正比。最终预测是通过对单个预测的加权结合而成的

代码清单3.4通过准确率加权进行结合。需要注意，虽然单个分类器的预测值可能为0或1，但由于权重是分数，因此总体的最终预测将是一个介于0和1的实数。通过将加权预测值的阈值定为0.5，可很容易地将分数预测值转换为0～1的最终预测值。

例如，y_final＝0.75的结合预测将转换为y_final＝1(因为0.75>0.5阈值)，而y_final＝0.33的结合预测将被转换为y_final＝0(因为0.33<0.5阈值)。平局虽然极其罕见，但这种情况下可随意进行决定。

代码清单3.4　使用准确率加权的结合方法

```
def combine_using_accuracy_weighting(X, estimators,
                                     Xval, yval):        ◄── 将验证集
                                                            作为输入
    n_estimators = len(estimators)
    yval_individual = predict_individual(Xval,          ◄── 在验证集上
                      estimators, proba=False)              获取单个预测
    wts = [accuracy_score(yval, yval_individual[:, i])
           for i in range(n_estimators)]                ◄── 将每个基础分类器的权
                                                            重设置为其准确率分数

    wts /= np.sum(wts)      ◄──│归一化权重

    ypred_individual = predict_individual(X, estimators, proba=False)
    y_final = np.dot(ypred_individual, wts)             ◄── 有效地计算单个
                                                            标签的加权结合

    return np.round(y_final)     ◄──│通过四舍五入将结合
                                     预测转换为0～1标签
```

可利用这个函数，使用之前训练过的基础估计器对测试数据集Xtst进行预测：

```
ypred = combine_using_accuracy_weighting(Xtst, estimators, Xval, yval)
tst_err = 1 - accuracy_score(ytst, ypred)
```

这将生成以下输出：

```
0.03539823008849563
```

此加权策略生成了一个测试误差为3.54%的异质集成。

3.2.3　熵加权法

熵加权法是另一种基于性能的加权方法，不同的是，它使用熵作为评估指标，来判断每个基础估计器的价值。熵是集合中不确定性或不纯度的度量；集合越混乱，熵值越高。

熵

熵，或更准确地说是信息熵，最初是由Claude Shannon提出的，用于量化变量所传达的"信息量"。它由两个因素决定：①变量可以取的不同值的数量，②与每个值关联的不确定性。

假设有三名病人——Ana、Bob和Cam——在诊室等待医生对疾病的诊断。Aan有90%的置信度被告知她是健康的(即她生病的可能性为10%)。Bob有95%的置信度被告知他生病了(即有5%的可能性他是健康的)。Cam被告知他的测试结果不确定(即50%的可能性是健康的，有50%的可能性是生病的)。

Ana得到的是好消息，她的诊断几乎没有不确定性。尽管Bob得到的是坏消息，但他的诊断中也几乎没有不确定性。Cam的情况具有最大的不确定性：他既没有得到好消息，也没有得到坏消息，还要接受更多检查。

熵对各种结果的不确定性进行量化。在决策树学习过程中，基于熵的度量通常用于贪婪地识别最佳划分变量，并在深度神经网络中用作损失函数。

可使用熵代替准确率给分类器加权。不过，由于较低的熵是可取的，因此需要确保基础分类器的权重与其对应的熵成反比。

计算预测的熵

假设有一个测试样本，由10个基础估计器组成的集成返回一个预测标签向量：[1,1,1,0,0,1,1,1,0,0]。该集成有6个 $y=1$ 的预测和4个 $y=0$ 的预测。这些标签计数可以等价地表示为标签概率：预测 $y=1$ 的概率为 $P(y=1)=\frac{6}{10}=0.6$，预测 $y=0$ 的概率为 $P(y=0)=\frac{4}{10}=0.4$。有了这些标签概率，就可计算出该集成的基础估计器预测的熵为：

$$E = -P(y=0)\log_2 P(y=0) - P(y=1)\log_2 P(y=1)$$

这种情况下，将得到 $E = -0.4\ \log_2 0.4 - 0.6\ \log_2 0.6 \approx 0.971$。

另一种情况是考虑第二个测试样本，其中10个基础估计器返回了一个预测标签向量：[1,1,1,1,0,1,1,1,1,1]。该集成有9个$y=1$的预测和1个$y=0$的预测。这种情况下，标签的概率是$P(y=1)=\frac{9}{10}=0.9$和$P(y=1)=\frac{1}{10}=0.1$。这种情况下的熵为$E=-0.1\log_2 0.1-0.9\log_2 0.9\approx 0.469$。这组预测的熵较低，因为它更纯净(大多数预测都是$y=1$)。另一种观点认为这10个基础估计器对第二个样本的预测不确定性较小。代码清单3.5可用于计算一组异常值的熵。

代码清单 3.5　计算熵

```
def entropy(y):                                            计算标签
    _, counts = np.unique(y, return_counts=True)           计数
    p = np.array(counts.astype('float') / len(y))          将计数转换
    ent = -p.T @ np.log2(p)        将熵计算         为概率
                                   为点积
    return ent
```

带有验证集的熵加权

设E_t为第t个分类器H_t的验证熵。每个基础分类器的权重为

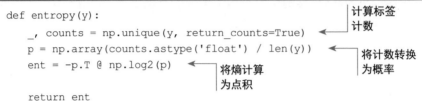

$$w_t=\frac{\frac{1}{E_t}}{\sum_{t=1}^{m}\left(\frac{1}{E_t}\right)}$$

熵加权和准确率加权之间有两个主要区别：

- 基础分类器的准确率是通过真实标签y_{true}和预测标签y_{pred}计算得出的。这样，准确率指标就能衡量分类器的性能。准确率高的分类器更好。
- 基础分类器的熵仅使用预测标签y_{pred}来计算，熵指标衡量了分类器预测的不确定性。熵(不确定性)低的分类器更好。因此，单个基础分类器的权重与其相应的熵成反比。

与准确率加权一样，最终预测也需要以0.5为阈值。代码清单3.6使用熵权重进行结合。

代码清单3.6　使用熵加权

```
def combine_using_entropy_weighting(X, estimators,        只取验证
                                    Xval):                样本

    n_estimators = len(estimators)
    yval_individual = predict_individual(Xval,            获取验证集上
                         estimators, proba=False)         的单个预测
    wts = [1/entropy(yval_individual[:, i])               将每个基础分类器的
           for i in range(n_estimators)]                  权重设为其逆熵
    wts /= np.sum(wts)        归一化权重

ypred_individual = predict_individual(X, estimators, proba=False)
```

```
y_final = np.dot(ypred_individual, wts)
```
← 高效计算单个
标签的加权结合

```
return np.round(y_final)
```
← 返回四舍五入
后的预测

可以通过此函数，使用先前训练的基础估计器对测试数据集Xtst进行预测：

```
ypred = combine_using_entropy_weighting(Xtst, estimators, Xval)
tst_err = 1 - accuracy_score(ytst, ypred)
```

这生成以下输出：

```
0.03539823008849563
```

该加权策略生成了一个测试误差为3.54%的异质集成。

3.2.4　Dempster-Shafer结合

到目前为止，所看到的方法都是直接结合单个基础估计器的预测(注意，在调用predict_individual时，设置了proba=False标志)。在predict_individual中设置proba=True时，每个分类器都会返回其对属于类别1的概率的单个估计。也就是说，当proba=True时，每个估计器不会返回$y_{pred}=0$或$y_{pred}=1$，而是返回$P(y_{pred}=1)$。

这个概率反映了分类器对预测结果的置信度，并提供了对预测结果更细致的观察。虽然本节介绍的方法也可以使用概率，但Dempster-Shafer理论(DST)方法是将这些基础估计器的置信度融合成最终置信度或预测概率的另一种方法。

用于标签融合的DST

DST是概率论的一种概括，它支持在不确定和知识不完整的情况下进行推理。虽然DST的基础不在本书的讨论范围内，但该理论本身提供了一种方法，可将来自多个来源的信念和证据融合为一个置信度。

DST使用一个介于0到1的数字来表示对命题的置信度，例如"测试样本x属于类别1"。这个数字被称为基本概率分配(BPA)，表示文本样本x属于类别1的确定性。BPA值越接近1，表示决策的确定性越高。通过BPA，可将估计器的置信度转化为对真实标签的置信度。

假设使用3nn分类器对测试样本x进行分类，返回$P(y_{pred}=1 \mid 3nn)=0.75$。现在，gnb分类器也用于对同一测试样本进行分类，并返回$P(y_{pred}=1 \mid gnb)=0.6$。根据DST，可以计算命题"根据3nn和gnb，测试样本x属于类别1"的BPA。可以通过融合它们的单个预测概率来做到这一点：

$$\text{BPA}(y_{pred}=1 \mid 3nn, gnb) = 1 - (1 - P(y_{pred}=1 \mid 3nn)) \cdot (1 - P(y_{pred}=1 \mid gnb))$$
$$= 1 - (1-0.75) \cdot (1-0.6) = 0.9$$

还可以计算命题"根据3nn和gnb,测试样本*x*属于类别0"的BPA:

$$\text{BPA}(y_{\text{pred}} = 0 \mid 3\text{nn}, \text{gnb}) = 1 - (1 - P(y_{\text{pred}} = 0 \mid 3\text{nn})) \cdot (1 - P(y_{\text{pred}} = 0 \mid \text{gnb}))$$
$$= 1 - (1 - 0.25) \cdot (1 - 0.4) = 0.55$$

根据这些分数,更加确定测试样本*x*属于类别1。可将BPA视为确定性分数,并以此计算出属于类别0或类别1的最终置信度。

BPA用于计算置信度。未归一化的置信度(表示为Bel)"测试样本*x*属于类别1"的计算公式为

$$\text{Bel}(y_{\text{pred}} = 1) = \frac{\text{BPA}(y_{\text{pred}} = 1)}{1 - \text{BPA}(y_{\text{pred}} = 1)} = \frac{0.9}{0.1} = 9$$

$$\text{Bel}(y_{\text{pred}} = 0) = \frac{\text{BPA}(y_{\text{pred}} = 0)}{1 - \text{BPA}(y_{\text{pred}} = 0)} = \frac{0.55}{0.45} \approx 1.22$$

这些未归一化的置信度可以使用归一化因子 $Z = \text{Bel}(y_{\text{pred}} = 1) + \text{Bel}(y_{\text{pred}} = 0) + 1$ 进行归一化,从而得到 $\text{Bel}(y_{\text{pred}} = 1) = 0.80$ 和 $\text{Bel}(y_{\text{pred}} = 0) = 0.11$。最后,可以使用这些置信度得出最终预测:即置信度最高的类。对于这个测试样本,DST方法得出的最终预测是 $y_{\text{pred}} = 1$。

使用DST进行结合

代码清单3.7就采用了这种方法。

代码清单3.7   使用Dempster-Shafer进行结合

```
def combine_using_Dempster_Schafer(X, estimators):
    p_individual = predict_individual(X,          ← 获取验证集上
                    estimators, proba=True)          的单个预测
    bpa0 = 1.0 - np.prod(p_individual, axis=1)
    bpa1 = 1.0 - np.prod(1 - p_individual, axis=1)

    belief = np.vstack([bpa0 / (1 - bpa0),        ← 将类别0和类别1
                    bpa1 / (1 - bpa1)]).T            的置信度并排在
                                                     每个测试样本上
    y_final = np.argmax(belief, axis=1)           ← 选择最终标签作为
    return y_final                                   置信度最高的类别
```

可通过这个函数,使用之前训练好的基础估计器对测试数据集Xtst进行预测:

```
ypred = combine_using_Dempster_Schafer(Xtst, estimators)
tst_err = 1 - accuracy_score(ytst, ypred)
```

这将生成以下输出:

```
0.053097345132743334
```

此输出意味着DST实现了约5.31%的准确率。

已经介绍了四种将预测结合成最终预测的方法。其中两种方法直接使用预测值，而另外两种方法使用预测概率。如图3.10所示，可以直观地看到这些加权方法产生的决策边界。

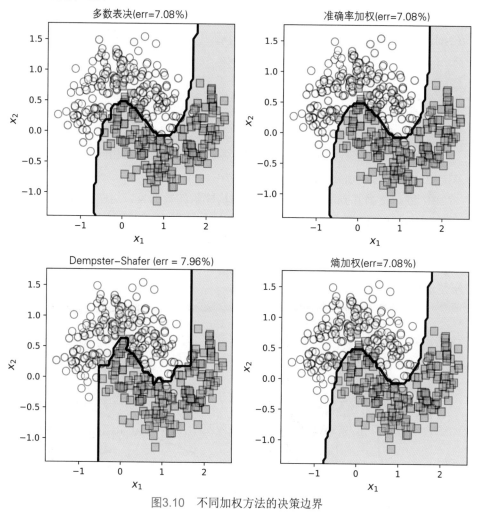

图3.10　不同加权方法的决策边界

3.3 通过元学习结合预测

在上一节中，看到了构建异质集成分类器的一种方法：加权法。根据每个分类器的性能对其进行加权，然后使用预先确定的结合函数来结合每个分类器的预测。在此过程中，必须精心设计结合函数，以反映性能的优先级。

现在，来看看构建异质集成的另一种方法：元学习。不需要精心设计一个结合函数来结合预测结果，而是通过单个预测结果来训练一个结合函数。也就是说，基础估计器的预测将作为二级学习算法的输入。因此，将训练一个二级元分类函数，而不是自己设计一个。

　　元学习方法已经广泛并成功地应用于化学计量学分析、推荐系统、文本分类和垃圾邮件过滤等任务中。在推荐系统方面，元学习方法的Stacking和blending方法在Netflix奖竞赛期间被几个顶尖团队采用后，引起了人们的关注。

3.3.1　Stacking

　　Stacking是最常见的元学习方法，其名称的由来是它在基础估计器的基础上并排了第二个分类器。一般的Stacking(并排处理)过程包含两个步骤。

　　(1) 一级：在训练数据上拟合基础估计器。这一步与之前相同，目的是创建一个多样化、异质的基础分类器集合。

　　(2) 二级：根据基础分类器的预测结果构建新的数据集，这些预测将成为元特征。元特征可以是预测值或预测的概率。

　　回到刚才的例子，二维合成数据集上，用3nn分类器和gnb分类器构建了一个简单的异质集成。训练完分类器(3nn和gnb)后，将创建这两个分类器的新特征，即分类元特征(见图3.11)。

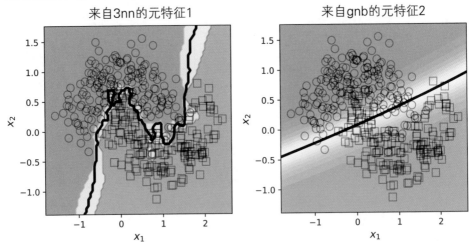

图3.11　根据3nn和gnb预测的每个训练样本的概率被用作新分类器的元特征。深色区域的数据点表示高置信度的预测。现在，每个训练样本都有两个元特征，分别来自3nn和gnb

　　由于有两个基础分类器，可以在元样本中使用每个基础分类器生成一个元特征。这里使用3nn和gnb的预测概率作为元特征。因此，对于每个训练样本，比如x_i，可得到两个元特征：y_{3nn}^i和y_{gnb}^i，它们分别是根据3nn和gnb得出的x_i的预测概率。

这些元特征成为二级分类器的元数据。将这种Stacking法与加权结合进行对比。对于这两种方法，都使用函数predict_individual获得单个预测。对于加权结合，直接在某个预定的结合函数中使用这些预测。在Stacking中，将这些预测用作新的训练集来训练结合函数。

Stacking可使用任意数量的一级基础估计器。目标始终是确保这些基础估计器之间有足够的多样性。图3.12显示了之前用来探索加权结合的六种流行算法的Stacking示意图。

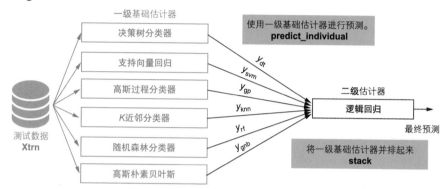

图3.12　使用六个一级基础估计器进行并排，生成一个由六个元特征组成的元数据集，可用来训练二级元分类器(此处为逻辑回归)

这里的二级估计器可使用任何基础学习算法进行训练。一直以来，人们都使用线性回归和逻辑回归等线性模型。在二级估计器中使用此类线性模型的集成方法被称为线性Stacking。线性Stacking通常很受欢迎，因为它速度快：学习线性模型通常计算效率很高，即使在处理大数据集时也是如此。此外，线性Stacking也是分析数据集的有效探索步骤。

不过，在二级估计器中，Stacking也可使用鲁棒的非线性分类器，如SVM和ANN。这使得集成可以复杂的方式结合元特征，尽管这会损失线性模型固有的解释性。

注意：scikit-learn(v1.0及以上版本)包含StackingClassifier和StackingRegressor，可直接用于训练Stacking。下面将实现自己的Stacking算法，以更深入地了解元学习的工作原理。

重温一下二维双月亮数据集的分类任务。将实现一个线性Stacking程序，该程序包括以下步骤：①训练单个基础估计器(一级)；②构建元特征，训练线性回归模型(二级)。

已经搭建好了实现线性Stacking的大部分框架。可使用fit(参见代码清单3.1)训练单个基础估计器，并通过predict_individual(参见代码清单3.2)获取元特征。以下代码清单使用这些函数来拟合一个带有任何二级估计器的Stacking模型。由于二级估计器使用的是生成的特征或元特征，因此也称为元估计器。

代码清单3.8 使用二级估计器进行并排处理

```
def fit_stacking(level1_estimators, level2_estimator,
                 X, y, use_probabilities=False):          训练一级
                                                          基础估计器
    fit(level1_estimators, X, y)

    X_meta = predict_individual(X, estimators=level1_estimators,
                 proba=use_probabilities)          以单个预测值或预测
                                                    概率(proba=True/False)
                                                    的形式获取元特征
    level2_estimator.fit(X_meta, y)     训练二级
                                        元估计器

    final_model = {'level-1': level1_estimators,
                   'level-2': level2_estimator,         将一级估计器和二级估
                   'use-proba': use_probabilities}      计器保存在一个字典中
    return final_model
```

该函数可以通过直接使用预测(use_probabilities=False)或使用预测概率(use_probabilities=True)进行学习，如图3.13所示。

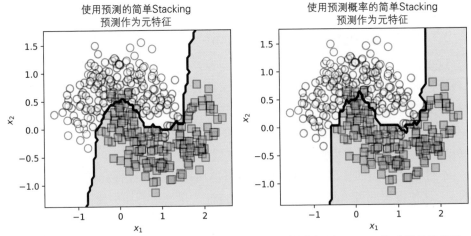

使用预测的简单Stacking 预测作为元特征

使用预测概率的简单Stacking 预测作为元特征

图3.13 使用预测(左)或预测概率(右)作为元特征，通过逻辑回归Stacking生成的最终模型

这里的二级估计器可以是任何分类模型。逻辑回归是一个常见的选择，它可以引导集成使用线性模型对一级预测进行并排处理。

非线性模型也可用作二级估计器。通常情况下，任何学习算法都可用于训练元特征的level2_estimator。带有RBF核函数的SVM或ANN等学习算法可在二级学习鲁棒的非线性模型，并可能进一步提高性能。

预测分为两个步骤：

(1) 对于每个测试样本，使用训练过的一级估计器来获取元特征，并创建相应的测试元样本。

(2) 对于每个元样本，使用二级估计器获取最终预测。

使用Stacking模型进行预测也很容易实现，如代码清单3.9所示。

代码清单3.9　使用Stacking模型进行预测

```
def predict_stacking(X, stacked_model):
    level1_estimators = stacked_model['level-1']   ←── 获取一级
    use_probabilities = stacked_model['use-proba']      基础估计器

    X_meta = predict_individual(X, estimators=level1_estimators,
                proba=use_probabilities)
                                                   ←── 使用一级基础
                                                        估计器获取元特征
    level2_estimator = stacked_model['level-2']
    y = level2_estimator.predict(X_meta)           ←── 获取二级估计器，并用它
                                                        对元特征进行最终预测
    return y
```

在以下样本中，在一级中使用了与上一节相同的六个基础估计器，并使用逻辑回归作为二级元估计器：

```
from sklearn.linear_model import LogisticRegression
meta_estimator = LogisticRegression(C=1.0, solver='lbfgs')
stacking_model = fit_stacking(estimators, meta_estimator,
                              Xtrn, ytrn, use_probabilities=True)
ypred = predict_stacking(Xtst, stacking_model)
tst_err = 1 - accuracy_score(ytst, ypred)
```

这将生成以下输出：

```
0.06194690265486724
```

在前面的代码片段中，将预测概率作为元特征。这种线性Stacking模型的测试误差为6.19%。

这种简单的Stacking过程通常很有效，但有一个明显缺点：过拟合，尤其是在数据有噪声的情况下。从图3.14中可以看出过拟合的影响。在Stacking的情况下，出现过拟合是因为使用了相同的数据集来训练所有基础估计器。

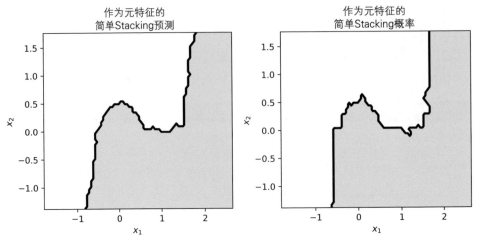

图3.14 Stacking可能导致数据过拟合。这里就有过拟合的迹象：分类器尝试拟合单个噪声样本时，决策边界变得异常不规则

为了防止过拟合，可以采用k-折交叉验证(CV)，这样每个基础估计器就不会在完全相同的数据集上进行训练。你以前可能接触过交叉验证，并将其用于参数选择和模型评估。

这里使用交叉验证将数据集划分为子集，以便在不同子集上训练不同的基础估计器。这通常会增加多样性和鲁棒性，同时减少过拟合的可能性。

3.3.2 通过交叉验证进行Stacking

交叉验证(CV)是一种模型验证和评估程序，通常用于模拟样本外测试、调优模型超参数和测试机器学习模型的有效性。前缀"k折"用于描述将数据集划分的子集数量。例如，在5折交叉验证中，数据通常被随机划分为五个不重叠的子集。这就生成了用于训练和验证的五个折叠或这些子集的组合，如图3.15所示。

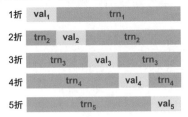

图3.15 k-折交叉验证(此处$k=5$)将数据集划分为k个不同的训练集和验证集。这模拟了训练过程中的样本外验证

更具体地讲，在5折交叉验证中，假设数据集D被分为五个子集：D_1、D_2、D_3、D_4和D_5。这些子集是不相交的，也就是说，数据集中的任何样本都只出现在其中一个子集中。第三个折叠将包括训练集$\text{trn}_3 = \{D_1, D_2, D_4, D_5\}$(除了$D_3$之外的所有子集)和验证集$\text{val}_3 = \{D_3\}$(仅为$D_3$)。这样，就可训练和验证一个模型。总的来说，5折交叉验证可以让我们训练和验证五个模型。

在案例中，为确保二级估计器的鲁棒性，将以略微不同的方式使用交叉验证程序。不使用验证集val_k进行评估，而是使用它们为二级估计器生成元特征。将Stacking和交叉验证结合起来的具体步骤如下：

(1) 将数据随机划分k个大小相等的子集。

(2) 使用相应的第k折的训练数据trn_k，为每个基础估计器训练k个模型。

(3) 使用相应的第k折的验证数据val_k，为每个训练好的基础估计器生成k组元样本。

(4) 在完整数据集上重新训练每个一级基础估计器。

图3.16展示了这一过程的前三个步骤。

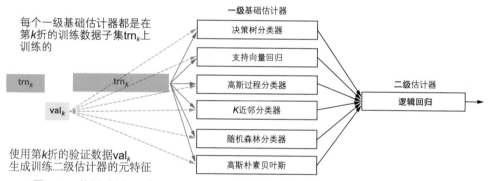

图3.16　使用k折交叉验证进行Stacking。使用每个折内的训练集训练k折版本的一级基础估计器，并从每个折的验证集中生成k个元样本子集，用于训练二级估计器

使用交叉验证进行Stacking的一个关键部分是，将数据集划分成每个折的训练集和验证集。scikit-learn库包含许多工具来执行此操作，将使用的工具称为model_selection.StratifiedKFold。StratifiedKFold类是model_selection.KFold类的一个变体，它返回分层折。这意味着在生成折时，折会保留数据集中的类别分布。

例如，如果数据集中正样本和反样本的比例为2:1，那么StratifiedKFold将确保在折中也保留这一比例。最后需要注意，StratifiedKFold不会为每个折创建多个数据集副本(这非常浪费存储空间)，而是实际返回每个折的训练和验证子集中的数据点索引。代码清单3.10演示了如何通过交叉验证进行Stacking。

代码清单3.10　通过交叉验证进行Stacking

```
from sklearn.model_selection import StratifiedKFold

def fit_stacking_with_CV(level1_estimators, level2_estimator,
                         X, y, n_folds=5, use_probabilities=False):
    n_samples = X.shape[0]
    n_estimators = len(level1_estimators)          初始化元
    X_meta = np.zeros((n_samples, n_estimators))    数据矩阵

    splitter = StratifiedKFold(n_splits=n_folds, shuffle=True)

    for trn, val in splitter.split(X, y):
        level1_estimators = fit(level1_estimators, X[trn, :], y[trn])
        X_meta[val, :] = predict_individual(X[val, :],
                                     estimators=level1_estimators,
                                     proba=use_probabilities)
    训练二级
    元估计器   level2_estimator.fit(X_meta, y)         训练一级估计器，然
                                                      后使用单个预测生成
    level1_estimators = fit(level1_estimators, X, y)   二级估计器的元特征

    final_model = {'level-1': level1_estimators,
                   'level-2': level2_estimator,       在字典中保存一级
                   'use-proba': use_probabilities}     估计器和二级估计器

    return final_model
```

可用这个函数来训练交叉验证Stacking模型：

```
stacking_model = fit_stacking_with_CV(estimators, meta_estimator,
                                      Xtrn, ytrn,
                                      n_folds=5, use_probabilities=True)
ypred = predict_stacking(Xtst, stacking_model)
tst_err = 1 - accuracy_score(ytst, ypred)
```

这将生成以下输出：

```
0.053097345132743334
```

在使用交叉验证的情况下，Stacking模型的测试误差为5.31%。如图3.17所示，可以直观地看到Stacking后的模型。可以看到决策边界更平滑，锯齿更少，总体上不易出现过拟合。

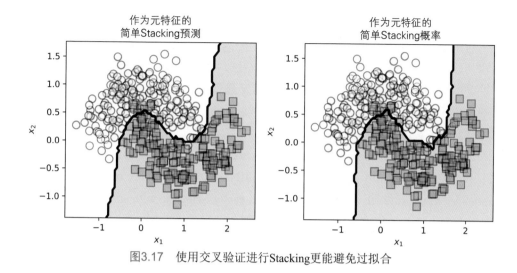
图3.17 使用交叉验证进行Stacking更能避免过拟合

提示：在示例场景中，有6个基础估计器。如果选择用5折交叉验证进行Stacking，则共需要训练$6 \times 5 = 30$个模型。每个基础估计器都是在数据集的$\frac{k-1}{k}$部分上训练的。对于较小的数据集，相应增加的训练时间并不多，而且往往物有所值。对于较大的数据集，训练时间可能会大幅增加。如果基于交叉验证的全Stacking模型的训练成本太高，那么通常只需要保留单个验证集，而不是多个交叉验证子集。这个过程称为blending。

现在，通过下一个案例研究，可以看到元学习在大规模的实际分类任务中的应用：情感分析。

3.4 案例研究：情感分析

情感分析是一种自然语言处理(NLP)任务，广泛用于识别和分析文本中的观点。就其最简单的形式而言，它主要关注的是识别正面、中性或负面意见的效果或极性。这种"顾客之声"分析是品牌监测、客户服务和市场研究的重要组成部分。

本案例研究探讨一个针对电影评论的有监督情感分析任务。将使用的数据集是"大型电影评论数据集"，该数据集最初是由斯坦福大学的一个小组从IMDB.com收集和整理的，用于NLP研究[1]。它是一个大型的公开数据集，过去几年已成为文本挖掘/机器学习的基准，并在多个Kaggle竞赛中出现过(www.kaggle.com/c/

---

1 Andrew L. Maas, Raymond E. Daly, Peter T. Pham, Dan Huang, Andrew Y. Ng, and Christopher Potts, "Learning Word Vectors for Sentiment Analysis," 2011, http://mng.bz/nJRe.

word2vec-nlp-tutorial)。

这个数据集包含50 000篇电影评论,划分为训练集(25 000篇)和测试集(25 000篇)。每篇评论还附有1到10的数字评分。不过,该数据集仅考虑强烈表达意见的标签,即对电影有强烈正面评价(7~10分)或强烈负面评价(1~4分)的评论。这些标签被压缩为二进制情感极性标签:强烈的正面情感(类别1)和强烈的负面情感(类别0)。下面是数据集中正面评价(标签=1)的样本:

What a delightful movie. The characters were not only lively but alive, mirroring real every day life and strife within a family. Each character brought a unique personality to the story that the audience could easily associate with someone they know within their own family or circle of close friends.

下面是数据集中负面评价(标签=0)的样本:

This is the worst sequel on the face of the world of movies. Once again it doesn't make since. The killer still kills for fun. But this time he is killing people that are making a movie about what happened in the first movie. Which means that it's the stupidest movie ever. Don't watch this. If you value the one precious hour during this movie then don't watch it.

注意上面的sense误拼为since。由于拼写、语法和语言习惯,现实世界的文本数据可能存在噪声,这使得机器学习面临着很大挑战。首先,请下载并解压该数据集。

3.4.1 预处理

对数据集进行预处理是为了将每篇评论从非结构化的自由文本形式转化为结构化的向量表征。换句话说,预处理的目的是将文本文件的语料库(集合)转换为术语-文档矩阵表征。

这通常包括删除特殊符号、标记化(将其划分成标记,通常是单独的单词)、词形还原(识别同一个单词的不同用法,如organize、organizes、organizing),以及计数向量化对每个文档中出现的词进行计数等步骤。最后一步是生成语料库的词袋(BoW)表征。在本例中,数据集的每一行(样本)都是一篇评论,每一列(特征)都是一个单词。

图3.18中的样本说明了这种表征,当句子"this is a terrible terrible movie"转换为词袋(BoW)表征时,词汇由{this, is, a, brilliant, terrible, movie}组成。

由于单词brilliant一词在评论中没有出现过,所以它的计数为0,而其他大部分词条的计数为1,这表示它们在评论中出现过一次。通过这个样本,可看出影评人显然认为这部电影加倍糟糕,因为在计数功能中,terrible一词的项计数为2。

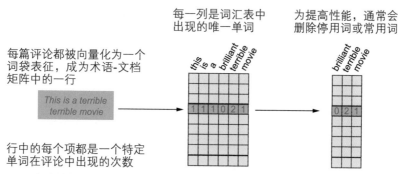

每篇评论都被向量化为一个词袋表征，成为术语-文档矩阵中的一行

This is a terrible terrible movie

行中的每个项都是一个特定单词在评论中出现的次数

每一列是词汇表中出现的唯一单词

为提高性能，通常会删除停用词或常用词

图3.18　文本被转换为术语-文档矩阵，其中每一行都是一个样本(对应于一篇评论)，每一列都是一个特征(对应于评论中的一个单词)。项为单词计数，因此每个样本都是一个计数向量。删除停用词可以提高表征，通常还能提高性能

幸运的是，该数据集已经通过计数向量化进行了预处理。这些预处理过的术语-文档计数特征(数据集)可以在/train/labeledBow.feat和/test/labeledBow.feat中找到。训练集和测试集的大小均为25 000×89 527。因此，大约有90 000个特征(即单词)，这意味着整个评论集使用了大约90 000个唯一的单词。将进一步通过以下两个步骤对数据进行预处理。

删除停用词

该步骤的目的是删除常用词，例如the、is、a和an。传统上，删除停用词可降低数据的维数(以加快处理速度)，并可提高分类性能。这是因为对于信息检索和文本挖掘任务来说，像the这样的单词通常并不具有真正的信息量。

警告：在处理某些停用词时需要谨慎，例如not，因为这个常用词会严重影响基本语义和情感。举个例子，如果不考虑否定，并在句子"not a good movie(不是一部好电影)"上删除停用词，就会得到"good movie(好电影)"，这就完全改变了情感。在这里，没有选择性地考虑这些停用词，而是依靠其他表达性强的词汇，例如awful(糟糕的)、brilliant(出色的)和mediocre(平庸的)来捕捉情感。不过，通过精心的特征工程设计，可以提高你自己的数据集的性能。

自然语言工具包(NLTK)是一个功能强大的Python软件包，提供了许多用于自然语言处理的工具。在代码清单3.11中，使用了NLTK的标准停用词删除工具。IMDB数据集的全部词汇都可以在imdb.vocab文件中找到，并按词频从最常见到最不常见排序。

可直接在这组特征上应用停用词移除，以确定要保留哪些单词。此外，只保留5000个最常见的单词，以便使运行时间更加可控。

```python
import nltk
import numpy as np

def prune_vocabulary(data_path, max_features=5000):
    with open('{0}/imdb.vocab'.format(data_path), 'r', encoding='utf8') \
        as vocab_file:
        vocabulary = vocab_file.read().splitlines()      # 加载词汇文件

    nltk.download('stopwords')

    stopwords = set(                                      # 将停用词列表转换为词
        nltk.corpus.stopwords.words("english"))          # 集，以加快处理速度

    to_keep = [True if word not in stopwords             # 从词汇表中删除停用词
                    else False for word in vocabulary]
    feature_ind = np.where(to_keep)[0]
                                                         # 保留前5000个单词
    return feature_ind[:max_features]
```

TF-IDF转换

第二个预处理步骤是将计数特征转换为词频-逆文档频率(TF-IDF)特征。TF-IDF表示一种统计量，它根据特征在文档(在本例中是一篇评论)中出现的频率，以及在整个语料库(在本例中为所有评论)中出现的频率，对每个特征进行加权。

直观地说，TF-IDF会根据单词在文档中的出现频率对其进行加权，同时会根据单词在整个文档中出现的频率进行调整，并考虑某些单词的使用频率通常高于其他单词的事实。可使用scikit-learn的预处理工具箱，使用TfidfTransformer将计数特征转换为TF-IDF特征。代码清单3.12创建并保存了训练集和测试集，每个集由25 000条评论×5 000个TF-IDF特征组成。

```python
import h5py
from sklearn.datasets import load_svmlight_files
from scipy.sparse import csr_matrix as sp
from sklearn.feature_extraction.text import TfidfTransformer

def preprocess_and_save(data_path, feature_ind):          # 加载训练和测试数据
    data_files = ['{0}/{1}/labeledBow.feat'.format(data_path, data_set)
                    for data_set in ['train', 'test']]
    [Xtrn, ytrn, Xtst, ytst] = load_svmlight_files(data_files)
```

```
n_features = len(feature_ind)

ytrn[ytrn <= 5], ytst[ytst <= 5] = 0, 0
ytrn[ytrn > 5], ytst[ytst > 5] = 1, 1

tfidf = TfidfTransformer()
Xtrn = tfidf.fit_transform(Xtrn[:, feature_ind])
Xtst = tfidf.transform(Xtst[:, feature_ind])

filename = '{0}/imdb-{1}k.h5'.format(data_path, round(n_features/1000))
with h5py.File(filename, 'w') as db:
    db.create_dataset('Xtrn', data=sp.todense(Xtrn), compression='gzip')
    db.create_dataset('ytrn', data=ytrn, compression='gzip')
    db.create_dataset('Xtst', data=sp.todense(Xtst), compression='gzip')
    db.create_dataset('ytst', data =ytst, compression='gzip')
```

将情感转换为
二进制标签

将计数特征转换
为TF-IDF特征

以HDF5二进制数据格式
保存预处理后的数据集

3.4.2 降低维度

为更紧凑地表示数据，继续降维处理数据。降维的主要目的是避免"维度诅咒"，即随着数据维度的增加，算法性能会逐渐下降。

采用主成分分析(PCA)这一常用的方法，目的是将数据压缩并嵌入一个较低维度的特征空间中，从而尽可能多地保留数据的可变性(用标准差或方差来衡量)。这可确保在不损失太多信息的情况下提取出低维表征。

由于这个数据集包含成千上万的样本以及特征，这意味着将PCA应用于整个数据集可能耗费大量计算资源，且速度非常缓慢。为避免将整个数据集加载到内存中，并更高效地处理数据，改用增量主成分分析PCA(IPCA)。

IPCA将数据集分解成若干块，便于加载到内存中。不过需要注意的是，虽然这种分块方式大大减少了加载到内存中的样本(行)数量，但仍会加载每行的所有特征(列)。

scikit-learn提供了sklearn.decomposition.IncrementalPCA类，它的内存效率要高得多。代码清单3.13执行了PCA，将数据的维度降至500维。

代码清单3.13　使用IPCA进行维度降低

```
from sklearn.decomposition import IncrementalPCA

def transform_sentiment_data(data_path, n_features=5000, n_components=500):
    db = h5py.File('{0}/imdb-{1}k.h5'.format(
            data_path, round(n_features/1000)), 'r')
    pca = IncrementalPCA(n_components=n_components)
    chunk_size = 1000
    n_samples = db['Xtrn'].shape[0]
```

加载预处理后的
训练和测试数据

将IPCA应用于
可管理的数据块

```
for i in range(0, n_samples // chunk_size):
    pca.partial_fit(db['Xtrn'][i*chunk_size:(i+1) * chunk_size])

Xtrn = pca.transform(db['Xtrn'])
Xtst = pca.transform(db['Xtst'])
```

←─── 降低训练和测
试样本的维度

```
with h5py.File('{0}/imdb-{1}k-pca{2}.h5'.format(data_path,
          round(n_features/1000), n_components), 'w') as db2:
    db2.create_dataset('Xtrn', data=Xtrn, compression='gzip')
    db2.create_dataset('ytrn', data=db['ytrn'], compression='gzip')
    db2.create_dataset('Xtst', data=Xtst, compression='gzip')
    db2.create_dataset('ytst', data=db['ytst'],
                    compression='gzip')
```

←─── 以HDF5二进制数据格式
保存预处理后的数据集

注意，IncrementalPCA仅使用训练集进行拟合。回顾一下，测试数据必须始终保留，并且只能用于准确估计流程将如何泛化到未来未见的数据中。这意味着不能在预处理或训练的任何阶段使用测试数据，只能将其用于评估。

3.4.3　blending分类器

现在的目标是通过元学习来训练异质集成。具体来说，将通过混合多个基础估计器进行集成。回顾一下，blending是Stacking的一种变体，这种情况下，不使用交叉验证，而是使用单个验证集。

首先，使用以下函数加载数据：

```
def load_sentiment_data(data_path,n_features=5000, n_components=1000):

    with h5py.File('{0}/imdb-{1}k-pca{2}.h5'.format(data_path,
                round(n_features/1000), n_components), 'r') as db:
        Xtrn = np.array(db.get('Xtrn'))
        ytrn = np.array(db.get('ytrn'))
        Xtst = np.array(db.get('Xtst'))
        ytst = np.array(db.get('ytst'))

    return Xtrn, ytrn, Xtst, ytst
```

接下来，使用五个基础估计器：具有100个随机化决策树的RandomForestClassifier、具有100个极度随机树的ExtraTreesClassifier、逻辑回归、伯努利朴素贝叶斯(BernoulliNB)和使用随机梯度下降(SGDClassifier)进行训练的线性支持向量机(Linear SVM)：

```
from sklearn.ensemble import RandomForestClassifier, ExtraTreesClassifier
from sklearn.linear_model import LogisticRegression, SGDClassifier
from sklearn.naive_bayes import BernoulliNB

estimators = [('rf', RandomForestClassifier(n_estimators=100, n_jobs=-1)),
              ('xt', ExtraTreesClassifier(n_estimators=100, n_jobs=-1)),
```

伯努利朴素贝叶斯分类器学习的是线性模型，但对于从文本挖掘任务中生成的基于计数的数据特别有效，就像我们的任务一样。逻辑回归和带有SGDClassifier的SVM都能学习线性模型。随机森林和极度随机树是使用决策树作为基础估计器生成高度非线性分类器的两个同质集成。这是一组多样化的基础估计器，包含线性和非线性分类器的良好混合。

为将这些基础估计器混合成具有元学习功能的blending异质集成，可以执行以下步骤：

(1) 将训练数据划分为训练集(Xtrn, ytrn)和验证集(Xval, yval)，前者包含80%的数据，后者包含剩余的20%的数据。

(2) 在训练集(Xtrn, ytrn)上训练每个一级估计器。

(3) 使用经过训练的估计器和Xval生成元特征Xmeta。

(4) 使用元特征增强验证数据：[Xval, Xmeta]；这个增强的验证集将包含500个原始特征加上5个元特征。

(5) 使用增强的验证集([Xval, Xmeta], yval)训练二级估计器。

通过元学习进行结合的关键在于元特征增强：通过基础估计器生成的元特征来增强验证集。

这就剩下了一个最终决策：选择二级估计器。在此之前，使用的是简单的线性分类器，在这项分类任务中，使用的是神经网络。

神经网络和深度学习

神经网络是最古老的机器学习算法之一。由于神经网络(尤其是深度神经网络)在许多应用中取得了广泛成功，因此近年来人们对它们的兴趣再次大增。

如果你需要对神经网络和深度学习进行一个简短回顾，请参阅Oliver Dürr、Beate Sick和Elvis Murina合著的*Probabilistic Deep Learning with Python, Keras and TensorFlow Probability*的第2章。

将使用浅层神经网络作为二级估计器。这将生成一个高度非线性的元估计器，它可以结合一级分类器的预测：

```
from sklearn.neural_network import MLPClassifier
meta_estimator = MLPClassifier(hidden_layer_sizes=(128, 64, 32),
                               alpha=0.001)
```

下面的代码清单实现了我们的策略。

代码清单3.14 使用验证集混合模型

```
from sklearn.model_selection import train_test_split

def blend_models(level1_estimators, level2_estimator,
                 X, y , use_probabilities=False):
    Xtrn, Xval, ytrn, yval = train_test_split(X, y,      ← 划分训练集
                             test_size=0.2)                和验证集

    n_estimators = len(level1_estimators)
    n_samples = len(yval)
    Xmeta = np.zeros((n_samples, n_estimators))
    for i, (model, estimator) in            ← 在训练数据上初始化
        enumerate(level1_estimators):          并拟合基础估计器
        estimator.fit(Xtrn, ytrn)
        Xmeta[:, i] = estimator.predict(Xval)

    Xmeta = np.hstack([Xval, Xmeta])        ← 使用新生成的
                                              元特征增验证集

    level2_estimator.fit(Xmeta, yval)       ← 拟合二级
                                              元估计器
    final_model = {'level-1': level1_estimators,
                   'level-2': level2_estimator,
                   'use-proba': use_probabilities}

    return final_model
```

现在，可在训练数据上拟合一个异质集成：

```
stacked_model = blend_models(estimators, meta_estimator, Xtrn, ytrn)
```

然后，评估它在训练和测试数据上的性能，以计算训练和测试误差。首先，使用以下公式计算训练误差：

```
ypred = predict_stacking(Xtrn, stacked_model)
trn_err = (1 - accuracy_score(ytrn, ypred)) * 100
print(trn_err)
```

得出训练误差约为**7.84%**：

```
7.835999999999985
```

接下来，使用以下公式计算测试误差：

```
ypred = predict_stacking(Xtst, stacked_model)
tst_err = (1 - accuracy_score(ytst, ypred)) * 100
print(tst_err)
```

得出测试误差约为17.2%：

```
17.196
```

那么，究竟做得如何？我们的集成方法是否起到作用？为回答这些问题，将集成的模型性能与集成中每个基础估计器的性能进行了比较。

图3.19显示了单个基础估计器以及Stacking/blending集成的训练和测试误差。一些单个的分类器实现了0%的训练误差，这意味着它们可能会过拟合训练数据。这会影响它们的性能，测试误差就是证明。

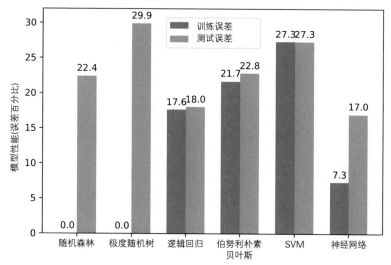

图3.19　比较每个单个基础分类器与元分类器结合集成的性能。通过Stacking/blending结合不同的基础分类器，来提高分类性能

总体而言，Stacking/blending这些异质模型产生的测试误差为17.2%，优于其他所有模型。特别是，将这一结果与测试误差为18%的逻辑回归进行比较。回顾一下，测试集包含25 000个样本，这意味着Stacking模型(大约)还能正确分类另外200个样本！

总体而言，异质集成的性能比其中许多基础估计器要好。这就是异质集成如何提高基本单个基础估计器整体性能的一个例子。

提示：记住，任何线性或非线性分类器都可以用作元估计器。常见的选择包括决策树、核支持向量机甚至是其他集成！

3.5　小结

- 异质集成方法通过异构性来促进集成多样性；也就是说，它们使用不同的基础学习算法来训练基础估计器。

- 加权法为单个基本估算器的预测值分配与其性能对应的权重；较好的基础估计器被分配更高的权重，对整体最终预测值产生较大影响。

- 加权法使用预定义的结合函数来结合单个基础估计器的加权预测。线性结合函数(如加权和)通常很有效，而且易于解释。也可以使用非线性结合函数，但增加的复杂性可能导致过拟合。

- 元学习法可以从数据中学习结合函数，而加权方法则不同，必须自己创建一个结合函数。

- 元学习法可以创建多层估计器。最常见的元学习法是Stacking，采用它金字塔式的学习方式。

- 简单的Stacking可以创建两级估计器。基础估计器在第一级中进行训练，其输出用于训练称为元估计器的第二级估计器。更复杂的Stacking模型可以具有更多级别的估计器。

- Stacking经常会出现过拟合，特别是在有噪声数据的情况下。为了避免过拟合，需要结合Stacking与交叉验证，以确保不同的基础估计器看到数据集的不同子集，从而提升集成多样性。

- 使用交叉验证进行Stacking虽然可以减少过拟合，但由于计算量大，可能导致训练时间过长。为加快训练速度，同时防止过拟合，可以使用单个验证集。这个方法称为blending。

- 任何机器学习算法都可以用作Stacking中的元估计器。逻辑回归是最常见的选择，可生成线性模型。显然，非线性模型具有更强的代表性，但也存在更高的过拟合风险。

- 加权和元学习法都可以直接使用基础估计器的预测或预测概率。后者通常会生成更平滑、更细致的模型。

第**4**章

顺序集成：自适应提升

本章内容
- 训练弱学习器的顺序集成
- 实现和理解AdaBoost的工作原理
- 在实践中使用AdaBoost
- 理解LogitBoost的工作原理

到目前为止，所看到的集成策略都是并行集成。其中包括同质集成，如Bagging法和随机森林(使用相同的基础学习算法来训练基础估计器)，以及异质集成方法，如Stacking法(使用不同的基础学习算法来训练基础估计器)。

现在，将探索一种新的集成方法：顺序集成。并行集成利用了每个基础估计器的独立性，而顺序集成则不同，它利用了基础估计器的依赖性。更具体地说，在学习过程中，顺序集成以这样的方式训练一个新的基础估计器，使其尽量减少上一步训练的基础估计器所犯的错误。

研究的第一种顺序集成方法是提升法(boosting)。提升法的目的是结合弱学习器或简单的基础估计器。换句话说，提升法的目标就是提升弱学习器的性能。

这与Bagging法等算法截然不同，后者结合的是复杂的基础估计器，也被称为强学习器。提升法通常指的是AdaBoost或自适应提升。这种方法由Freund和Schapire于1995年提出，他们最终因此获得了哥德尔奖。

自1995年以来，提升法就已成为核心机器学习方法。提升法实现起来非常简单，计算效率也很高，可与各种基础学习算法一起使用。在深度学习于2015年左右重新崛起之前，提升法广泛应用于目标分类等计算机视觉任务和文本过滤等自然语言处理任务。

本章将重点讨论AdaBoost，这是一种流行的提升算法，也能很好地展示顺序集成方法的一般框架。通过更改此框架的某些方面，如损失函数，还可以衍生出其他提升算法。这些变体通常不在软件包中提供，必须自己实现。还会实现其中一种变体：LogitBoost。

4.1 弱学习器的顺序集成

并行集成和顺序集成有两个主要区别：

- 并行集成中的基础估计器通常可以独立地训练，而在顺序集成中，当前迭代中的基础估计器依赖于前一迭代中的基础估计器。如图4.1所示，其中(在迭代t中)基础估计器M_t–1的行为影响样本S_t和下一个模型M_t。
- 并行集成中的基础估计器通常是强学习器，而在顺序集成中，是弱学习器。顺序集成的目的是将几个弱学习器结合成一个强学习器。

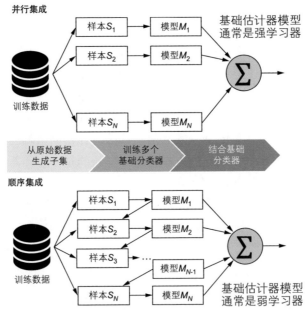

图4.1 并行和顺序集成的区别：①并行集成中的基础估计器是独立训练的，而在顺序集成中，基础估计器的训练是为了改进前一个基础估计器的预测；②顺序集成通常使用弱学习器作为基础估计器

直观地说，可将强学习器想象成专业人士，他们非常自信、独立，并对自己的答案有十足的把握。而弱学习器就像业余爱好者，不那么自信，对自己的答案不确定。那么，如何才能让一群不太自信的业余爱好者聚集在一起呢？当然是通过提升他们的表现。在深入探讨具体方法之前，先了解一下什么是弱学习器。

弱学习器

虽然学习器强度的精确定义来源于机器学习理论，但就目的而言，强学习器是一个很好的模型(或估计器)。相比之下，弱学习器是一个非常简单的模型，它的表现并不是很好。对于弱学习器(二元分类)的唯一要求是，它的表现要好于随机猜测。换句话说，它的准确率只需要略高于50%。决策树通常用作顺序集成中的基础估计器。提升算法通常使用决策桩，也就是深度为1的决策树(见图4.2)。

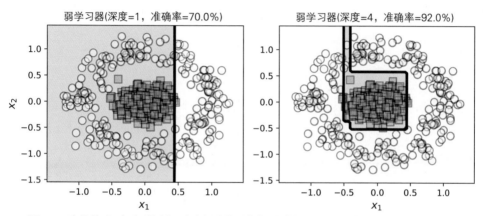

图4.2　决策桩(深度为1的树，左侧)通常用作提升法等顺序集成方法中的弱学习器。随着树的深度的增加，决策桩会变成一棵决策树，成为更强的分类器，其性能也会提高。不过，分类器的强度不可能任意增加，因为它们在训练过程中会开始过拟合，从而降低部署时的预测性能

顺序集成方法(如提升法)旨在将几个弱学习器结合成一个强学习器。这些方法实际上是将弱学习器"提升"为强学习器。

提示：弱学习器是一个简单的分类器，训练起来简单高效，但通常性能比强学习器差(尽管比随机猜测要好)。顺序集成方法通常对基础学习算法不加区分，这意味着你可以使用任何分类算法作为弱学习器。在实践中，常见的弱学习器包括浅层决策树和浅层神经网络。

回顾一下第1章中Randy Forrest医生的实习生集成。在一个由知识渊博的医务人员组成的并行集成中，每个实习生都可以被视为一个强学习器。为了理解顺序集成的哲学有多大不同，可以参考Freund和Schapire的观点，他们将提升法描述为"一个由傻瓜组成的委员会，但能以某种方式做出高度合理的决定。"

这就好比Randy Forrest医生不再依赖实习生，而是决定寻求医学诊断的大众智慧。虽然这在诊断患者方面显然是一种牵强附会(且不可靠)的策略，但事实证明，"从一群傻瓜中获得智慧"在机器学习中的效果非常好。这正是弱学习器顺序集成背后的动机。

4.2 AdaBoost: 自适应提升

在本节中，将首先介绍一种重要的顺序集成，即AdaBoost。AdaBoost实现起来简单，计算效率高。只要AdaBoost中每个弱学习器的性能略好于随机猜测，最终模型就会收敛为强学习器。然而，除了应用，理解AdaBoost的工作原理对于理解接下来几章中要探讨的两种最先进顺序集成方法也非常重要：梯度提升和牛顿提升。

> 提升法简史
>
> 提升法的起源可以追溯到计算学习理论，当时学习理论家Leslie Valiant和Michael Kearns在1988年提出了以下问题："能否将弱学习器提升为强学习器？"两年后，Rob Schapire在其里程碑式的论文"The Strength of Weak Learnability"中对这个问题给出了肯定的答案。
>
> 最早的提升法之所以有局限性，是因为弱学习器无法通过调整来修正前几次迭代中训练的弱学习器所犯的错误。Freund和Schapire在1994年提出AdaBoost(或自适应提升算法)最终消除了这些局限性。他们最初的算法一直沿用至今，并已广泛应用于多个领域，包括文本挖掘、计算机视觉和医学信息学。

4.2.1 直觉法: 使用加权样本进行学习

AdaBoost是一种自适应算法；在每次迭代中，它都会训练一个新的基础估计器，来修复前一个基础估计器所犯的错误。因此，它需要某种方法来确保基础学习算法优先处理分类错误的训练样本。AdaBoost通过保持单个训练样本的权重来实现这一点。直观地说，权重反映了训练样本的相对重要性。分类错误的样本权重较高，而分类正确的样本权重较低。

按顺序训练后续的基础估计器时，权重将允许学习算法优先处理(并希望修正)上一次迭代中的错误。这就是AdaBoost的自适应组件，最终形成了鲁棒的集成。

注意：所有机器学习框架都使用损失函数(有时也使用似然函数)来描述性能，而训练本质上就是根据损失函数找到最佳拟合模型的过程。损失函数既可以对所有训练实例一视同仁(给它们全部赋予相同的权重)，也可以只关注某些特定的样本(对特定实例赋予较高权重，以反映它们的重要性)。在实现使用训练样本权重的集成方法时，必须注意确保基础学习算法能够实际使用这些权重。大多数加权分类算法都使用修改后的损失函数，优先对权重较高的样本进行正确分类。

想象一下提升过程中的前几次迭代。每次迭代都执行相同的步骤：

(1) 训练一个弱学习器(这里指的是决策桩)，该学习器会学习一个模型，以确保权重较高的训练样本被优先处理。

(2) 更新训练样本的权重，使分类错误的样本获得更高的权重；错误越严重，权重越高。

初始化(第t-1次迭代)时，所有样本的权重都是相等的。在第1次迭代中，训练的决策桩(图4.3)是一个简单的轴平行分类器，误差率为15%。错误分类的点比正确分类的点大。

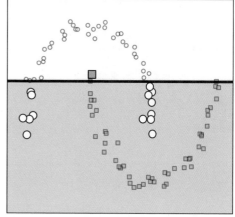

图4.3　最初(第1次迭代)，所有训练样本的权重相等(因此左侧绘制的样本大小相同)。右侧显示的是在该数据集上学习的决策桩。正确分类的样本标注的标记较小，而错误分类的样本标注的标记较大

下一棵要训练的决策桩(在第2次迭代中，如图4.4所示)必须正确分类上一棵决策桩(在第1次迭代中)错误分类的样本。因此，错误的权重较高，这使得决策树算法能在学习过程中优先处理这些错误。

第2次迭代: 样本权重　　　　　　　　　第2次迭代: 弱学习器(误差率=20.0%)

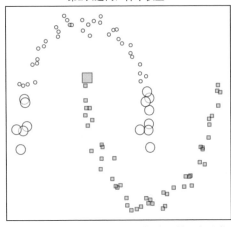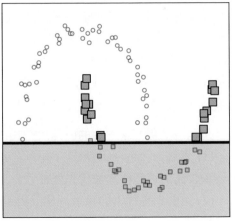

图4.4　在第2次迭代开始时，第1次迭代中错误分类的训练样本(在图4.3右侧以较大的标记显示)被赋予更高的权重。左图展示了这一过程，其中每个样本的大小与其权重成正比。由于加权样本的优先级更高，因此顺序中的新决策桩(右侧)确保了这些样本现在能被正确分类。注意，右侧的新决策桩能正确分类左侧的大部分错误分类样本(显示的标记较大)

第2次迭代中训练的决策桩确实能正确地对权重较高的训练样本进行分类，不过它也会犯自己的错误。在第3次迭代中，可以训练第3个决策桩来纠正这些错误(见图4.5)。

第3次迭代: 样本权重　　　　　　　　　第3次迭代: 弱学习器(误差率=25.0%)

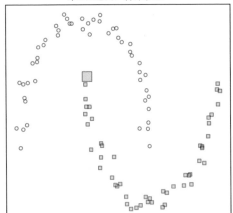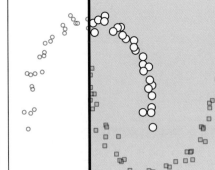

图4.5　在第3次迭代开始时，第2次迭代中错误分类的训练样本(在图4.4右侧用较大的标记显示)被赋予更高的权重。注意，错误分类的点也有不同的权重。这次迭代中训练的顺序中的新决策桩(右图)确保了现在对这些数据进行正确分类

经过3次迭代后，可以将三个单个弱学习器结合成一个强学习器，如图4.6所示。注意事项如下：

- 观察这3次迭代中训练的弱估计器。它们彼此都不同，对问题的分类方式也大相径庭。请回顾一下，在每次迭代中，基础估计器都是在相同的训练集上训练的，但使用的权重不同。重新加权使得AdaBoost能够在每次迭代中训练不同的基础估计器，这种估计器通常与在前几次迭代中训练的估计器不同。因此，自适应重新加权或自适应更新可促进集成的多样性。
- 由此产生的弱(和线性)决策桩集成更强大(且非线性)。更准确地说，每个基础估计器的训练错误差分别为15%、20%和25%，而它们的集成误差率为9%。

如前所述，这个提升算法因将弱学习器的性能提升为更强大和复杂的集成(强学习器)而得名。

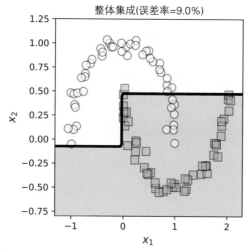

图4.6 可将前三个弱决策桩合并为一个强学习器

4.2.2 实现AdaBoost

首先，要实现自己版本的AdaBoost。在实现过程中，将牢记AdaBoost的以下关键特性：

- AdaBoost使用决策桩作为基础估计器，即使有大量特征，也能极快地完成训练。决策桩是弱学习器。与之相反，Bagging法使用更深的决策树，即强学习器。
- AdaBoost会跟踪单个训练样本的权重。这使得AdaBoost可以通过对训练样本重新加权来确保集成的多样性。在前面看到了重新加权是如何帮助AdaBoost学习不同的基础估计器的。这与使用对训练样本进行重采样的

Bagging法和随机森林不同。

- AdaBoost会跟踪单个基础估计器的权重。这与结合方法类似，后者对每个分类器的权重都不同。

实现AdaBoost相当容易。第t次迭代的基本算法概要可按以下步骤描述：

(1) 使用加权训练样本(x_i, y_i, D_i)训练弱学习器$h_t(x)$。

(2) 计算弱学习器$h_t(x)$的训练误差ε_t。

(3) 计算依赖于ε_t的弱学习器的权重α_t。

(4) 更新训练样本的权重，如下所示：

- 将错误分类样本的权重增加到$D_i e^{\alpha_t}$。

- 将错误分类样本的权重减少到$\dfrac{D_i}{e^{\alpha_t}}$。

在第T次迭代结束时，会得到弱学习器h_t以及相应的弱学习器权重α_t。第t次迭代后的整体分类器就是一个加权集成：

$$H(x) = \sum_{t=1}^{T} \alpha_t h_t(x)$$

这种形式是基础估计器的加权线性结合，类似于之前见过的并行集成使用的线性结合，如Bagging法、结合方法或Stacking法。与这些方法的主要区别在于，AdaBoost使用的基础估计器是弱学习器。现在，需要回答两个关键问题：

- 如何更新训练样本D_i的权重？
- 如何计算每个基础估计器的权重α_t？

与在第3章中看到的结合方法相同，AdaBoost也使用直觉法。回顾一下，权重的计算反映了基础估计器的性能：性能(如准确率)较好的基础估计器的权重应高于性能较差的基础估计器的权重。

弱学习器权重

在每个t次迭代中，都要训练一个基础估计器$h_t(x)$。每个基础估计器(也就是弱学习器)都有一个相应的权重α_t，该权重取决于其训练误差。$h_t(x)$的训练误差ε_t是衡量其性能的一个简单而直接的指标。AdaBoost计算估计器$h_t(x)$的权重如下：

$$\alpha_t \frac{1}{2} \log\left(\frac{1 - \varepsilon_t}{\varepsilon_t}\right)$$

为什么要使用这个特定的公式？来看看α_t与误差ε_t之间的关系，观察α_t如何随误差ε_t的增大而变化(图4.7)。回顾一下之前的理解：性能更好的基础估计器(误差较小的估计器)必须被赋予更高的权重，这样才能保证它们对集成预测的贡献更大。

相反，最弱的学习器表现最差。有时，它们的性能几乎和随机猜测相当。换句话说，在二元分类问题中，最弱的学习器只比掷硬币决定答案略好一些。

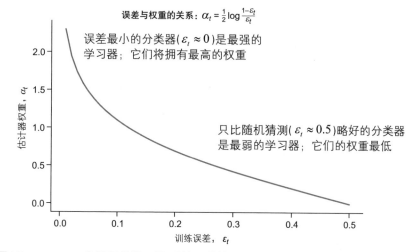

图4.7 AdaBoost为较强的学习器(训练误差较小)分配较高权重，为较弱的学习器(训练误差较大)分配较低权重

具体而言，误差率仅略微低于0.5(或50%)的最弱学习器权重最低，$\varepsilon_t \approx 0$。误差接近0.0(或0%)的最强学习器权重最高。

训练样本权重

基础估计器权重(α_t)也可用于更新每个训练样本的权重。AdaBoost按以下方式更新样本权重：

$$D_i^{t+1} = D_i^t \cdot \begin{cases} \mathrm{e}^{\alpha_t} & \text{若分类错误} \\ \mathrm{e}^{-\alpha_t} & \text{若分类正确} \end{cases}$$

当样本分类正确时，新权重会减少 e^{α_t}：$D_i^{t+1} = \dfrac{D_i^t}{\mathrm{e}^{\alpha_t}}$。性能更强的基础估计器会减少更多权重，因为它们对自己的正确分类的置信度更高。同样，当样本分类错误时，新权重将增加 e^{α_t}：$D_i^{t+1} = D_i^t \cdot \mathrm{e}^{\alpha_t}$。

通过这种方式，AdaBoost可以确保被错误分类的训练样本获得更高的权重，从而在下一次迭代 $t+1$ 中进行更好的分类。例如，假设有两个训练样本 x_1 和 x_2，两者的权重均为 $D_1^t = D_2^t = 0.75$。当前的弱学习器 h_t 的权重为 $\alpha_t = 1.5$。假设 h_t 对 x_1 分类正确；因此，它的权重应减少 e^{α}。下一次迭代 $t+1$ 的新权重将为 $D_1^{t+1} = \dfrac{D_1}{\mathrm{e}^{\alpha_t}} = \dfrac{0.75}{\mathrm{e}^{1.5}} \approx 0.17$。

相反，如果 h_t 对 x_1 分类错误，则它的权重应增加 e^{α} 倍。新的权重将为 $D_2^{t+1} = D_2 \cdot \mathrm{e}^{\alpha_t} = 0.75 \cdot \mathrm{e}^{1.5} \approx 3.36$。如图4.8所示。

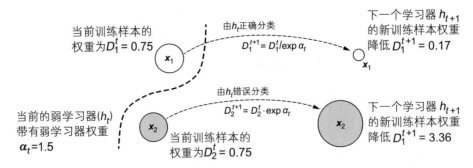

图4.8　在第t次迭代中，两个训练样本x_1和x_2权重相同。x_1被正确分类，而x_2则被当前的基础估计器h_t错误分类。由于下一次迭代的目标是学习一个分类器h_{t+1}来修复h_t的错误，因此AdaBoost增加了被错误分类的样本x_2的权重，同时减少了被正确分类的样本x_1的权重。这使得基础学习算法能够在$t+1$次迭代中优先处理x_2

用AdaBoost进行训练

AdaBoost算法易于实现。代码清单4.1展示了提升训练方法。

代码清单4.1　使用Adaboost训练一组弱学习器

```python
from sklearn.tree import DecisionTreeClassifier
from sklearn.metrics import accuracy_score
import numpy as np

def fit_boosting(X, y, n_estimators=10):
    n_samples, n_features = X.shape
    D = np.ones((n_samples, ))              # 非负权重，初始化为1
    estimators = []                          # 初始化一个空的集成

    for t in range(n_estimators):
        D = D / np.sum(D)                    # 归一化权重，使其总和为1

        h = DecisionTreeClassifier(max_depth=1)   # 使用加权样本训练弱学习器(h_t)
        h.fit(X, y, sample_weight=D)

        ypred = h.predict(X)                 # 计算训练误差(ε_t)和弱学习器的权重(α_t)
        e = 1 - accuracy_score(y, ypred,
                               sample_weight=D)
        a = 0.5 * np.log((1 - e) / e)

        m = (y == ypred) * 1 + (y != ypred) * -1   # 更新样本权重：增加错误分类样本的权重，减少正确分类样本的权重
        D *= np.exp(-a * m)

        estimators.append((a, h))           # 保存弱学习器及其权重

    return estimators
```

一旦有了经过训练的集成，就可以用它来进行预测。代码清单4.2展示了如何使用提升集成预测新的测试样本。注意，这与使用其他加权集成方法(如Stacking)进行预测是相同的。

代码清单4.2　使用AdaBoost进行预测

```
def predict_boosting(X, estimators):
    pred = np.zeros((X.shape[0], ))          ← 将所有预测
                                                初始化为0
    for a, h in estimators:
        pred += a * h.predict(X)             ← 对每个样本
                                                进行加权预测
    y = np.sign(pred)                        ← 将加权预测转
                                                换为-1/1标签
    return y
```

可以使用这些函数来拟合和预测数据集：

```
from sklearn.datasets import make_moons
from sklearn.model_selection import train_test_split
                                                ← 生成一个200个点
                                                   的合成分类数据集
X, y = make_moons(
            n_samples=200, noise=0.1, random_state=13)
                                                ← 将0/1标签转换
y = (2 * y) - 1                                    为-1/1标签
Xtrn, Xtst, ytrn, ytst = train_test_split(X, y,
                            test_size=0.25, random_state=13)
                                                ← 划分为训练
                                                   集和测试集
estimators = fit_boosting(Xtrn, ytrn)
ypred = predict_boosting(Xtst, estimators)  ← 使用代码清单4.2训
                                               练AdaBoost模型
使用代码清单4.1
进行AdaBoost预测
```

表现如何？可以计算模型的整体测试集准确率：

```
from sklearn.metrics import accuracy_score
tst_err = 1 - accuracy_score(ytst, ypred)
print(tst_err)
```

这将生成以下输出：

```
0.020000000000000018
```

使用10个弱决策桩学习到的集成的测试误差为2%。

二元分类的训练标签：0/1还是-1/1?

实现的提升算法要求将负样本和正样本分别标记为-1和1。函数make_moons会创建标签y，其中负样本标记为0，正样本标记为1。手动将它们分别从0和1转换为-1和1，即$y_{converted} = 2 \cdot y_{original} - 1$。

抽象地说，对于二元分类任务中的每个类别，标签可以是喜欢的任何东西，只要这些标签有助于清楚地区分两个类别。在数学上，这种选择取决于损失函数。例如，如果使用交叉熵损失，损失函数要正常工作，类别必须为0和1。相反，如果在支持向量机(SVM)中使用hinge损失，则类别需要为-1和1。

AdaBoost使用指数损失(详见第4.5节)，并要求后续训练的类标签为-1和1，以确保后续的训练在数学上合理且收敛。

幸运的是，当使用大多数机器学习包(如scikit-learn)时，不必担心这个问题，因为它们会自动预处理各种训练标签，以满足基础训练算法的需要。

可在图4.9中直观地看到AdaBoost的性能随着基础估计器数量的增加而提高。随着加入越来越多的弱学习器混合，整个集成将变得越来越强大，变得更复杂和更非线性。

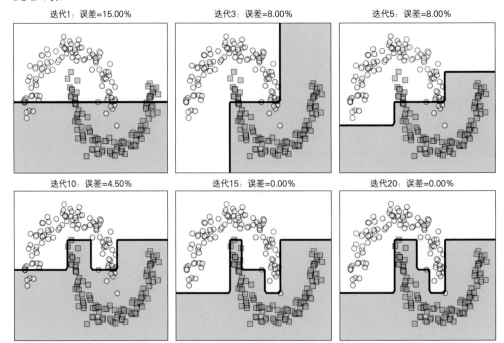

图4.9　随着弱学习器数量的增加，整体分类器被提升为一个强模型，它的非线性程度会越来越高，并能拟合(可能过拟合)训练数据

虽然AdaBoost与许多其他分类器一样，通常对过拟合更具抵抗力，但过度训练提升算法也可能导致过拟合，特别是在存在噪声的情况下。将在第4.3节中了解如何处理这种情况。

4.2.3　使用scikit-learn的AdaBoost

现在了解了AdaBoost分类算法的直观工作原理，就可以看看如何使用scikit-learn的AdaBoostClassifier包了。scikit-learn的实现提供了额外的功能，包括支持多类分类以及除了决策树的其他基础学习算法。

对于二元分类和多分类任务，AdaBoostClassifier包需要以下三个重要参数：

- base_estimator——AdaBoost用来训练弱学习器的基础学习算法。实现中采用的是决策桩。不过，也可以使用其他弱学习器，如浅层决策树、浅层人工神经网络以及基于随机梯度下降的分类器。
- n_estimators——将由AdaBoost依次训练的弱学习器的数量。
- learning_rate——一个附加参数，逐步缩小为集成训练的每个连续弱学习器的贡献。
    - learning_rate越小，弱学习器的权重 α_t 就越小。α_t 越小意味着样本权重 D_i 的变化越小，弱学习器的多样性就越小。较大learning_rate会产生反效果，会增加弱学习器的多样性。learning_rate参数与n_estimators之间存在天然的相互作用和权衡。增加n_estimators(本质上是迭代次数，因为每次迭代训练一个估计器)可能导致训练样本的权重 D_i 不断增加。learning_rate可以控制样本权重无限制增长。

下面的样本展示了AdaBoostClassifier在二元分类数据集上的运行情况。首先，加载乳腺癌数据，并将其分为训练集和测试集：

```
from sklearn.datasets import load_breast_cancer
from sklearn.model_selection import train_test_split
X, y = load_breast_cancer(return_X_y=True)
Xtrn, Xtst, ytrn, ytst = train_test_split(X, y,
                                          test_size=0.25, random_state=13)
```

将使用深度为2的浅层决策树作为基础估计器进行训练：

```
from sklearn.ensemble import AdaBoostClassifier
shallow_tree = DecisionTreeClassifier(max_depth=2)
ensemble = AdaBoostClassifier(base_estimator=shallow_tree,
                              n_estimators=20, learning_rate=0.75)
ensemble.fit(Xtrn, ytrn)
```

训练完成后，可使用提升集成对测试集进行预测：

```
err = 1 - accuracy_score(ytst, ypred)
print(err)
```

AdaBoost在乳腺癌数据集的测试误差率为5.59%：

```
0.05594405594405594
```

多类分类

scikit-learn的AdaBoostClassifier还支持多类分类，即数据属于两个以上的类别。这是因为scikit-learn中包含了AdaBoost的多类实现，称为使用多类指数损失的阶段性加法建模，简称SAMME。SAMME是将Freund和Schapire的自适应提升算法(在第4.2.2节中实现)从两类到多类的泛化。除了SAMME，AdaBoostClassifier还提供一个名为SAMME.R的变体。这两种算法的主要区别在于，SAMME.R处理的是来自基础估计器算法的实值预测(即类别概率)，而标准的SAMME处理的是离散预测(即类别标签)。

这听起来熟悉吗？回想一下，第3章中有两种类型的结合函数：一种是直接使用预测的类别标签，另一种是可以使用预测的类别概率。这也正是SAMME和SAMME.R的区别所在。

以下样本展示了AdaBoostClassifier在一个名为鸢尾花的多类分类数据集上的应用，其中分类任务根据花瓣和萼片的大小区分三种鸢尾花。首先，加载鸢尾花数据，并将数据分为训练集和测试集：

```
from sklearn.datasets import load_iris
from sklearn.utils.multiclass import unique_labels
X, y = load_iris(return_X_y=True)
Xtrn, Xtst, ytrn, ytst = train_test_split(X, y,
                                          test_size=0.25, random_state=13)
```

通过unique_labels(y)检查该数据集是否有三个不同的标签，结果是数组([0, 1, 2])，这意味着这是一个三类分类问题。与之前一样，可以在这个多类数据集上训练和评估AdaBoost：

```
ensemble = AdaBoostClassifier(base_estimator=shallow_tree,
                              n_estimators=20,
                              learning_rate=0.75, algorithm='SAMME.R')
ensemble.fit(Xtrn, ytrn)
ypred = ensemble.predict(Xtst)
err = 1 - accuracy_score(ytst, ypred)
print(err)
```

AdaBoost在三类鸢尾花数据集上的测试误差为7.89%：

```
0.07894736842105265
```

4.3 AdaBoost在实践中的应用

在本章中，将探讨在使用AdaBoost时可能遇到的一些实际挑战，以及确保训练出鲁棒模型的策略。AdaBoost的自适应程序使其容易受到异常值或极端噪声数据点的影响。在本节中，将举例说明这一问题如何影响AdaBoost的鲁棒性，以及可以采取什么措施来减轻这种影响。

AdaBoost的核心在于它能适应之前弱学习器所犯的错误。但是，当出现异常值时，这种自适应特性也可能成为缺点。

> **异常值**
>
> 异常值是噪声极大的数据点，通常是由于测量或输入错误造成的，在真实数据中不同程度地普遍存在。标准的预处理技术(如归一化)通常只是简单地调整数据的大小，并不能去除异常值，从而使异常值继续影响算法性能。要解决这个问题，可以通过预处理数据来专门检测和去除异常值。
>
> 对于某些任务(如检测网络攻击)，需要检测和分类的实际目标(网络攻击)本身就是一个异常值，也称为异常检测，且极为罕见。这种情况下，学习任务的目标本身就是异常检测。

AdaBoost特别容易受到异常值的影响。异常值通常会被弱分类器错误分类。回想一下，AdaBoost会增加错误分类样本的权重，因此分配给异常值的权重会继续增加。当下一个弱分类器接受训练时，它会执行以下操作之一：

- 继续将异常值进行错误分类，这会导致AdaBoost进一步增加其权重，进而导致后续的弱分类器错误分类、失败并继续增加权重。
- 正确地将异常值分类；这种情况下，AdaBoost只是过拟合数据，如图4.10所示。

异常值会迫使AdaBoost将过多精力花在有噪声的训练样本上。换句话说，异常值往往会干扰AdaBoost，使其鲁棒性降低。

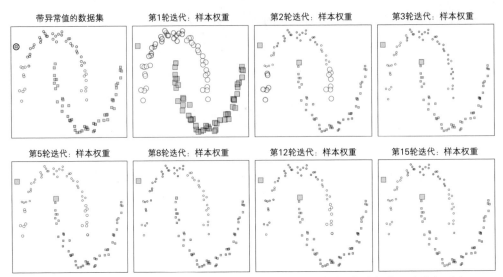

图4.10　假设数据集中有一个异常值(在左上角圈出)。在第1轮迭代中，它的权重与所有样本相同。随着AdaBoost继续依次训练新的弱分类器，其他数据点的权重最终会随着它们被正确分类而降低。异常值的权重继续增加，最终导致过拟合

4.3.1　学习率

现在，看一下如何使用AdaBoost训练鲁棒的模型。可以控制的第一个方面是学习率，它可以调整每个估计器对集成的贡献。例如，学习率为0.75时，AdaBoost会将每个基础估计器的整体贡献减少0.75倍。当存在异常值时，高学习率会导致异常值的影响成比例地快速增长，这绝对会影响模型的性能。因此，减轻异常值影响的方法之一就是降低学习率。

由于降低学习率会减少每个基础估计器的贡献，控制学习率也被称为收缩，是一种模型正则化的形式，可以最大限度地减少过拟合。具体来说，在第t次迭代中，集成F_t将更新为F_{t+1}，如下所示：

$$F_{t+1}(\boldsymbol{x}) = F_t(\boldsymbol{x}) + \eta \cdot \alpha_t \cdot h_t(\boldsymbol{x})$$

这里，α_t是AdaBoost计算出的弱学习器h_t的权重，η是学习率。学习率是用户自定义的学习参数，处于$0 < \eta \leqslant 1$的范围内。

较慢的学习率意味着通常需要更多迭代(因此也需要更多基础估计器)才能构建一个有效的集成。迭代次数更多也意味着更多的计算量和更长的训练时间。但通常情况下，较慢的学习率可能产生一个更具鲁棒性并且泛化能力更好的模型，也更值得付出努力。

选择最佳学习率的有效方法是使用验证集或交叉验证。代码清单4.3使用10-折交叉验证来确定范围$[0.1, 0.2, \cdots, 1.0]$中的最佳学习率。在乳腺癌数据上观察到收缩

的效果：

```
from sklearn.datasets import load_breast_cancer
X, y = load_breast_cancer(return_X_y=True)
```

使用分层*k*折交叉验证，就像使用Stacking一样。回想一下，分层意味着在创建折叠时，各折叠之间的类别分布会得到保留。这也有助于处理不平衡的数据集，因为分层可以确保所有类别的数据都能得到体现。

代码清单4.3　交叉验证选择最佳学习率

```
from sklearn.tree import DecisionTreeClassifier
from sklearn.ensemble import AdaBoostClassifier
from sklearn.metrics import accuracy_score
from sklearn.model_selection import StratifiedKFold
import numpy as np

n_learning_rate_steps, n_folds = 10, 10          设置分层10折交叉验证
learning_rates = np.linspace(0.1, 1.0,    ◀────  并初始化搜索空间

num=n_learning_rate_steps)
splitter = StratifiedKFold(n_splits=n_folds, shuffle=True)
trn_err = np.zeros((n_learning_rate_steps, n_folds))
val_err = np.zeros((n_learning_rate_steps, n_folds))    使用决策桩
stump = DecisionTreeClassifier(max_depth=1)    ◀──    作为弱学习器
                                                    对于所有
for i, rate in enumerate(learning_rates):    ◀──    学习率的选择
    for j, (trn, val) \
        in enumerate(splitter.split(X, y)):    对于训练集
                                               和验证集

        model = AdaBoostClassifier(algorithm='SAMME', base_estimator=stump,
                                   n_estimators=10, learning_rate=rate)
  在此折中将
  模型拟合到
  训练数据中 └▶ model.fit(X[trn, :], y[trn])

   计算此折的   trn_err[i, j] = 1 - accuracy_score(y[trn],
   训练误差和                              model.predict(X[trn, :]))
   验证误差    val_err[i, j] = 1 - accuracy_score(y[val],
                                             model.predict(X[val, :]))

trn_err = np.mean(trn_err, axis=1)    整个折中训练误差和
val_err = np.mean(val_err, axis=1)    验证误差的平均值
```

在图4.11中绘制了这一参数搜索的结果，显示了随着学习率增加，训练误差和验证误差的变化情况。基础学习器的数量固定为10个。虽然平均训练误差随着学习率的增加而不断减少，但在learning_rate=0.8时，平均验证误差达到最佳。

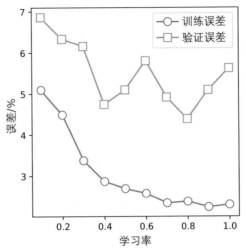

图4.11　显示了不同学习率下的平均训练误差和验证误差。learning_rate＝0.6时的验证误差最小，实际上比默认的learning_rate＝1.0还低

4.3.2　早停和剪枝

　　除了学习率外，在实际的提升过程中，另一个重要的考虑因素是基础学习器的数量(n_estimators)。可能很容易试图用非常多的弱学习者来构建一个集成，但这未必能带来最佳的泛化效果。事实上，用比想象中更少的基础估计器就能达到大致相同的效果。确定构建一个有效集成所需的最少基础估计器数量被称为早停。保持较少的基础估计器有助于控制过拟合。此外，早停还能减少训练时间，因为最终需要训练的基础估计器数量更少。代码清单4.4使用与代码清单4.3相同的交叉验证程序来确定最佳的基础估计器数量。这里的学习率固定为1.0。

代码清单4.4　交叉验证选择最佳弱学习器数量

```
n_estimator_steps, n_folds = 5, 10                        设置分层10折
                                                          交叉验证并初
number_of_stumps = np.arange(5, 50, n_estimator_steps)    始化搜索空间
splitter = StratifiedKFold(n_splits=n_folds, shuffle=True)
trn_err = np.zeros((len(number_of_stumps), n_folds))
val_err = np.zeros((len(number_of_stumps), n_folds))
                                                          使用决策桩
                                                          作为弱学习器
stump = DecisionTreeClassifier(max_depth=1)
for i, n_stumps in enumerate(number_of_stumps):           对于所有
    for j, (trn, val) \                                   估计器大小
        in enumerate(splitter.split(X, y)):
对于训
练集、
验证集
        model = AdaBoostClassifier(algorithm='SAMME', base_estimator=stump,
                                   n_estimators=n_stumps, learning_rate=1.0)
```

```
model.fit(X[trn, :], y[trn])
```
　　　　　　　　　　　　　　　　　　　　　　　在此折中将模型
　　　　　　　　　　　　　　　　　　　　　　　拟合到训练数据

```
trn_err[i, j] = \
    1 - accuracy_score(
            y[trn], model.predict(X[trn, :]))
```
　　　　　　　　　　　　　　　　　　　　　　　计算此折中的
　　　　　　　　　　　　　　　　　　　　　　　训练误差和验
　　　　　　　　　　　　　　　　　　　　　　　证误差

```
val_err[i, j] = \
    1 - accuracy_score(
            y[val], model.predict(X[val, :]))
```

```
trn_err = np.mean(trn_err, axis=1)
val_err = np.mean(val_err, axis=1)
```
　　　　　　　　　　　　　　　　　　　　　　　在折中对误差
　　　　　　　　　　　　　　　　　　　　　　　求平均值

　　搜索最佳估计器数量的结果如图4.12所示。平均验证误差表明，只需要使用30棵决策树就足以在该数据集上实现良好的预测性能。在实践中，一旦验证集的性能达到可接受水平，就可提前停止训练。

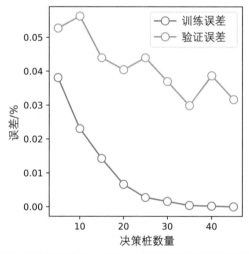

图4.12　不同基础估计器数量(在本例中为决策桩)的平均训练和验证误差。n_estimators=20的验证误差最低

　　早停也被称为预剪枝，因为会在拟合大量基础估计器之前终止训练，这样通常能加快训练速度。如果不担心训练时间，又想更明智地选择基础估计器的数量，可以考虑后剪枝。后剪枝是指先训练一个非常大的集成，然后放弃最差的基础估计器。

　　对于AdaBoost，后剪枝会去除权重(α_t)低于某个阈值的所有弱学习器。在训练完AdaBoostClassifier后，可通过model.estimators_和model.estimator_weights_字段访问单个弱学习器以及它们的权重。为消除最不重要的弱学习器(其权重低于某个阈值的学习器)的贡献，可将它们的权重设置为零：

```
model.estimator_weights_[model.estimator_weights_ <= threshold] = 0.0
```

与以前一样，交叉验证可用来选择一个合适的阈值。请始终记住，AdaBoost的learning_rate和n_estimators参数之间通常需要权衡。较低的学习率通常需要更多的迭代(因此需要更多弱学习器)，而较高的学习率则需要更少的迭代(和更少的弱学习器)。

要达到最佳效果，应结合使用网格搜索与交叉验证来确定这些参数的最佳值。将在下一节的案例研究中举例说明。

异常值检测和去除

虽然上述方法通常对噪声数据集效果良好，但训练数据中含有大量噪声(即异常值)的训练样本仍可能导致严重问题。这种情况下，通常建议对数据集进行预处理，以完全去除这些异常值。

4.4 案例研究：手写数字分类

手写数字分类是最早的机器学习应用之一。事实上，自20世纪90年代初以来，这项任务就得到了广泛研究，可以将其视为目标识别领域的"Hello World"。

这项任务最早起源于美国邮政局试图通过快速识别邮政编码来自动识别数字，从而加快邮件处理速度。从那时起，人们创建了多个不同的手写数据集，并广泛用于评估各种机器学习算法。

在本案例研究中，将使用scikit-learn的数字数据集来说明AdaBoost的有效性。该数据集由1797张从0到9的手写数字的扫描图像组成。每个数字都有一个唯一的标签，因此这是一个10类分类问题。每个类别大约有180个数字。可直接从scikit-learn加载数据集：

```
from sklearn.datasets import load_digits
X, y = load_digits(return_X_y=True)
```

这些数字本身被表示为16×16的归一化灰度位图(见图4.13)，经过展平处理后，每个手写数字会生成一个64维(64D)向量。训练集包括1 797个样本×64个特征。

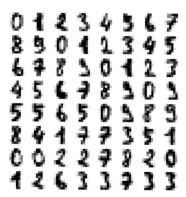

图4.13　本案例研究中使用的数字数据集的快照

4.4.1　利用 t-SNE降维

虽然AdaBoost可有效处理数字数据集(64个特征)的维度，但相当激进地希望将维度降到2。这样做的主要原因是为了可视化数据以及通过AdaBoost学到的模型。

将使用一种非线性降维技术，称为t-分布随机邻居嵌入(t-SNE)。t-SNE是一种高效的数字数据集预处理技术，可提取二维空间中的嵌入。

t-SNE

顾名思义，随机领域嵌入就是利用邻域信息构建低维嵌入。具体来说，它利用了 x_i 和 x_j 这两个样本之间的相似性。在例子中，x_i 和 x_j 是数据集中的两个样本数字，均为64个维度。两个数字之间的相似性可用以下公式来衡量：

$$\text{sim}(x_i, x_j) = \exp\left(-\frac{\|x_i - x_j\|^2}{2\sigma_i^2}\right)$$

其中 $\|x_i - x_j\|^2$ 是 x_i 和 x_j 之间的平方距离，σ_i^2 是相似性参数。你可能已经在机器学习的其他领域中看到过这种形式的相似性函数，尤其是在支持向量机中，它被称为RBF(径向基函数)内核或高斯内核。

x_i 和 x_j 之间的相似性可以转换为 $p_{j|i}$，即 x_j 是 x_i 的相邻概率。该概率仅是一个归一化的相似性度量，用数据集 x_k 中所有点与 x_i 的相似性之和进行归一化：

$$p_{j|i} = \frac{\text{sim}(x_i, x_j)}{\text{所有点的 sim}(x_i, x_k)\text{之和}} = \frac{\exp\left(-\frac{\|x_i - x_j\|^2}{2\sigma_i^2}\right)}{\sum_{k \neq i} \exp\left(-\frac{\|x_i - x_k\|^2}{2\sigma_i^2}\right)}$$

假设这两个数字的二维嵌入由 z_i 和 z_j 给出。那么很自然地，两个相似数字 x_i 和 x_j 即使分别嵌入 z_i 和 z_j 中，也会继续成为邻居。z_j 成为 z_i 邻居的概率可以类似地测量为：

$$q_{j|i} = \frac{\text{sim}(z_i, z_j)}{\text{所有点的 sim}(z_i, z_k)\text{之和}} = \frac{\exp\|z_i - z_j\|^2}{\sum_{k \neq i} \exp(-\|z_i - z_k\|^2)}$$

这里假设二维(z空间)指数分布的方差为1/2。然后，可通过确保二维嵌入空间(z空间)中的概率$q_{j|i}$与64维原始数字空间(x空间)中的$p_{j|i}$高度对齐，来确定所有点的嵌入。在数学上，这是通过最小化分布$q_{j|i}$和$p_{j|i}$之间的KL散度(一种统计差异或距离的度量)来实现的。使用scikit-learn，可以非常容易地计算出嵌入为：

```
from sklearn.manifold import TSNE
Xemb = TSNE(n_components=2, init='pca').fit_transform(X)
```

图4.14显示了将此数据集嵌入二维空间中的情况。

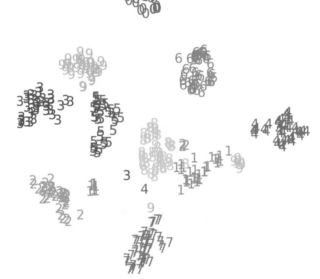

图4.14　t-SNE生成的数字数据集的二维嵌入的可视化，t-SNE可以嵌入并分离数字，有效地将它们聚类

训练测试划分

与往常一样，为了评估和量化模型对未来数据的预测性能，需要预留出一部分训练数据。将降维后的数据Xemb和标签划分为训练集和测试集：

```
from sklearn.model_selection import train_test_split
Xtrn, Xtst, ytrn, ytst = train_test_split(Xemb, y,
                                           test_size=0.2,
                                           stratify=y,
                                           random_state=13)
```

注意使用stratify=y来确保训练集和测试集中不同数字的比例相同。

4.4.2　提升

现在，将为这个数字分类任务训练一个AdaBoost模型。回顾之前的讨论，AdaBoost要求首先选择基础估计器的类型。这里将继续使用决策桩，如下所示：

```
from sklearn.tree import DecisionTreeClassifier
from sklearn.ensemble import AdaBoostClassifier
stump = DecisionTreeClassifier(max_depth=2)
ensemble = AdaBoostClassifier(algorithm='SAMME', base_estimator=stump)
```

在上一节中，了解了如何使用交叉验证来逐个选择learning_rate和n_estimators的最佳值。然而，在实践中，需要确定learning_rate和n_estimators的最佳结合。为此，将结合使用k折交叉验证和网格搜索。

基本思路是考虑learning_rate和n_estimators的不同组合，并通过交叉验证来评估它们在实际应用中的性能。首先，选择要探索的各种参数值：

```
parameters_to_search = {'n_estimators': [200, 300, 400, 500],
                        'learning_rate': [0.6, 0.8, 1.0]}
```

接下来，制作一个评分函数来评估每个参数结合的性能。在这项任务中，使用平衡精度分数，它本质上只是每个类别加权的准确率分数。这种评分标准对于像本任务这样的多类分类问题以及不平衡的数据集都很有效：

```
from sklearn.metrics import balanced_accuracy_score, make_scorer
scorer = make_scorer(balanced_accuracy_score, greater_is_better=True)
```

现在，用GridSearchCV类来设置并运行网格搜索，以确定最佳的参数组合。GridSearchCV类的几个参数对我们而言非常重要。参数cv=5指定了5折交叉验证，而n_jobs=-1指定该任务应使用所有可用的核心执行并行处理(见第2章)：

```
from sklearn.model_selection import GridSearchCV
search = GridSearchCV(ensemble, param_grid=parameters_to_search,
                      scoring=scorer, cv=5, n_jobs=-1, refit=True)
search.fit(Xtrn, ytrn)
```

GridSearchCV中的最后一个参数设置为refit=True。这样，GridSearchCV就会使用已经识别出的最佳参数结合，用所有可用的训练数据训练最终模型。

提示：对于许多数据集来说，用GridSearchCV彻底探索和验证所有可能的超参数选择在计算上可能并不高效。这种情况下，使用RandomizedSearchCV的计算效率更高，它采样的用于验证的超参数结合子集要小得多。

训练结束后，可以查看每个参数结合的分数，甚至提取最佳结果：

```
best_combo = search.cv_results_['params'][search.best_index_]
best_score = search.best_score_
print('The best parameter settings are {0}, with score = \
     {1}.'.format(best_combo, best_score))
```

结果如下：

```
The best parameter settings are {'learning_rate': 0.6, 'n_estimators': 200},
    with score = 0. 0.9826321839080459.
```

最佳模型也可用(因为设置了refit=True)。注意，该模型是由 GridSearchCV使用best_combo参数、全部训练数据(Xtrn, ytrn)训练而成。该模型可以在search.best_estimator_中找到，可用于对测试数据进行预测：

```
ypred = search.best_estimator_.predict(Xtst)
```

这个模型表现如何？可以先看看分类报告：

```
from sklearn.metrics import classification_report
print('Classification report:\n{0}\n'.format(
    classification_report(ytst, ypred)))
```

分类报告包含分类性能指标，包括每个数字的查准率和召回率。查准率是指在所有预测为阳性的结果(包括误报)中，真阳性结果所占的比例。计算公式为TP / (TP + FP)，其中TP是真阳性的数量，FP是假阳性的数量。

召回率是在所有应该被预测为阳性的结果(包括假阴性结果)中，真阳性结果所占的比例。计算公式为TP /(TP + FN)，其中FN是假阴性的数量。分类报告如下所示：

```
Classification report:
              precision      recall     f1-score     support
          0       1.00        0.97         0.99          36
          1       1.00        1.00         1.00          37
          2       1.00        0.97         0.99          35
          3       1.00        1.00         1.00          37
          4       0.97        1.00         0.99          36
          5       0.72        1.00         0.84          36
          6       1.00        1.00         1.00          36
          7       1.00        1.00         1.00          36
          8       0.95        1.00         0.97          35
          9       1.00        0.58         0.74          36

   accuracy                                0.95         360
  macro avg       0.96        0.95         0.95         360
weighted avg      0.96        0.95         0.95         360
```

AdaBoost在大多数数字上的表现都相当不错。但在处理5和9时似乎有些吃力，这两个数字的*F*1分数较低。还可以查看混淆矩阵，它能很好地了解哪些数字与其他数字混淆。

```
from sklearn.metrics import confusion_matrix
print("Confusion matrix: \n {0}".format(confusion_matrix(ytst, ypred)))
```

通过混淆矩阵，可直观地看到模型在每个类别上的表现：

```
[[35  0  0  0  1  0  0  0  0  0]
 [ 0 37  0  0  0  0  0  0  0  0]
 [ 0  0 34  0  0  0  0  0  1  0]
 [ 0  0  0 37  0  0  0  0  0  0]
 [ 0  0  0  0 36  0  0  0  0  0]
 [ 0  0  0  0  0 36  0  0  0  0]
 [ 0  0  0  0  0  0 36  0  0  0]
 [ 0  0  0  0  0  0  0 36  0  0]
 [ 0  0  0  0  0  0  0  0 35  0]
 [ 0  0  0  0  0 14  0  0  1 21]]
```

混淆矩阵的每一行对应真实标签(数字0到9)，每一列对应于预测标签。混淆矩阵中的(9,5)项(第10行，第6列，因为从0开始索引)表示有几个数字9被AdaBoost误判为数字5。最后，可以绘制出经过训练的AdaBoost模型的决策边界，如图4.15所示。

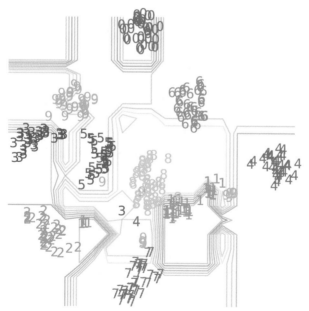

图4.15　AdaBoost在数字数据集的嵌入上学习的决策边界

此案例研究说明了AdaBoost如何将弱学习器的性能提升为可在复杂任务上实现良好性能的强学习器。在本章结束之前，再看一看另一种自适应提升算法：LogitBoost。

4.5　LogitBoost：使用逻辑损失进行提升

现在，来讨论第二种提升算法，称为逻辑提升(LogitBoost)。开发LogitBoost的动机是希望将已有分类模型(如逻辑回归)的损失函数引入AdaBoost框架中。通过这种方式，将一般的提升框架应用于特定的分类设置，从而训练与这些分类器具有相似属性的提升集成。

4.5.1　逻辑损失函数与指数损失函数

回顾第4.2.2节，AdaBoost更新弱学习器 h_t 权重 α_t 的方法如下：

$$\alpha_t = \frac{1}{2}\log\left(\frac{1-\epsilon_t}{\epsilon_t}\right)$$

那么这种加权方案从何而来呢？这个表达式是AdaBoost优化指数损失的结果。具体而言，AdaBoost优化了关于弱学习器 h_t 给定的样本(x, y)的指数损失，如下所示：

$$L(x;\alpha_t) = \exp(-\alpha_t \cdot y \cdot h_t(x))$$

其中y是真实标签，$h_t(x)$ 是弱学习器 h_t 做出的预测。

可以使用其他损失函数来推导AdaBoost的变体吗？当然可以！LogitBoost本质上是一种类似于AdaBoost的集成方法，其加权方案使用了不同的损失函数。只是当改变基础损失函数时，还需要进行其他一些小调整，使整体方法发挥作用。

LogitBoost与AdaBoost是不同的。LogitBoost优化的是逻辑损失：

$$L(x;\alpha_t) = \log(1 + \exp(-\alpha_t \cdot y \cdot h_t(x)))$$

你可能已经在其他机器学习公式中见过逻辑损失，尤其是在逻辑回归中。逻辑损失对错误的惩罚方式与指数损失不同(见图4.16)。

精确的0-1损失(也称为误分类损失)是一种理想化的损失函数，对于分类正确的样本返回0，分类错误的样本返回1。然而，这种损失很难优化，因为它不是连续的。为了构建可行的机器学习算法，不同方法会使用不同的代理损失函数，如指数损失和逻辑损失。

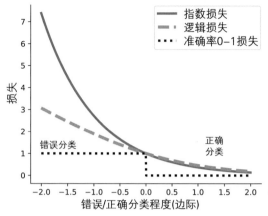

图4.16　指数损失和逻辑损失函数的比较

指数损失函数和逻辑损失函数都会对正确分类的样本进行类似的惩罚。对于分类正确且置信度较高的训练样本，其相应的损失接近于零。指数损失分类错误的样本的惩罚比逻辑损失严重得多，这使得它更容易受到异常值和噪声的影响。

4.5.2　将回归作为分类的弱学习算法

AdaBoost使用预测，而LogitBoost使用预测概率。更确切地说，AdaBoost使用的是整体集成$F(\boldsymbol{x})$的预测，而LogitBoost使用的是预测概率$P(\boldsymbol{x})$。

将训练样本x预测为正样本的概率为：

$$P(y=1\mid \boldsymbol{x})=\frac{1}{1+\mathrm{e}^{-F(\boldsymbol{x})}}$$

将$\boldsymbol{x}$预测为负样本的概率为$P(y=0\mid \boldsymbol{x})=1-P(y=1\mid \boldsymbol{x})$。这个结果直接影响对基础估计器的选择。

另外，由于AdaBoost直接使用离散预测(-1或1，表示负样本和正样本)，因此它可以使用任何分类算法作为基础学习算法。而LogitBoost则使用连续的预测概率，因此，它可以使用任何回归算法作为基础学习算法。

4.5.3　实现LogitBoost

将所有这些内容整合在一起，LogitBoost算法在每次迭代中执行以下步骤。在以下内容中，预测概率$P(y_i=1\mid \boldsymbol{x}_i)$被简写为$P_i$。

(1) 计算工作响应，或预测概率与真实标签的差异：

$$z_i=\frac{y_i-P_i}{P_i(1-P_i)}$$

(2) 更新样本权重，$D_i = P_i(1 - P_i)$

(3) 在加权样本 $(\boldsymbol{x}_i, z_i, D_i)$ 上训练弱回归树桩 $h_t(\boldsymbol{x})$

(4) 更新集成，$F_{t+1}(\boldsymbol{x}) = F_t(\boldsymbol{x}) + h_t(\boldsymbol{x})$

(5) 更新样本概率

$$P_i \frac{1}{1 + e^{-F_{t+1}(\boldsymbol{x})}}$$

从第(4)步可以看出，LogitBoost与AdaBoost一样，都是加法集成。这意味着LogitBoost将基础估计器结合在一起，并对其预测结果进行加法结合。此外，在第(3)步中，可以使用任何弱回归器。这里。使用的是浅层回归树桩。LogitBoost算法也很容易实现，如代码清单4.5所示。

代码清单4.5　用于分类的LogitBoost

```python
import numpy as np
from sklearn.tree import DecisionTreeRegressor
from sklearn.metrics import accuracy_score
from scipy.special import expit

def fit_logitboosting(X, y, n_estimators=10):
    n_samples, n_features = X.shape
    D = np.ones((n_samples, )) / n_samples          # 初始化样本权重、
    p = np.full((n_samples, ), 0.5)                 # pred概率
    estimators = []

    for t in range(n_estimators):
        z = (y - p) / (p * (1 - p))                 # 计算作业响应
        D = p * (1 - p)                             # 计算新的样本权重

        h = DecisionTreeRegressor(max_depth=1)      # 将决策树回归用作分类
        h.fit(X, z, sample_weight=D)                # 问题的基础估计器
        estimators.append(h)                        # 将弱学习器添加到集成
                                                    # F_{t+1}(x)=F_t(x)+h_t(x)中

        if t == 0:
            margin = np.array([h.predict(X)
                               for h in estimators]).reshape(-1, )
        else:
            margin = np.sum(np.array([h.predict(X)
                               for h in estimators]), axis=0)
        p = expit(margin)                           # 更新预测概率

    return estimators
```

代码清单4.2中描述的predict_boosting函数也可用于基于LogitBoost集成进行预

测，并在代码清单4.6中实现。

不过，LogitBoost要求训练标签的形式为0/1，而AdaBoos则要求-1/1形式。因此，对该函数稍作修改，以返回0/1标签。

代码清单4.6　LogitBoost用于预测

```
def predict_logit_boosting(X, estimators):
    pred = np.zeros((X.shape[0], ))

    for h in estimators:
        pred += h.predict(X)
    y = (np.sign(pred) + 1) / 2      ←    将-1/1预测
                                          转换为0/1
    return y
```

与AdaBoost一样，可以在图4.17中直观地看到LogitBoost所训练的集成在多次迭代中的演变。请将此图与图4.9进行对比，后者显示了AdaBoost训练的集成在多次迭代中的演变。

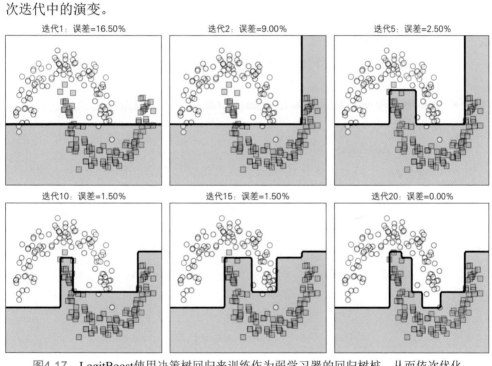

图4.17　LogitBoost使用决策树回归来训练作为弱学习器的回归树桩，从而依次优化逻辑损失

现在已经看到了处理两种不同损失函数的两种提升算法。那么是否有办法将提升推广到不同的损失函数和不同的任务(如回归)呢？

这个问题的答案是肯定的，只要损失函数是可微分的(并且可以计算出它的梯度)。这就是梯度提升背后的直观理解,接下来的两章将对此进行探讨。

4.6   小结

- 自适应提升(AdaBoost)是一种顺序集成算法,它使用弱学习器作为基础估计器。
- 在分类中,弱学习器是一种简单模型,其表现仅略高于随机猜测的50%准确率。决策桩和浅层决策树是弱学习器的例子。
- AdaBoost在训练样本中维持和更新训练样本权重。它使用重新加权的方式来优先处理错误分类的样本,并促进集成的多样性。
- AdaBoost也是一种加法集成,它通过对基础估计器的预测进行加权加法(线性)结合来做出最终预测。
- AdaBoost集成了多个弱学习器,因此一般不会出现过拟合的情况。然而,由于AdaBoost采用自适应的重新加权策略,在迭代中反复增加异常值的权重,因此,AdaBoost对异常值非常敏感。
- 通过在学习率和基础估计器数量之间找到良好的平衡,可提高AdaBoost的性能。
- 交叉验证和网格搜索通常用于确定学习率和估计器数量之间的最佳参数权衡。
- 在内部,AdaBoost优化指数损失函数。
- LogitBoost是另一种优化逻辑损失函数的提升算法。它与AdaBoost还有两个不同之处:①使用预测概率,②将任何分类算法作为基础学习算法。

第 5 章

顺序集成：梯度提升

本章内容
- 使用梯度下降来优化训练模型的损失函数
- 实现梯度提升
- 高效训练直方图梯度提升模型
- 利用LightGBM框架进行梯度提升
- 利用LightGBM避免过拟合
- 利用LightGBM自定义损失函数

第4章介绍了提升法，即按顺序训练弱学习器，并将它们"提升"为强集成模型。第4章介绍了一种重要的顺序集成方法——自适应提升(AdaBoost)。

AdaBoost是一种基础提升模型，它训练一个新的弱学习器来修正上一个弱学习器的错误分类。它通过维护和自适应地更新训练样本的权重来实现这一目的。这些权重反映了错误分类的程度，并为基础学习算法提供了优先训练样本。

本章将探讨一种替代训练样本权重的方法，以将错误分类信息传达给用于提升的基础学习算法：损失函数梯度。回顾一下，使用损失函数来衡量模型与数据集中每个训练样本的拟合度。单个样本的损失函数梯度称为残差，正如即将看到的，它捕捉了真实标签和预测标签之间的偏差。当然，这种误差或残差也衡量了错误分类的程度。

AdaBoost使用权重来代替残差，而梯度提升则直接使用这些残差！因此，梯度提升是另一种顺序集成方法，目的是通过残差(即梯度)来训练弱学习器。

梯度提升的框架适用于任何损失函数，这意味着任何分类、回归或排序问题都可以使用弱学习器进行"提升"。这种灵活性是梯度提升作为最先进的集成方法而出现并普及的一个关键原因。目前有几种功能强大的梯度提升包和实现(如LightGBM、CatBoost和XGBoost),可以通过并行计算和GPU,在大数据上高效地训练模型。

本章的内容安排如下。为加深对梯度提升的理解,需要更深入地了解梯度下降。因此,本章以一个梯度下降的例子开篇,该例子可用于训练机器学习模型(第5.1节)。

第5.2节旨在为使用残差进行学习提供直观理解,这是梯度提升的核心。然后,将帮助你实现自己的梯度提升版本,并进行演示,以了解它是如何在每一步都结合梯度下降和提升来训练顺序集成的。本节还介绍了基于直方图的梯度提升,它主要是对训练数据进行分块,从而显著加快树学习速度,并允许扩展到更大的数据集。

第5.3节介绍了免费且开源的梯度提升包——LightGBM,是构建和部署实际机器学习应用的重要工具。在第5.4节中,将了解如何通过早停和调整学习率等策略避免过拟合,从而利用LightGBM训练出有效的模型,以及如何将LightGBM扩展到自定义损失函数。

综上所述,将展示如何在实际任务中使用梯度提升:文档检索,这将是本章的重点案例研究(第5.5节)。文档检索是信息检索的一种形式,在许多应用中都是一项关键任务,或多或少都曾使用过(例如网络搜索引擎)。

要理解梯度提升,首先要理解梯度下降,这是一种简单而有效的方法,广泛用于训练多种机器学习算法。这将有助于在概念和算法两方面理解梯度下降在梯度提升中扮演的角色。

5.1 用梯度下降实现最小化

现在,将深入探讨梯度下降,这是一种优化方法,是许多训练算法的核心。了解了梯度下降,就能理解梯度提升框架是如何巧妙地将这一优化过程与集成学习相结合的。优化,或者说寻找"最佳",是许多应用的核心。实际上,寻找最佳模型是所有机器学习的核心。

注意:学习问题通常被视为优化问题。例如,训练本质上是在给定数据的情况下找到最佳拟合模型。如果"最佳"概念以损失函数为特征,那么训练就是一个最小化问题,因为最佳模型对应的损失最小。或者,如果"最佳"概念以似然函数为特征,训练就会被视为一个最大化问题,因为最佳模型对应的似然(或概率)是最高的。除非另有说明,将使用损失函数来描述模型的质量或拟合度,这将要求进行最小化。

损失函数明确地测量了模型在数据集上的拟合度。通常，通过量化预测标签和真实标签之间的误差来衡量与真实标签相关的损失。因此，最佳模型的误差或损失最小。

你可能对交叉熵(用于分类)或均方差(用于回归)等损失函数并不陌生。在给定损失函数的情况下，训练就是寻找使损失最小的最佳模型，如图5.1所示。

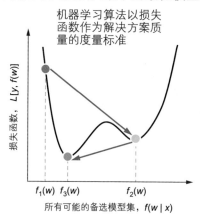

机器学习算法以损失
函数作为解决方案质
量的度量标准

损失函数，$L[y, f(w)]$

$f_1(w)$　$f_3(w)$　　　　$f_2(w)$

所有可能的备选模型集，$f(w \mid x)$

图5.1　寻找最佳模型的优化过程。机器学习算法在所有可能的备选模型中寻找最佳模型。"最佳"概念由损失函数来量化，该函数使用标签和数据来评估所选备选模型的质量。因此，机器学习算法本质上是一种优化过程。这里的优化过程依次识别出越来越好的模型 f_1、f_2，以及最终模型 f_3

这种搜索的一个例子可能大家都很熟悉，那就是在训练决策树时进行参数选择的网格搜索。通过网格搜索，可以在许多建模选项中进行选择：树叶数量、最大树深，等等。

另一种更有效的优化技术是梯度下降，它使用一阶导数信息或梯度来指导搜索。本节将介绍两个梯度下降的例子。第一个是一个简单例子，用于理解和展示梯度下降的基本工作原理。第二个例子演示了如何将梯度下降用于实际的损失函数和数据来训练机器学习模型。

5.1.1　举例说明梯度下降

将使用Branin函数(一个常用的示例函数)来说明梯度下降的工作原理，然后讨论机器学习中更具体的案例(第5.1.2节)。Branin函数是一个包含两个变量(w_1和w_2)的函数，定义为：

$$f(w_1, w_2) = a(w_2 - bw_1^2 + cw_1 - r)^2 + s(1-t)\cos(w_1) + s$$

在这个函数中，$a=1$、$b=\dfrac{5.1}{4\pi^2}$ $c=\dfrac{5}{\pi}$、$r=6$、$s=10$ 和 $t=\dfrac{1}{8\pi}$，它们是固定的常数，不必担心。可以通过绘制w_1和w_2与$f(w_1,w_2)$的三维图像来直观地显示这一

函数。图5.2展示了三维表面图以及等高线图(即从上方俯视的表面图)。

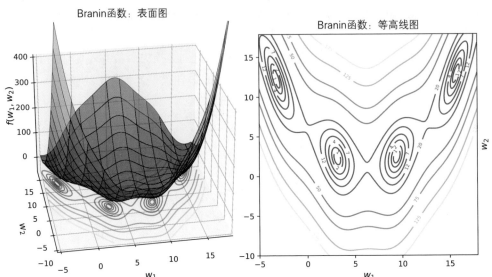

图5.2 Branin函数的表面图(左)和等高线图(右)。可以直观地看到此函数有四个极小值,即等高线图中椭圆形区域的中心

Branin函数的可视化显示,它在四个不同的位置取最小值,这四个位置被称为局部最小值或极小值。那么,如何才能找出这些局部最小值呢?总是可以采用穷举法:可以在变量w_1和w_2上创建一个网格,在每一个可能的结合中对$f(w_1,w_2)$进行穷举评估。但这种方法存在几个问题。首先,网格应该多粗或多细?如果网格太粗,可能在搜索中会错过最小值。如果网格太细,就会有大量网格点需要搜索,这将使优化过程变得非常缓慢。

其次,更令人担忧的是,这种方法忽略了函数本身固有的所有额外信息,而这些信息可能可助于引导我们进行搜索。例如,$f(w_1,w_2)$的一阶导数,或相对于w_1和w_2的一阶导数或变化率,可能非常有帮助。

理解和实现梯度下降

一阶导数信息被称为$f(w_1,w_2)$的梯度,是函数表面(局部)斜率的度量。更重要的是,梯度指向最陡峭的上升方向;也就是说,沿着最陡峭的上升方向移动,会得到更大的$f(w_1,w_2)$值。

如果想利用梯度信息来找到极小值,就必须朝着梯度的相反方向前进!这正是梯度下降背后的简单而高效的原理:沿着负梯度方向持续前进,最终就会找到(局部)极小值。

可以用以下伪代码将这个直觉形式化,描述梯度下降的步骤。如图所示,梯度下降是一个迭代过程,它可以沿着最陡峭的下降方向(即负梯度方向),鲁棒稳步地向着局部极小值移动：

```
initialize: w_old = some initial guess, converged=False
while not converged:
1. compute the direction (d) as negative gradient at w_old and normalize
     to unit length
2. compute the step length using line search (distance, α)
3. update the solution: w_new = w_old + distance * direction = w_old + α · d
4. if change between w_new and w_old is below some specified tolerance:
     converged=True, so break
5. else set w_new = w_old, get ready for the next iteration
```

梯度下降过程相当简单明了。首先，初始化的解决方案(并将其称为w_{old})；这可以是随机初始化，也可以是更复杂的猜测。从这个初始猜测开始，来计算负梯度，以确定应该朝哪个方向前进。

接下来计算步长，步长告诉在负梯度方向上要走多远的距离。计算步长很重要，因为它能确保解决方案不会超调。

步长计算是另一个优化问题，需要确定一个标量$\alpha > 0$，使得沿着梯度g前进的距离为α时，损失函数的下降幅度最大。从形式上看，这被称为线搜索问题，通常用于在优化过程中高效地选择步长。

注意：许多优化包和工具(如本章中使用的scipy.optimize)提供了精确和近似的线性搜索函数，可用于确定步长。或者，通常为了提高效率，步长也可以根据某些预先确定的策略来设置。在机器学习中，步长通常被称为学习率，用希腊字母η表示。

有了方向和距离，就可以迈出这一步，将对解的猜测更新为w_{new}。一旦到达目标位置，就要检查是否收敛。有几种收敛测试方法；在这里，如果连续迭代之间的解变化不大，就认为收敛了。如果收敛了，就找到了局部极小值。如果没有，那么会从w_{new}开始再次迭代。代码清单5.1显示了如何执行梯度下降。

代码清单5.1　梯度下降

```
import numpy as np
from scipy.optimize import line_search
                                        ← 梯度下降需要
                                          函数f及其梯度g
def gradient_descent(f, g, x_init,   ←
                     max_iter=100, args=()):
    converged = False
    n_iter = 0                       ← 将梯度下降初始化
                                       为"未收敛"

    x_old, x_new = np.array(x_init), None
```

```
descent_path = np.full((max_iter + 1, 2), fill_value=np.nan)
descent_path[n_iter] = x_old

while not converged:
    n_iter += 1
    gradient = -g(x_old, *args)              ← 计算
                                                 负梯度
    direction = gradient / np.linalg.norm(gradient)    ← 将梯度归一化
                                                           为单位长度

    step = line_search(f, g, x_old,
                       direction, args=args)    ← 使用线搜索
                                                   计算步长
    if step[0] is None:              ← 如果线搜索失败,
        distance = 1.0                  则将其设置为1.0
    else:
        distance = step[0]
                                          ← 计算
                                             更新
    x_new = x_old + distance * direction
    descent_path[n_iter] = x_new
                                          ← 计算与上一次
                                             迭代相比的变化
    err = np.linalg.norm(x_new - x_old)
    if err <= 1e-3 or n_iter >= max_iter:
        converged = True               ← 如果变化很小或达到
                                          最大迭代次数, 则收敛

    x_old = x_new          ← 为下一次迭代
                              做好准备
return x_new, descent_path
```

可在Branin函数上测试这个梯度下降过程。为了实现这一点,除了函数本身,还需要它的梯度。可以通过回顾微积分的基础知识(即使不是全部记忆)来明确计算梯度。

梯度是一个具有两个分量的向量:但对于w_1和w_2的f的梯度。有了这个梯度,就能计算出各处最陡峭的上升方向:

$$g(w_1, w_2) = \begin{bmatrix} \frac{\partial f(w_1, w_2)}{\partial w_1} \\ \frac{\partial f(w_1, w_2)}{\partial w_2} \end{bmatrix} = \begin{bmatrix} 2a(w_2 - bw_1^2 + cw_1 - r) \cdot (-2bw_1 + c) - s(1-t)\sin(w_1) \\ 2a(w_2 - bw_1^2 + cw_1 - r) \end{bmatrix}$$

可按以下方式实现Branin函数及其梯度:

```
def branin(w, a, b, c, r, s, t):
    return a * (w[1] - b * w[0] ** 2 + c * w[0] - r) ** 2 + \
        s * (1 - t) * np.cos(w[0]) + s
def branin_gradient(w, a, b, c, r, s, t):
    return np.array([2 * a * (w[1] - b * w[0] ** 2 + c * w[0] - r) *
                     (-2 * b * w[0] + c) - s * (1 - t) * np.sin(w[0]),
                     2 * a * (w[1] - b * w[0] ** 2 + c * w[0] - r)])
```

除了函数和梯度，代码清单5.1还需要一个初始猜测x_init。在这里，将使用 w_ini = [-4,-5]' 进行梯度下降的初始化(需要进行转置，因为从数学角度看，这些都是列向量)。现在，可以调用梯度下降程序：

```
a, b, c, r, s, t = 1, 5.1/(4 * np.pi**2), 5/np.pi, 6, 10, 1/(8 * np.pi)
w_init = np.array([-4, -5])
w_optimal, w_path = gradient_descent(branin, branin_gradient,
                                     w_init, args=(a, b, c, r, s, t))
```

梯度下降会返回一个最优解w_optimal = [3.14, 2.27]，以及优化路径w_path，即程序迭代到最优解的中间解序列。

然后，就能达成目标了！在图5.3中，可以看到梯度下降能够到达Branin函数的四个局部极小值之一。关于梯度下降，有几件重要的事情需要注意，接下来会进行讨论。

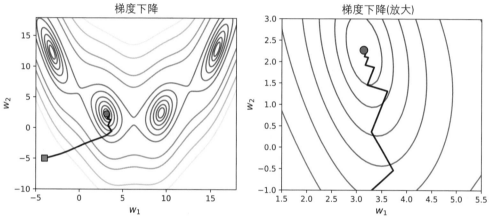

图5.3　左图显示了梯度下降的完整路径，从 [-4,-5]' (正方形)开始，收敛到其中一个局部小值(圆形)。右图显示了梯度下降算法接近解时同一下降路径的放大版本。注意，梯度步长变小，下降算法在接近解时趋于呈之字形

梯度下降的性质

首先，可以观察到，当靠近其中一个极小值，梯度步长会变得越来越小。这是因为梯度会在极小值处消失。更重要的是，梯度下降表现出"之"字形行为，这是因为梯度并不指向局部极小值本身，而是指向最陡峭的上升方向(如果是负值，则是下降)。

某一点上的梯度基本上捕捉到了局部信息，即该点附近函数的性质。梯度下降通过连接多个这样的梯度步骤来达到极小值。当梯度下降法必须穿过陡峭的山谷时，由于它倾向于使用局部信息，因此向最小值移动时，会在谷壁附近反弹。

其次，梯度下降收敛到Branin函数的四个局部极小值之一。通过改变初始化，可使其收敛到不同的极小值。图5.4说展示了不同初始化的各种梯度下降路径。

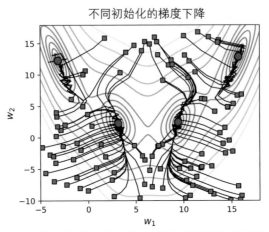

图5.4   不同的初始化会导致梯度下降达到不同的局部最小值

图中说明了梯度下降对初始化的敏感性，不同的随机初始化会导致梯度下降收敛到不同的局部最小值。使用过k-means聚类的人可能对这种行为并不陌生：不同的初始化通常会产生不同的聚类，每个聚类都是不同的局部解。

梯度下降面临的一个有趣挑战是如何确定适当的初始化，因为不同的初始化会使梯度下降收敛到不同的局部极小值。从优化的角度看，事先确定正确的初始化并非易事。

不过，从机器学习的角度看，不同的局部解可能表现出相同的泛化行为。也就是说，局部最优的学习模型都具有类似的预测性能。这种情况通常出现在神经网络和深度学习中，这也就是为什么许多深度模型的训练过程都是从预训练的解中初始化的。

提示：梯度下降对初始化的敏感程度取决于优化函数的类型。如果函数在任何地方都是凸函数或呈碗状，那么梯度下降所确定的任何局部最小值都将是全局极小值！SVM优化器学习的模型就是这种情况。不过，良好的初始猜测仍然很重要，因为它可能使算法更快地收敛。现实世界中的许多问题通常是非凸的，并且有多个局部极小值。梯度下降会收敛到其中一个，具体取决于初始化和初始猜测区域内函数的形状。k-means聚类的目标是非凸函数，这就是为什么不同的初始化会产生不同的聚类。参见Mykel Kochenderfer和Tim Wheeler合著的*Algorithms for Optimization*(MIT出版社，2019)，了解有关优化的入门知识。

5.1.2　在损失函数上进行梯度下降训练

既然已经了解了梯度下降如何在一个简单的例子(Branin函数)中发挥作用的基本原理，那么用一个自己的损失函数，从头开始构建一个分类任务。然后，将使用梯度下降来训练模型。首先，创建一个二维分类问题，如下所示：

```
from sklearn.datasets import make_blobs
X, y = make_blobs(n_samples=200, n_features=2,
                centers=[[-1.5, -1.5], [1.5, 1.5]], random_state=42)
```

图5.5展示了这个合成分类数据集。

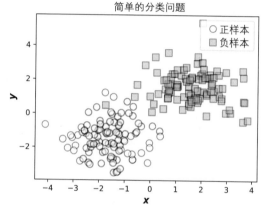

图5.5　一个(几乎)线性可分的二分类数据集，将在这个数据集上训练一个分类器。正样本的标签为$y=1$，负样本的标签为$y=0$

特意创建了一个线性可分的数据集(当然也有一些噪声)，这样就可以训练一个线性分离器或分类函数。这将使损失函数公式保持简单，并使梯度更易于计算。

要训练的分类器$h_w(\boldsymbol{x})$取二维数据点$\boldsymbol{x}=[x_1,x_2]'$，并使用线性函数返回预测：

$$h_w(\boldsymbol{x})=w_1x_1+w_2x_2$$

分类器的参数由$\boldsymbol{w}=[w_1,w_2]'$确定，必须使用训练样本来学习这些参数。为了学习，需要一个关于真实标签和预测标签的损失函数。将使用熟悉的平方损失(或平方差)来测量单个带标签训练样本$(\boldsymbol{x},\boldsymbol{y})$的成本：

$$f_{\text{loss}}(\boldsymbol{y},\boldsymbol{x})=\frac{1}{2}(\boldsymbol{y}-h_w(\boldsymbol{x}))^2=\frac{1}{2}(\boldsymbol{y}-w_1x_1-w_2x_2)^2$$

该平方损失函数计算的是当前备选模型(h_w)对单个训练样本($\boldsymbol{x}$)的预测与其真实标签($\boldsymbol{y}$)之间的差别(损失)。对于数据集中的n个训练样本，总损失可以写成以下形式：

$$f_{\text{loss}}(\boldsymbol{y}, \boldsymbol{x}) = \frac{1}{2}\sum_{i=1}^{n}(\boldsymbol{y} - h_w(\boldsymbol{x}_i))^2 = \frac{1}{2}\sum_{i=1}^{n}(\boldsymbol{y} - w_1 x_1^i - w_2 x_2^i)^2 = \frac{1}{2}(\boldsymbol{y} - \boldsymbol{Xw})'(\boldsymbol{y} - \boldsymbol{Xw})$$

总损失的表达式就是数据集中n个训练样本的单个损失之和。

表达式$\frac{1}{2}(\boldsymbol{y}-\boldsymbol{Xw})'(\boldsymbol{y}-\boldsymbol{Xw})$是总损失的向量化版本，它使用的是点积而不是循环。在向量化版本中，粗体$\boldsymbol{y}$是一个$n\times 1$的真实标签向量；$\boldsymbol{X}$是一个$n\times 2$的数据矩阵，其中每一行都是一个二维训练样本；$\boldsymbol{w}$是要学习的2×1的模型向量。

与之前一样，还需要损失函数的梯度：

$$g(w_1, w_2)\begin{bmatrix}\dfrac{\partial f_{\text{loss}}(w_1,w_2)}{\partial w_1}\\[2mm]\dfrac{\partial f_{\text{loss}}(w_1,w_2)}{\partial w_2}\end{bmatrix} = \begin{bmatrix}-\sum_{i-1}^{n}(y_i - w_1 x_1^i - w_2 x_2^i)x_1^i\\[2mm]-\sum_{i-1}^{n}(y_i - w_1 x_1^i - w_2 x_2^i)x_2^i\end{bmatrix} = \boldsymbol{X}'(\boldsymbol{y} - \boldsymbol{Xw})$$

选择实现向量化版本，因为它们更为紧凑和高效，避免了显性的循环求和：

```
def squared_loss(w, X, y):
    return 0.5 * np.sum((y - np.dot(X, w))**2)

def squared_loss_gradient(w, X, y):
    return -np.dot(X.T, (y - np.dot(X, w)))
```

提示：如果你对手动计算梯度的前景感到担忧，请不要绝望；因为有其他方法可以在数值上近似梯度，并用于许多机器学习模型的训练中，包括深度学习和梯度提升。这些替代方法依赖于有限差分近似或自动微分(基于数值微积分和线性代数的第一原理)来高效地计算梯度。scipy scientific包中的scipy.optimize.approx_fprime函数是一个易于使用的工具。而强大的JAX(https://github.com/google/jax)是一款强大得多的工具，它是免费的开源软件。JAX用于计算表示具有多层深度神经网络的复杂函数的梯度。JAX可以通过循环、分支甚至递归进行微分计算，并支持GPU进行大规模梯度计算。

那么损失函数是什么样的呢？可以像以前一样将其可视化，如图5.6所示。这个损失函数呈碗状并且是凸函数，只有一个全局最小值，即最优分类器$\boldsymbol{w}$。

与之前一样，执行梯度下降，这次用以下代码片段初始化为$\boldsymbol{w}=[0.0,-0.99]'$，梯度下降路径如图5.7所示：

```
w_init = np.array([0.0, -0.99])
w, path = gradient_descent(squared_loss, squared_loss_gradient,
                           w_init, args=(X, y))
print(w)
[0.17390066 0.11937649]
```

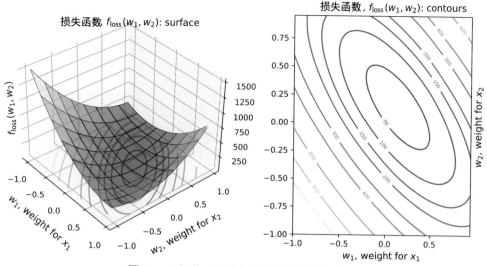

图5.6　可视化显示整个训练集的总平方损失

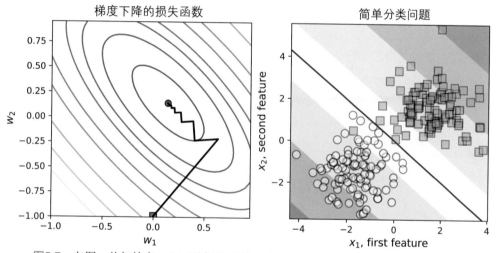

图5.7　左图：从初始点w_init(正方形)开始，对平方损失函数进行梯度下降，最后收敛到最优解(圆形)。右图：学习到的模型$w^*=[0.174，0.119]'$是一个线性分类器，非常好地拟合训练数据，因为它将两个类别都区分开了

梯度下降学习到了最终的学习模型：$w^*=[0.174,0.119]'$。通过图5.7(右)，可以直观地看到梯度下降过程学得的线性分类器。除了通过视图直观地确认梯度下降过程学习到了有用的模型，还可以计算训练准确率。

回顾一下，线性分类器$h_w(x)=w_1x_1+w_2x_2$返回的是真实值预测，需要将其转换为0或1。这很简单：只需要将所有正预测值(按几何级数计算，在线段上方的例子)分配给类别$y_{pred}=1$，并将所有负预测值(按几何级数计算，在该线以下的样本)分配给类别$y_{pred}=0$：

```
ypred = (np.dot(X, w) >= 0).astype(int)
from sklearn.metrics import accuracy_score
accuracy_score(y, ypred)
0.995
```

成功了！梯度下降学习到的训练准确率为99.5%。

既然已经了解梯度下降是如何在训练过程中连续使用梯度信息来最小化损失函数的，那么来看看如何将它与提升法结合起来，以训练一个顺序集成。

5.2　梯度提升：梯度下降+提升

在梯度提升中，目标是训练一系列弱学习器，在每次迭代时逐步逼近梯度。梯度提升及其后继方法牛顿提升法目前被认为是最先进的集成方法，并在多个应用领域的多个任务中得到广泛实施和部署。

首先，将探讨梯度提升的直观原理，并将其与另一种熟悉的提升方法AdaBoost进行对比。有了这种直觉，将像以前一样，实现自己的梯度提升版本，以直观地理解其中的原理。

然后，将介绍scikit-learn中的两种梯度提升方法：GradientBoostingClassifier以及对应的更具扩展性的HistogramGradientBoostingClassifier。这将为学习LightGBM做好充分准备，这是一种功能强大、灵活的梯度提升技术，被广泛用于实际应用中。

5.2.1　直觉：使用残差学习

顺序集成方法(如AdaBoost和梯度提升)的关键在于，它们的目标是在每次迭代中训练一个新的弱估计器，以修正上一次迭代中弱估计器所产生的错误。不过，AdaBoost和梯度提升在错误分类的样本上训练新的弱估计器的方式相当不同。

AdaBoost与梯度提升

AdaBoost通过加权识别高优先级的训练样本，使错误分类的样本比正确分类的样本具有更高的权重。通过这种方式，AdaBoost可以告诉基础学习算法在当前迭代中应该关注哪些训练样本。相比之下，梯度提升使用残差或误差(真实标签和预测标签之间的误差)来告诉基础学习算法在下一次迭代中应该关注哪些训练样本。

残差到底是什么呢？对于一个训练样本来说，它就是真实标签和相应预测之间的误差。直观来说，正确分类的样本必然具有较小的残差，而错误分类的样本则有较大的残差。更具体地说，如果分类器h对训练样本x进行预测$h(x)$，则计算残差的最简单方法就是直接测量它们之间的差值：

$$\text{residual(true,predicted)} = \text{residual}(y, h(x)) = y - h(x)$$

回想一下之前使用的平方损失函数：$f_{\text{loss}}(y, x) = \frac{1}{2}(y - h(x))^2$。这个损失$f$相对于的模型$h$的梯度如下：

$$\text{gradient(true,predicted)} = \frac{\partial f_{\text{loss}}}{\partial h}(y, h(x)) = -(y - h(x))$$

平方损失的负梯度与残差完全相同！这意味着损失函数的梯度是一种衡量错误分类的指标，也就是残差。

由于真实标签和预测标签之间的差距很大，因此严重错误分类的训练样本会有较大的梯度(残差)。而正确分类的训练样本梯度较小。

从图5.8中可以明显看出，残差的大小和符号显示了最需要关注的训练样本。因此，与AdaBoost类似，可以通过这个指标来衡量每个训练样本的错误分类程度。那么，如何利用这些信息来训练弱学习器呢？

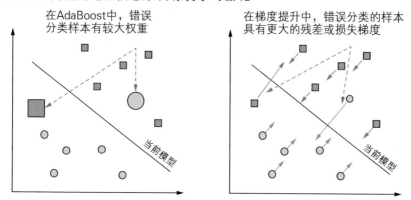

图5.8　将AdaBoost(左)和梯度提升(右)进行比较。这两种方法都能训练弱估计器，从而提高错误分类样本的分类性能。AdaBoost使用权重，给错误分类的样本分配较高的权重。而梯度提升则使用残差，错误分类的样本具有较高的残差。这些残差实质上就是负损失梯度

使用弱学习器来近似梯度

继续进行类比，回顾一下，一旦AdaBoost为所有训练样本分配了权重，就得到一个权重增强的数据集(x_i, y_i, D_i)，其中$i = 1, \ldots, n$，包含了经过加权的样本。因此，在AdaBoost中，训练弱学习器就是加权分类问题的一个实例。通过选择适当的基础分类算法，AdaBoost会训练出一个弱分类器。

在梯度提升中，不再使用权重D_i。取而代之的是残差(或负损失梯度)r_i，以及一个残差增强数据集(x_i, r_i)。现在，每个训练样本都有一个相关的残差，而不

是分类标签 ($y_i = 0$或1) 和样本权重 (D_i)，残差可以被看作一个实值标签。

因此，在梯度提升中，训练弱学习器是回归问题的一个实例，需要使用决策树回归等基础学习算法。训练时，梯度提升中的弱估计器可视为近似梯度。

图5.9展示了梯度下降与梯度提升之间的区别，以及梯度提升与梯度下降在概念上的相似之处。两者的主要区别在于，梯度下降直接使用负梯度，而梯度提升则通过训练弱回归器来近似负梯度。现在，已经具备了正式确定梯度提升算法步骤的所有要素。

在梯度下降中，使用真实梯度g_t计算每次迭代的更新

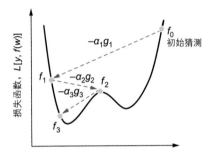

在梯度提升中，通过训练一个弱回归树g_t来近似负残差h_t，计算每次迭代t的更新

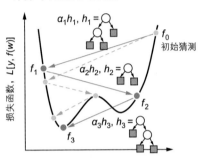

图5.9　梯度下降(左)和梯度提升(右)的比较。在第t次迭代中，梯度下降使用负梯度 $-g_t$ 更新模型。在第t次迭代中，梯度提升通过训练一个弱回归器 h_t 来近似负残差 $-r_i^t$ 的负梯度。梯度下降中的步长 α_t 等同于顺序集成中每个基础估计器的假设权重

注意：梯度提升的目的是将弱估计器拟合到实值残差上。因此，梯度提升总是需要将回归算法作为基础学习算法，并将回归器作为弱估计器进行学习。即使损失函数对应的是二元或多元分类、回归、排序，情况也是如此。

梯度提升是梯度下降+提升

总而言之，梯度提升结合了梯度下降和提升的特点：

- 与AdaBoost类似，梯度提升也是训练一个弱学习器来纠正前一个弱学习器所犯的错误。AdaBoost使用样本权重来重点学习被错误分类的样本，而梯度提升则使用样本残差来实现相同的目的。
- 与梯度下降一样，梯度提升也会使用梯度信息更新当前模型。梯度下降直接使用负梯度，而梯度提升则在负残差上训练一个弱回归器来近似负梯度。

最后，梯度下降和梯度提升都是加法算法。也就是说，它们生成中间项的序列都是通过加法结合生成最终模型的。这在图5.10中是显而易见的。

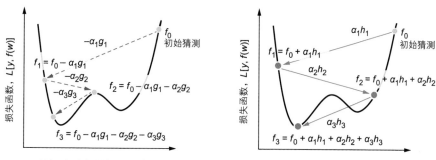

图5.10　梯度下降(左)和梯度提升(右)都产生了一系列更新。在梯度下降中，每次迭代都会用新的负梯度(-g_t)对当前模型进行累加更新。在梯度提升中，每次迭代都会用新的近似弱梯度估计(回归树h_t)对当前模型进行加法更新

在每次迭代中，AdaBoost、梯度下降和梯度提升都会使用以下加法表达式更新当前模型：

$$新模型 = 旧模型 + (步长) * (更新方向)$$

更正式的表达方式如下：

$$F_{t+1}(\boldsymbol{x}) = F_t(\boldsymbol{x}) + \alpha_t \cdot h_t(\boldsymbol{x})$$

可对第 $t, t-1, t-2, \cdots, 0$ 次迭代展开这一表达式，从而得到AdaBoost、梯度下降和梯度提升算法产生的整体更新序列：

$$F_{t+1}(\boldsymbol{x}) = F_0(\boldsymbol{x}) + \alpha_1 \cdot h_1(\boldsymbol{x}) + \alpha_2 \cdot h_2(\boldsymbol{x}) + \cdots + \alpha_{t-1} \cdot h_{t-1}(\boldsymbol{x}) + \alpha_t \cdot h_t(\boldsymbol{x})$$

这三种算法之间的主要区别在于如何计算更新 h_t 和假设权重 α_t (也称为步长)。可以在表5.1中总结这三种算法的更新步骤。

表5.1　比较AdaBoost、梯度下降和梯度提升

算法	损失函数	基础学习算法	更新方向$h_t(x)$	步长α_t
用于分类的 AdaBoost	指数	加权样本分类	弱分类器	在封闭形式中计算
梯度下降	用户指定	无	梯度矢量	线性搜索
梯度提升	用户指定	带有样本和残差的回归	弱回归器	线性搜索

梯度提升=梯度下降+提升的原因是，它将提升过程从AdaBoost使用的指数损失函数推广到了任何用户指定的损失函数。为让梯度提升灵活地适应各种不同的损失函数，它采用了两种通用程序：①使用弱回归器近似梯度，②使用线性搜索计算假设权重(或步长)。

5.2.2 实现梯度提升

和以前一样，将通过实现自己版本的梯度提升来将我们的直觉付诸实践。基础算法可以用以下伪代码概述：

```
initialize: F = f0, some constant value
for t = 1 to T:
1. compute the negative residuals for each example, r_i^t = -∂L/∂F (x_i)
2. fit a weak decision tree regressor h_t(x) using the training set (x_i, r_i)_{i=1}^n
3. compute the step length (α_t) using line search
4. update the model: F_t = F + α_t · h_t(x)
```

这一训练过程与梯度下降的训练过程几乎相同，除了几个区别：①不使用负梯度，而是使用在负残差上训练的近似梯度，②算法不检查收敛，而是在有限的最大迭代次数 T 之后终止。代码清单5.2实现了这个伪代码，特别是针对平方损失。它使用了一种称为黄金分割搜索的线性搜索方法来找到最佳步长。

代码清单5.2 平方损失的梯度提升

```python
from scipy.optimize import minimize_scalar
from sklearn.tree import DecisionTreeRegressor

def fit_gradient_boosting(X, y, n_estimators=10):    # 获取数据集的维度
    n_samples, n_features = X.shape
    n_estimators = 10
    estimators = []                                  # 初始化一个空集成
    F = np.full((n_samples, ), 0.0)                  # 在训练集上预测集成

    for t in range(n_estimators):
        residuals = y - F
        h = DecisionTreeRegressor(max_depth=1)       # 以损失平方的负梯度计算残差
        h.fit(X, residuals)                          # 将弱回归树(h_t)拟合到样本和残差上

        hreg = h.predict(X)                          # 获取弱学习器 h_t 的预测
        loss = lambda a: np.linalg.norm(             # 设置线性搜索问题
                        y - (F + a * hreg))**2
        step = minimize_scalar(loss, method='golden')  # 使用黄金分割搜索找到最佳步长
        a = step.x

        F += a * hreg                                # 更新集成预测
        estimators.append((a, h))                    # 更新集成

    return estimators
```

模型训练完成后，就可以像使用AdaBoost集成一样进行预测(见代码清单5.3)。注意，就像之前的AdaBoost实现一样，这个模型返回的预测结果是-1/1而不

是0/1。

代码清单5.3　使用梯度提升模型进行预测

```
def predict_gradient_boosting(X, estimators):
    pred = np.zeros((X.shape[0], ))          ← 将所有预测值
                                                初始化为0

    for a, h in estimators:
        pred += a * h.predict(X)      ← 结合每个回归
                                        器的单个预测
    y = np.sign(pred)     ← 将加权预测转
                            换为-1/1标签
    return y
```

可以在一个简单的双月分类样本上测试这一实现。注意，将训练标签从0/1转换为-1/1，以确保能够正确地学习和预测：

```
predict correctly:
from sklearn.datasets import make_moons
X, y = make_moons(n_samples=200, noise=0.15, random_state=13)    ← 将训练标签
y = 2 * y - 1                                                       转换为-1/1
from sklearn.model_selection import train_test_split    ← 划分为训练集
Xtrn, Xtst, ytrn, ytst = train_test_split(X, y,         ← 和测试集
                        test_size=0.25, random_state=11)


estimators = fit_gradient_boosting(Xtrn, ytrn)
ypred = predict_gradient_boosting(Xtst, estimators)

from sklearn.metrics import accuracy_score    ← 训练并获取
tst_err = 1 - accuracy_score(ytst, ypred)     ← 测试误差
tst_err
0.06000000000000005
```

该模型的误差率为6%，相当不错。

可视化梯度提升迭代

最后，为了全面加深对梯度提升的理解，逐步通过前几次迭代来了解梯度提升是如何利用残差来提升分类的。在我们的实现中，将初始预测设定为 $F(x_i) = 0$。这意味着在第1轮迭代中，属于类别1的样本残差为 $r_i = 1 - 0 = 1$，而属于类别0的样本的残差为 $r_i = -1 - 0 = -1$。这一点在图5.11中可以明显看出。

在第1轮迭代中，所有训练样本的残差都很高(为+1或-1)，基础学习算法(决策树回归)必须考虑所有这些残差来训练一个弱回归器。训练得到的回归树(h_1)如图5.11(右图)所示。

第1轮迭代: (负)样本残差　　　　　　　　第1轮迭代: 弱学习器

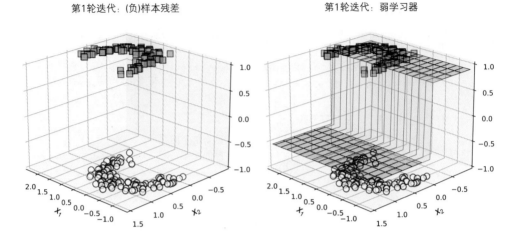

图5.11　第1轮迭代: 残差(左)和在残差上训练的弱回归器(右)

当前的集成仅由一棵回归树组成: $F = \alpha_1 h_1$。还可以直观地看到h_1和F的分类预测。由此产生的分类结果的总体误差率为16%, 如图5.12所示。

第1轮迭代: 弱学习器(err=16.00%)　　　　第1轮迭代: GB集成(err=16.00%)

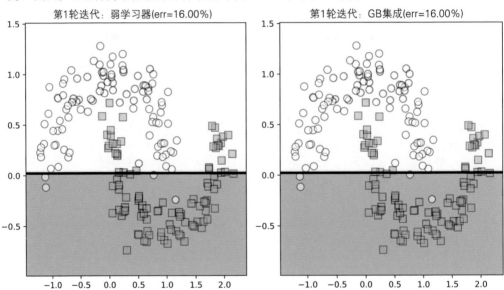

图5.12　第1轮迭代: 弱学习器(h_1)和整个集成(F)的预测。由于这是第1轮迭代, 所以整个集成只有一个弱回归器

在第2轮迭代中, 再次计算残差。现在, 残差开始显示出更多分离, 这反映了当前集成对它们的分类效果。决策树回归器再次尝试拟合残差(图5.13右侧), 不过这次它的重点是之前被错误分类的样本。

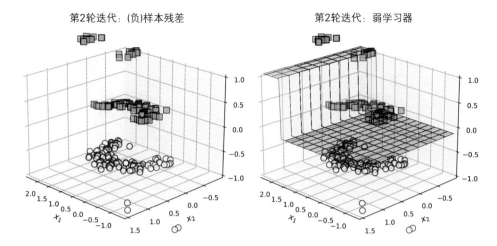

图5.13　第2轮迭代：残差(左)和在残差上训练的弱回归器(右)

现在，集成由两棵回归树组成：$F = \alpha_1 h_1 + \alpha_2 h_2$。现在可以直观地看到新训练的回归器$h_2$和整个集成$F$的分类预测(见图5.14)。

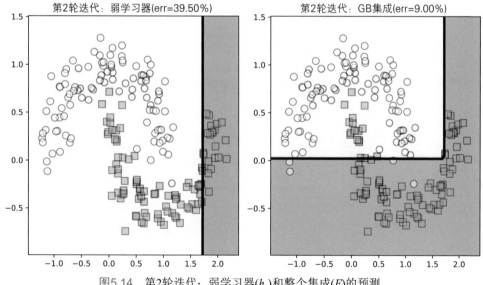

图5.14　第2轮迭代：弱学习器(h_2)和整个集成(F)的预测

在第2轮迭代中训练的弱学习器的整体误差率为39.5%。但前两个弱学习器已经将集成性能提升到91%的准确率，也就是9%的误差率。这一过程在第3轮迭代中继续进行，如图5.15所示。

第3轮迭代：(负)样本残差　　　　　　　第3轮迭代：弱学习器

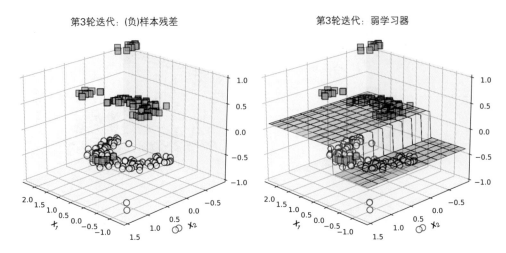

图5.15　第3轮迭代：残差(左)和在残差上训练的弱回归器(右)

通过这种方式，梯度提升继续按顺序训练并向集成中添加基础回归器。图5.16显示了经过10次迭代后训练出的模型；该集成由10个弱回归器估计器组成，并将整体训练准确率提高到97.5%!

第10轮迭代：GB集成(err=2.50%)

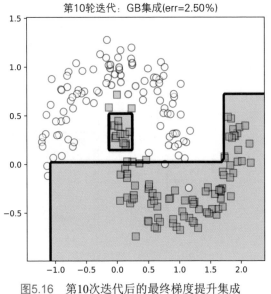

图5.16　第10次迭代后的最终梯度提升集成

有几种公开可用的梯度提升高效实现，可以用于机器学习任务。在本节的其余部分，将重点介绍大家最熟悉的scikit-learn。

5.2.3　使用scikit-learn进行梯度提升

现在，来看看如何使用两个scikit-learn类：GradientBoostingClassifier和一个名

为HistogramGradientBoostingClassifier的新版本。后者以速度为代价换取准确率，训练模型的速度比GradientBoostingClassifier快得多，非常适合较大的数据集。

scikit-learn的GradientBoostingClassifier实际上实现了本节中实现的梯度提升算法。它的用法与其他scikit-learn分类器(如AdaBoostClassifier)类似。但是，GradientBoostingClassifier与AdaBoostClassifier有两个主要区别：

- AdaBoostClassifier支持多种不同类型的基础估计器，而GradientBoostingClassifier仅支持基于树的集成。因此GradientBoostingClassifier将始终使用决策树作为基础估计器，而没有指定其他类型基础学习算法的机制。

- AdaBoostClassifier通过设计来优化指数损失。GradientBoostingClassifier允许用户选择逻辑或指数损失函数。逻辑损失(也称交叉熵)是二元分类常用的损失函数(也有多类别变体)。

注意：使用指数损失训练GradientBoostingClassifier与训练AdaBoostClassifier的过程相似(但不完全相同)。

除了选择损失函数，还可以设置其他学习参数。这些参数通常通过交叉验证来选择，就像其他机器学习算法一样(请参见4.3节AdaBoostClassifier中的参数选择)。

- 可以通过max_depth和max_leaf_nodes直接控制基础树估计器的复杂性。数值越大，说明基树学习算法在训练更复杂的树时的灵活性越大。当然，这里需要注意的是，深层树或具有更多叶节点的树往往会过拟合训练数据。

- n_estimators限制了由GradientBoostingClassifier依次训练的弱学习器的数量，其本质上是算法迭代的次数。

- 与AdaBoost一样，梯度提升也是按顺序逐个训练弱学习器(在第t次迭代中为h_t)，并以增量和叠加的方式构建集成：$F_t(\boldsymbol{x}) = F_{t-1}(\boldsymbol{x}) + \eta \cdot \alpha_t \cdot h_t(\boldsymbol{x})$。这里，$\alpha_t$是弱学习器$h_t$的权重(或步长)，$\eta$是学习率。学习率是用户定义的学习参数，其取值范围为$0 < \eta \leqslant 1$。记住，较小的学习率意味着通常需要更多的迭代来训练集成。为了使连续的弱学习器对异常值和噪声更加鲁棒，可能需要选择较小的学习率。学习率受learning_rate参数控制。

看看梯度提升技术在乳腺癌数据集上的应用实例。使用该数据集训练和评估一个GradientBoostingClassifier模型：

```
from sklearn.datasets import load_breast_cancer
from sklearn.model_selection import train_test_split
X, y = load_breast_cancer(return_X_y=True)

Xtrn, Xtst, ytrn, ytst = train_test_split(
                    X, y, test_size=0.25, random_state=13)
```

加载数据集并将其划分为训练集和测试集

```
from sklearn.ensemble import GradientBoostingClassifier
ensemble = GradientBoostingClassifier(max_depth=1,
                                      n_estimators=20,
                                      learning_rate=0.75)
ensemble.fit(Xtrn, ytrn)
```

使用这些学习
参数训练梯度
提升模型

现在如何呢？这个梯度提升分类器的测试误差为4.9%，相当不错：

```
ypred = ensemble.predict(Xtst)
err = 1 - accuracy_score(ytst, ypred)
print(err)
0.04895104895104896
```

然而，GradientBoostingClassifier的一个主要局限是速度；虽然它很有效，但在大型数据集上往往相当缓慢。事实证明，效率瓶颈主要出现在树的学习过程中。回顾一下，梯度提升必须在每次迭代时学习一棵回归树作为基础估计器。对于大型数据集来说，树学习器需要考虑的分支数目会变得过大，令人望而却步。这就导致了基于直方图的梯度提升的出现，其目的是加速基础估计器的树学习过程，使梯度提升能够应用于更大的数据集。

5.2.4   基于直方图的梯度提升

要理解基于直方图的树学习的必要性，必须重新审视决策树算法是如何学习回归树的。在树学习中，以自上而下的方式学习一棵树，每次学习一个决策节点。标准做法是对特征值进行预排序，枚举所有可能的划分点，然后对它们进行评估，找出最佳划分点。假设有100万(10^6)个训练样本，每个样本的维度为100。标准的树学习将枚举并评估(数量级上的)1亿个划分($10^6 \times 100 = 10^8$)，以确定一个决策节点！这显然是不可行的。

一种替代方法是将特征值重组为少量的分区。在这个假设的例子中，假设将每个特征列分为100个分区。

现在，要找到最佳划分点，只需要搜索10 000个划分($100 \times 100 = 10^4$)，这可以大大加快训练速度！

当然，这意味着在速度和精度之间做出了平衡。不过，在许多大型数据集中，通常会有大量冗余或重复的信息，可通过将数据分选为更小的数据集来压缩这些信息。图5.17展示了这种平衡。

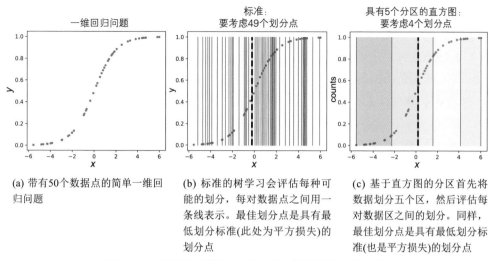

(a) 带有50个数据点的简单一维回归问题

(b) 标准的树学习会评估每种可能的划分，每对数据点之间用一条线表示。最佳划分点是具有最低划分标准(此处为平方损失)的划分点

(c) 基于直方图的分区首先将数据划分五个区，然后评估每对数据区之间的划分。同样，最佳划分点是具有最低划分标准(也是平方损失)的划分点

图5.17　对比标准树学习和基于直方图的树学习的行为

在图5.17中，对比了标准树学习和基于直方图的树学习的行为。在标准树学习中，每个划分都在两个相邻的数据点之间(图5.17中间)；对于50个数据点，需要评估49个划分点。

在基于直方图的划分中，首先将数据(图5.17右)划分五个分区。现在，考虑的每个划分都在两个相邻的数据分区之间；对于五个分区，只需要评估四个划分点！现在想象一下，如果要处理数百万个数据点，该如何扩展？

scikit-learn 0.21引入一种名为HistogramGradientBoostingClassifier的梯度提升版本，它实现了基于直方图的梯度提升，从而显著缩短了训练时间。以下代码片段展示了如何在乳腺癌数据集上训练和评估HistogramGradientBoostingClassifier：

```
from sklearn.ensemble import HistGradientBoostingClassifier        初始化基于直
                                                                   方图的梯度提
ensemble = HistGradientBoostingClassifier(max_depth=2,      ◄──   升分类器
                                          max_iter=20,
                                          learning_rate=0.75)
ensemble.fit(Xtrn, ytrn)     ◄──   训练集成
ypred = ensemble.predict(Xtst)
err = 1 - accuracy_score(ytst, ypred)
print(err)
0.04195804195804198
```

在乳腺癌数据集上，HistGradientBoostingClassifier的测试误差仅为4.2%。scikit-learn基于直方图的提升实现本身受到另一个流行的梯度提升包的启发：LightGBM。

5.3 LightGBM: 梯度提升框架

LightGBM是一个开源梯度提升框架,最初是由Microsoft开发和发布的。LightGBM的核心是一种基于直方图的梯度提升方法。不过,它也有一些建模和算法特点,使其能高效处理大规模数据。特别值得注意的是,LightGBM具有以下优点:

- 算法提速,如基于梯度的单边采样和独占特征捆绑,从而加快了训练速度,降低了内存使用率(这些特性将在5.3.1节中详细介绍)。
- 支持大量用于分类、回归和排序的损失函数,以及特定应用的自定义损失函数(详见5.3.2节)。
- 支持并行和GPU学习,这使得LightGBM能够处理大规模的数据集(并行和基于GPU的机器学习超出了本书的范围)。

还将深入探讨如何将LightGBM应用到一些实际的学习场景中,以避免过拟合(5.4.1节),并最终对真实世界的数据集进行案例研究(5.5节)。当然,要在有限的篇幅内详细介绍LightGBM中的所有功能是不可能的。本节和下一节将介绍LightGBM,并说明其在实际设置中的用法和应用。这将使你能够通过文档进一步了解LightGBM在应用中的高级用例。

5.3.1 为何将LightGBM称为"轻量级"

从之前的讨论中可以看出,将梯度提升应用于大型(有许多训练样本)或高维(有许多特征)的数据集时,最大的计算瓶颈是树的学习,特别是在回归树基础估计器中识别最佳划分点。正如在前一节中所看到的那样,基于直方图的梯度提升试图消除这一计算瓶颈。这对于中等大小的数据集效果很好。但是,如果有很多数据点或很多特征,那么直方图分区的构建本身也可能变得很慢。

在本节中,将讨论LightGBM实现的两个关键概念性改进,这些改进通常会在实际训练过程中显著加快训练速度。第一项改进是基于梯度的单侧采样(GOSS),旨在减少训练样本的数量,而第二项改进,即独占特征捆绑(EFB),旨在减少特征的数量。

基于梯度的单侧采样

处理大量训练样本的一种众所周知的方法是,对数据集进行下采样,即随机抽取数据集的一个较小子集进行采样。已经在其他集成方法中看到过这种方法的样本,例如Pasting(一种无放回的Bagging)。

对数据集进行随机下采样存在两个问题。首先，并非所有样本都同等重要；与AdaBoost一样，一些训练样本比其他样本更重要，这取决于它们被错误分类的程度。因此，下采样不能丢弃重要的训练样本，这是至关重要的。

其次，采样还应确保包含一部分正确分类的样本。这一点很重要，以免错误分类的样本淹没基础学习算法，从而不可避免地导致过拟合。

解决这个问题的方法是使用GOSS程序对数据进行智能下采样。简言之，GOSS执行以下步骤。

(1) 使用梯度大小(与AdaBoost使用的样本权重类似)。记住，梯度表示预测可以改进的程度：训练良好的样本梯度较小，而训练不足(通常是错误分类或混淆的)的样本梯度较大。

(2) 从梯度最大的样本中选取前a%的；称该子集为top。

(3) 随机抽取剩余样本的b%；称该子集为rand。

(4) 为两个子集中的样本分配权重：$w_{top}=1$，$w_{rand}=\frac{100-a}{b}$。

(5) 在这些采样数据(样本、残差、权重)上训练一个基础回归器。

在步骤(4)中计算的权重确保了训练不足和训练充分的样本之间保持很好的权衡。总体而言，这种采样还能促进集成的多样性，最终产生更好的集成。

独占特征捆绑

除了大量的训练样本，大数据还经常带来高维度的挑战，这会对直方图的构建产生不利影响，并减慢整个训练过程的速度。与下采样训练样本类似，如果也能对特征进行下采样，就可能提高(有时是极大提高)训练速度。在特征空间稀疏且特征互斥时，情况尤其如此。

这种特定特征空间的一个常见例子是对分类变量进行独热向量化。例如，假设一个分类变量有10个唯一值。在独热向量化时，这个变量会扩展为10个二进制变量，其中仅有一个的变量是非零的，其他变量均为零。这使得与该特征对应的10列高度稀疏。

独占特征捆绑(Exclusive Feature Bundling，EFB)反其道而行之，利用这种稀疏性，旨在将彼此互斥的列合并成一列，以减少有效特征的数量。在高层次上，EFB执行以下两个步骤：

(1) 通过测量冲突或两个特征同时为非零的次数，找出可以捆绑在一起的特征。这里的直觉是，如果两个特征经常是互斥的，则它们的冲突很小，可以捆绑在一起。

(2) 将找出的低冲突特征合并为一个特征捆绑。合并非零值时，要小心保存信息，通常的做法是在特征值上添加偏移量以防止重叠。

　　直观地说，这就好比有两个特征：通过和不通过。由于一个人不可能同时通过和不通过一次考试，因此可以将这两个特征合并为一个特征(即将数据集中的两列合并为一列)。

　　当然，通过和不通过是零冲突特征，永远不会重叠。更常见的情况是，两个或多个特征可能并非完全零冲突，而是有少量重叠的低冲突特征。这种情况下，EFB仍会将这些特征捆绑在一起，将多个数据列压缩为一列！通过以这种方式合并特征，EFB可以有效减少特征的总体数量，这通常会大大加快训练速度。

5.3.2　利用LightGBM进行梯度提升

　　LightGBM适用于各种平台，包括Windows、Linux和macOS，它既可以从头开始构建，也可使用pip等工具进行安装。其使用的语法与scikit-learn非常相似。

　　继续使用5.2.3节中的乳腺癌数据集，可以使用的LightGBM来训练梯度提升模型，代码如下：

```
from lightgbm import LGBMClassifier
gbm = LGBMClassifier(boosting_type='gbdt', n_estimators=20, max_depth=1)
gbm.fit(Xtrn, ytrn)
```

　　这里实例化了LGBMClassifier的一个例子，将其设置为训练一个包含20个回归树桩(即基础估计器深度为1的回归树)的集成。这里的另一个重要说明是boosting_type。LightGBM可以在四种模式下进行训练：

- boosting_type='rf'——训练传统的随机森林集成(参见2.3节)
- boosting_type='gbdt'——使用传统的梯度提升训练集成(参见5.2节)
- boosting_type='goss'——使用GOSS训练集成(参见5.3.1节)
- boosting_type='dart'——使用DART方法训练集成(参见5.5节)

　　后三种梯度提升模式实际上在训练速度和预测性能之间进行了平衡，将在案例研究中对此进行探讨。现在，来看看刚刚使用boosting_type='gbdt'训练的模型效果如何：

```
from sklearn.metrics import accuracy_score
ypred = gbm.predict(Xtst)
accuracy_score(ytst, ypred)
0.9473684210526315
```

　　第一个LightGBM分类器在乳腺癌数据集的测试集上达到了94.7%的准确率。既然已经熟悉了LightGBM的基本功能，那么接下来看看如何使用LightGBM为实际应用场景训练模型。

5.4　LightGBM在实践中的应用

在本节中，将介绍如何在实践中使用LightGBM训练模型。与往常一样，这意味着需要确保LightGBM模型具有良好的泛化能力，并且不会过拟合。与AdaBoost一样，可以通过设置学习率(5.4.1节)或使用早停(5.4.2节)来控制过拟合：

- 学习率——通过选择有效的学习率，可以控制模型学习的速度，从而避免模型快速拟合，进而过拟合训练数据。可以将其视为一种主动的建模方法，即试图找出一个好的训练策略，从而建立一个好的模型。
- 早停——通过实施早停，会在观察到模型开始过拟合时立即停止训练。可以将其视为一种被动的建模方法，即一旦认为有了一个好的模型，就会考虑终止训练。

最后，还将探讨LightGBM最强大的功能之一：对自定义损失函数的支持。回顾一下，梯度提升的主要优点之一就是它是一种通用程序，广泛适用于多种损失函数。

虽然LightGBM支持用于分类、回归和排序的多种标准损失函数，但有时可能需要使用特定应用程序的损失函数进行训练。在第5.4.3节中，将详细介绍如何使用LightGBM来做到这一点。

5.4.1　学习率

在使用梯度提升时，与其他机器学习算法一样，可能出现训练数据过拟合的情况。这意味着，虽然在训练集上实现了非常好的性能，但这并不一定会带来类似的测试集性能。也就是说，训练的模型无法很好地泛化。像scikit-learn一样，LightGBM提供了在过拟合之前控制模型复杂性的方法。

通过交叉验证控制学习率

LightGBM允许通过learning_rate训练参数(默认值为0.1的正数)来控制学习率。这个参数还有几个别名，如shrinkage_rate和eta，这些都是机器学习文献中常用的学习率术语。虽然所有这些参数都具有相同的效果，但必须注意只设置其中一个参数。

如何才能为问题找出一个有效的学习率呢？与其他学习参数一样，可以使用交叉验证法。记得在上一章中，也曾使用交叉验证选择AdaBoost的学习率。

LightGBM与scikit-learn配合默契，可将这两个软件包的相关功能结合起来进行模型学习。在代码清单5.4中，结合了scikit-learn的StratifiedKFold类，将训练数据划分为10折训练集和验证集。StratifiedKFold可确保保留类的分布，即不同类在不同折中的比例。一旦建立交叉验证折，就可在这10折上训练和验证模型，并选择不同的学习率(0.1,0.2, ..., 1.0)。

```
from sklearn.model_selection import StratifiedKFold
import numpy as np
                                              初始化学习率和
                                              交叉验证折数量
n_learning_rate_steps, n_folds = 10, 10   ◄
learning_rates = np.linspace(0.1, 1.0, num=n_learning_rate_steps)

                                     将数据划分为
                                     训练折和验证折
splitter = StratifiedKFold(       ◄
            n_splits=n_folds, shuffle=True, random_state=42)

trn_err = np.zeros((n_learning_rate_steps, n_folds))   保存训练误差
val_err = np.zeros((n_learning_rate_steps, n_folds))   和验证误差

                                              以不同的学习率为每个
                                              折训练LightGBM分类器
for i, rate in enumerate(learning_rates):    ◄
    for j, (trn, val) in enumerate(splitter.split(X, y)):
        gbm = LGBMClassifier(boosting_type='gbdt', n_estimators=10,
                             max_depth=1, learning_rate=rate)
        gbm.fit(X[trn, :], y[trn])
        trn_err[i, j] = (1 - accuracy_score(y[trn],
                                    gbm.predict(X[trn, :]))) * 100
        val_err[i, j] = (1 - accuracy_score(y[val],
                                    gbm.predict(X[val, :]))) * 100

trn_err = np.mean(trn_err, axis=1)    各折中训练误差和
val_err = np.mean(val_err, axis=1)    验证误差的平均值
```

保存训练误差
和验证误差

图5.18显示了不同学习率下的训练误差和验证误差。

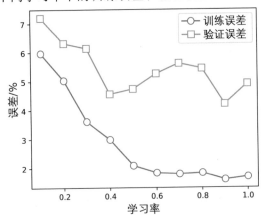

图5.18　LightGBM在乳腺癌数据集的10折中的平均训练误差和验证误差

不出所料，随着学习率的增加，训练误差持续减少，这表明模型首先拟合，

然后开始过拟合训练数据。然而，验证误差没有表现出相同的趋势。它先是减少，然后增加；学习率为0.4时，验证误差最小。因此，这就是学习率的最佳选择。

使用LightGBM进行交叉验证

LightGBM提供了自己的功能，通过一个名为cv的函数，根据给定的参数选项执行交叉验证，如代码清单5.5所示。

代码清单5.5　利用LightGBM执行交叉验证

```
from lightgbm import cv, Dataset

                                          将数据放入LightGBM
                                          "数据集"对象中
trn_data = Dataset(Xtrn, label=ytrn)
params = {'boosting_type': 'gbdt', 'objective': 'cross_entropy',
          'learning_rate': 0.25,
                                    指定学习
          'max_depth': 1}           参数
cv_results = cv(params, trn_data,
                num_boost_round=100,
                nfold=5,
                                          执行5折交叉验证，
                stratified=True, shuffle=True)   每折有100个估计器
```

在代码清单5.5中，在100轮提升过程中执行5折交叉验证(从而最终训练100个基础估计器)。设置stratified=True以确保保留类分布，即不同类别在各个折中的比例。设置shuffle=True会在将数据划分为折之前，随机打乱训练数据。

随着训练的进行，可以直观地看到训练目标。在代码清单5.5中，通过'objective':'cross_entropy'来优化交叉熵，从而训练分类模型。如图5.19所示，随着在顺序集成中添加更多的基础估计器，平均5折交叉熵目标会降低。

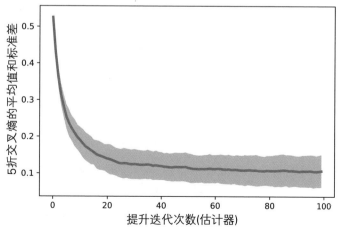

图5.19　随着迭代次数的增加，各折的平均交叉熵也逐渐减少，因为向顺序集成中添加了更多基础估计器

5.4.2　早停

另一种抑制过拟合行为的方法是早停。正如在AdaBoost中看到的那样,早停的想法非常简单。在训练顺序集成时,会在每次迭代中训练一个基础估计器。这个过程会一直持续到达到用户指定的集成大小(在LightGBM中,有多个别名:n_estimators、num_trees、num_rounds)。

随着集成中基础估计器的数量增加,集成的复杂性也随之增加,最终导致过拟合。为了避免这种情况,采用早停;也就是说,不训练模型,而是在达到集成规模的极限之前就停止训练。通过验证集来跟踪过拟合行为。然后,训练模型,直到在一定的预设迭代次数内验证性能不再提高为止。

例如,假设开始训练一个包含500个基础估计器的集成,并将早停的迭代次数设置为5。这就是早停的工作原理:在训练过程中,会密切关注验证误差,如果验证误差在5次迭代或早停轮数中没有改善,就会终止训练。

在LightGBM中,如果为参数early_stopping_rounds设置一个值,就能加入早停的功能。只要整体验证分数(如准确率)比上一轮的early_stopping_rounds分数有所提高,LightGBM就会继续训练。但是,如果分数在early_stopping_rounds之后没有提高,LightGBM就会终止训练。

与AdaBoost一样,LightGBM也需要明确指定验证集和早停的评分指标。在代码清单5.6中,使用接受者操作特征曲线下的面积(AUC)作为评估指标来确定提前早停。

代码清单5.6　利用LightGBM进行早停

```
from sklearn.model_selection import train_test_split
Xtrn, Xval, ytrn, yval = train_test_split(         ← 将数据划分为
                    X, y, test_size=0.2,              训练集和验证集
                    shuffle=True, random_state=42)

                                                   如果分数5轮后验证分数
                                                   没有变化,则执行早停
gbm = LGBMClassifier(boosting_type='gbdt', n_estimators=50,
                max_depth=1, early_stopping=5)    ←

                                                   使用AUC作为
                                                   验证评估指标
gbm.fit(Xtrn, ytrn,                                 来执行早停
        eval_set=[(Xval, yval)], eval_metric='auc') ←
```

AUC是分类问题的一个重要评估指标,可以解释为模型将随机选择的正向样本排序高于随机选择的负向样本的概率。AUC值越高越好,因为这意味着模型的判别能力越强。

来看看LightGBM生成的输出结果。在代码清单5.6中，设置了n_estimators＝50，这意味着训练将在每次迭代中添加一个基础估计器：

```
Training until validation scores don't improve for 5 rounds
[1]   valid_0's auc: 0.885522      valid_0's binary_logloss: 0.602321
[2]   valid_0's auc: 0.961022      valid_0's binary_logloss: 0.542925
...
[27]  valid_0's auc: 0.996069      valid_0's binary_logloss: 0.156152
[28]  valid_0's auc: 0.996069      valid_0's binary_logloss: 0.153942
[29]  valid_0's auc: 0.996069      valid_0's binary_logloss: 0.15031
[30]  valid_0's auc: 0.996069      valid_0's binary_logloss: 0.145113
[31]  valid_0's auc: 0.995742      valid_0's binary_logloss: 0.143901
[32]  valid_0's auc: 0.996069      valid_0's binary_logloss: 0.139801
Early stopping, best iteration is:
[27]  valid_0's auc: 0.996069      valid_0's binary_logloss: 0.156152
```

首先，观察训练在进行了32次迭代后终止，这意味着LightGBM确实在完整训练50个基础估计器之前就终止了。接下来，注意最佳迭代是第27次，其分数(AUC)为0.996069。

在接下来从28到32的5次(early_stopping_rounds)迭代中，LightGBM发现，增加额外的估计器并不能显著提高验证分数。这触发了早停准则，导致LightGBM终止并返回一个有32个基础估计器的集成。

注意：在其输出中，LightGBM报告了两个指标：指定的AUC和二元逻辑损失，后者是默认的评估指标。由于针对AUC指定了早停，因此即使二元逻辑损失继续减小，该算法也会终止。换句话说，如果使用二元逻辑损失作为评估指标，早停就不会这么早终止，而是会继续进行下去。在实际中，这些指标往往取决于任务，因此在选择时应考虑到后续应用。

还直观地显示了不同的early_stopping_rounds选项下的训练误差、验证误差以及集成大小。

较小的early_stopping_rounds值会使LightGBM变得非常"急躁"和"激进"，因为它不会等待太久，看看是否有任何改进，然后就提前停止学习。这可能导致欠拟合；例如，在图5.20中，将early_stopping_rounds设置为1会导致集成中仅有五个基础估计器，甚至不足以正确地拟合训练数据！

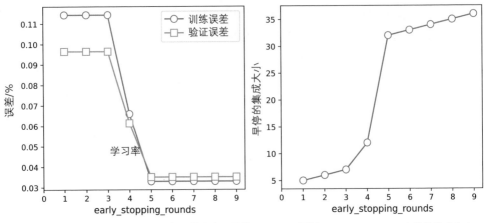

(a) 不同early_stopping_rounds值的训练误差和验证误差   (b) 不同early_stopping_rounds值的集成大小

图5.20   欠拟合示例

5.4.3   自定义损失函数

回顾一下，梯度提升最强大的功能之一是它适用于各种损失函数。这意味着也可以设计自己的、针对特定问题的损失函数，以处理数据集和任务的特定属性。也许我们的数据集是不平衡的，意味着不同的类别具有不同的数据量。这种情况下，可能需要的不是高准确率，而是高召回率(较少的假阴性，例如在医学诊断中)或高查准率(较少的假阳性，例如在垃圾邮件检测中)。在许多此类场景中，往往需要设计自己的特定问题损失函数。

注意：有关查准率和召回率等评估指标以及回归和排序等其他机器学习任务指标的更多详情，请参阅Alice Zheng所著的*Evaluating Machine Learning Models*。

有了梯度提升(特别是LightGBM)和损失函数，就可以快速训练和评估针对问题的模型。在本节中，将探讨如何使用LightGBM来处理一种称为焦点损失的自定义损失函数。

焦点损失

焦点损失最初是针对密集目标检测而引入的，也就是在图像中大量密集排列的窗口中进行目标检测的问题。归根结蒂，这类目标检测任务归结为前景与背景的分类问题；这是一个高度不平衡的问题，因为有背景的窗口往往比有前景物体的窗口多得多。

一般来说，焦点损失就是为这类不平衡的分类问题而设计的，而且非常适合这类问题。它是对经典的交叉熵损失的一种修改，更关注较难分类的样本，而忽略较容易分类的样本。

更正式地说，真实标签和预测标签之间的标准交叉熵损失可计算为

$$L_{ce}(y_{true}, y_{pred}) = -y_{true} \ln(p_{pred}) - (1 - y_{true}) \ln(1 - p_{pred})$$

其中p_{pred}是预测类别1的概率，即$\text{prob}(y_{pred} = 1) = p_{pred}$。注意，对于二元分类问题，由于唯一的其他标签是0，因此负预测的概率为$\text{prob}(y_{pred} = 0) = 1 - p_{pred}$。

焦点损失为交叉熵损失中的每一项引入了一个调制因子：

$$L_{fo}(y_{true}, y_{pred}) = -y_{ture} \ln(p_{pred}) \cdot (1 - p_{pred})^{\gamma} - (1 - y_{true}) \ln(1 - p_{pred}) \cdot (p_{pred})^{\gamma}$$

调制因子会抑制分类良好的样本的贡献，迫使学习算法关注分类较差的样本。这种关注的程度由用户可控的参数$\gamma > 0$决定。要了解调制的工作原理，比较一下带有$\gamma = 2$的交叉熵损失和焦点损失：

- 分类良好的样本——假设真实标签为$y_{true} = 1$，具有高预测标签概率$p_{pred} = 0.95$。交叉熵损失为$L_{ce} = -1 \cdot \ln 0.95 - 0 \cdot \ln 0.05 \approx 0.0513$，而焦点损失为$L_{fo} = -1 \cdot \ln 0.95 \cdot 0.05^2 - 0 \cdot \ln 0.05 \cdot 0.95^2 \approx 0.0001$。因此，如果一个样本的分类置信度很高，那么焦点损失中的调制因子就会降低损失的权重。

- 分类较差的样本——假设真实标签为$y_{true} = 1$，具有低预测的标签概率为$p_{pred} = 0.05$。交叉熵损失为$L_{ce} = -1 \cdot \ln 0.05 - 0 \cdot \ln 0.95 \approx 2.9957$，而焦点损失为$L_{fo} = -1 \cdot \ln 0.05 \cdot 0.95^2 - 0 \cdot \ln 0.95 \cdot 0.05^2 \approx 2.7036$。在这个例子中，调制因子对损失的影响要小得多，因为它的分类置信度很低。

从图5.21可看出这种效果，图中是不同γ值的焦点损失。γ值越大，分类良好的样本($y = 1$的概率越高)的损失越小，而分类不佳的样本的损失越大。

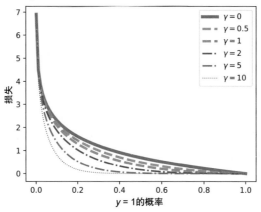

图5.21　以不同的γ值可视化的焦点损失。当$\gamma = 0$时，原始的交叉熵损失得到恢复。随着γ的增加，曲线上与分类良好的样本对应的部分变得更长，这反映了损失函数对于较差分类的关注

要使用焦点损失来训练梯度提升决策树(GBDT)，需要为LightGBM提供两个函数：

- 实际的损失函数本身，用于学习过程中的函数评估和评分。
- 损失函数的一阶导数(梯度)和二阶导数(海森矩阵)，用于学习基础估计器树。

LightGBM在叶节点上使用海森矩阵信息进行学习。目前，可以暂时搁置这个小细节，因为将在下一章中重新探讨它。

代码清单5.7展示了如何自定义损失函数。focal_loss函数本身就是损失，完全按照本节开头的定义实现。focal_loss_metric函数将focal_loss转换为可与LightGBM配合使用的评分指标。

代码清单5.7 自定义损失函数

```
from scipy.misc import derivative

                                          ← 定义焦点
                                            损失函数
def focal_loss(ytrue, ypred, gamma=2.0):
    p = 1 / (1 + np.exp(-ypred))
    loss = -(1 - ytrue) * p**gamma * np.log(1 - p) - \
            ytrue * (1 - p)**gamma * np.log(p)
    return loss
                                      返回LightGBM兼容的
                                      评分指标的封装器函数
def focal_loss_metric(ytrue, ypred):  ←
    return 'focal_loss_metric', np.mean(focal_loss(ytrue, ypred)), False
def focal_loss_objective(ytrue, ypred):
    func = lambda z: focal_loss(ytrue, z)
    grad = derivative(func, ypred, n=1, dx=1e-6)   自动微分计算梯度
    hess = derivative(func, ypred, n=2, dx=1e-6)   和海森矩阵导数
    return grad, hess
```

focal_loss_objective函数返回损失函数的梯度和海森矩阵，供LightGBM在树学习中使用。为了与LightGBM的用法保持一致，这个函数的命名中使用了后缀objective，这一点很不直观，很快就会显现出来。

必须注意确保损失函数、度量指标和目标函数都与向量兼容；也就是说，它们可将类似数组的对象y_{true}和y_{pred}作为输入。在代码清单5.7中，使用了scipy的导数功能来近似计算一阶和二阶导数。还可以分析推导和实现某些损失函数的一阶和二阶导数。一旦自定义损失函数，就可以直接将其与LightGBM一起使用：

```
gbm_focal_loss = \
    LGBMClassifier(                     设置目标，确保LightGBM使用焦
        objective=focal_loss_objective,  点损失的梯度进行学习
```

```
                learning_rate=0.25, n_estimators=20,
                max_depth=1)
gbm_focal_loss.fit(Xtrn, ytrn,
                    eval_set=[(Xval, yval)],
                    eval_metric=focal_loss_metric)
```

← 设置指标，确保 LightGBM使用焦点损失进行评估

```
from scipy.special import expit
probs = expit(gbm_focal_loss.predict(Xval,
                    raw_score=True))
```

← 从scipy导入 Sigmoid函数

← 获取原始分数，然后使用Sigmoid函数计算类别=1的概率

```
ypred = (probs > 0.5).astype(float)
```

← 转换为0/1标签，如果概率> 0.5，则预测为类别=1，否则为类别=0

```
accuracy_score(yval, ypred)
0.9649122807017544
```

带有焦点损失的GBDT在乳腺癌数据集上的验证分数达到96.5%。

5.5 案例研究：文档检索

文档检索是从数据库中检索与用户查询相匹配的文档。例如，律师事务所的律师助理可能需要从法律档案中搜索有关以前案件的信息，以建立先例并研究案例法。或者，研究生对特定领域的工作进行文献调查时，可能需要从期刊数据库中搜索文章。你还可能在许多网站上看到过名为"相关文章"这样的功能，它会列出与你当前正在阅读的文章相关的其他文章。在各种不同的领域中，都有许多这样的文档检索用例，用户输入特定的搜索词，系统必须返回与该搜索相关的文档列表。

这个具有挑战性的问题由两个关键部分组成：第一，需要找到与用户查询相匹配的文档；第二，根据与用户的相关性对文档进行排序。在本案例研究中，该问题被设定为一个三类分类问题，即根据给定的查询-文档对来确定相关性排名/类别(最不相关、中等相关或高度相关)。将探讨不同LightGBM分类器在这项任务中的表现。

5.5.1 LETOR数据集

在本案例研究中使用的数据集称为LEarning TO Rank(LETOR)v4.0，该数据集本身是从一个名为GOV2的大型网页语料库创建的。GOV2数据集(http://mng.bz/41aD)由从.gov域中提取的约2500万个网页组成。

LETOR 4.0数据集(http://mng.bz/Q8DR)源自GOV2语料库，由Microsoft Research免费提供。该合集包含多个数据集，将使用的数据集最初是为2008年文

本检索会议(TREC)的Million Query赛道开发的，特别是MQ2008.rar。

　　MQ2008数据集中的每个训练样本都对应于一个查询-文档对。数据本身采用LIBSVM格式，本节将展示几个样本。数据集中的每一行都是一个带标签的训练样本，格式如下：

```
<relevance label> qid:<query id> 1:<feature 1 value> 2:<feature 2 value>
3:<feature 3 value> ... 46:<feature 46 value> # meta-information
```

　　每个样本都包含46个从查询-文档对提取的特征以及一个相关标签。这些特征包括以下内容：

- 从正文、锚文本、标题和URL中提取的低级内容特征。这些特征包括文本挖掘中常用的特征，如词频、逆文档频率、文档长度以及各种结合特征。
- 从正文、锚文本和标题中提取的高级内容特征。这些特征是通过两个著名的检索系统提取的：Okapi BM25和语言模型信息检索的方法(LMIR)。
- 使用Google PageRank和各种工具从超链接中提取的超链接特征。
- 包含内容和超链接信息的混合特征。

　　每个查询文档样本的标签都是一个相关性等级，它有三个唯一值：0(最不相关)、1(中等相关)和2(高度相关)。在案例研究中，这些标签被视为类别标签，使这成为一个三类分类问题的实例。以下是一些数据样本：

```
0 qid:10032 1:0.130742 2:0.000000 3:0.333333 4:0.000000 5:0.134276 ...
45:0.750000 46:1.000000
#docid = GX140-98-13566007 inc = 1 prob = 0.0701303
1 qid:10032 1:0.593640 2:1.000000 3:0.000000 4:0.000000 5:0.600707 ...
45:0.500000 46:0.000000
#docid = GX256-43-0740276 inc = 0.0136292023050293 prob = 0.400738
2 qid:10032 1:0.056537 2:0.000000 3:0.666667 4:1.000000 5:0.067138 ...
45:0.000000 46:0.076923
#docid = GX029-35-5894638 inc = 0.0119881192468859 prob = 0.139842
```

　　要了解详细信息，请参阅随LETOR 4.0数据集提供的文档和参考材料。将用于案例研究的部分数据集可在配套的GitHub仓库中找到。首先加载该数据集，并将其划分为训练集和测试集：

```
from sklearn.datasets import load_svmlight_file
from sklearn.model_selection import train_test_split

query_data_file = './data/ch05/MQ2008/Querylevelnorm.txt'
X, y = load_svmlight_file(query_data_file)

Xtrn, Xtst, ytrn, ytst = train_test_split(X, y,
                                          test_size=0.2, random_state=42)
```

```
print(Xtrn.shape, Xtst.shape)
(12168, 46) (3043, 46)
```
现在，有一个包含12 000个样本的训练集和一个包含3 000个样本的测试集。

5.5.2　使用LightGBM进行文档检索

将使用LightGBM学习四种模型。每个模型都代表了速度和准确率之间的平衡：

- 随机森林——现在熟悉的随机决策树的同质并行集成。这种方法将作为基准方法。
- 梯度提升决策树(GBDT)——这是梯度提升的标准方法，代表了具有良好泛化性能和训练速度的模型之间的权衡。
- 基于梯度的单侧采样(GOSS)——梯度提升的这一变体对训练数据进行了下采样，非常适合大型数据集；由于下采样，它可能在泛化方面受到影响，但训练速度通常非常快。
- 多重叠加回归树中的随机删除(DART)——这种变体结合了深度学习中的dropout概念(即在反向传播迭代过程中随机、临时地丢弃神经单元，以减轻过拟合)。类似地，在梯度拟合迭代过程中，DART也会从整个集成中随机、临时地丢弃基础估计器以减轻过拟合。DART通常是LightGBM中所有梯度提升选项中速度最慢的。

将使用以下学习超参数，分别用这四种方法训练一个模型。具体来说，所有模型都使用多类逻辑损失进行训练，这是逻辑回归中使用的二元逻辑损失函数的推广。早停轮次数设置为25：

```
fixed_params = {'early_stopping_rounds': 25,
                'eval_metric' : 'multi_logloss',
                'eval_set' : [(Xtst, ytst)],
                'eval_names': ['test set'],
                'verbose': 100}
```

除了适用于所有模型的参数，还需要确定其他与模型相关的超参数，如学习率(用于控制学习速度)或叶节点数(用于控制基础估计器树的复杂性)。这些超参数可使用scikit-learn的随机交叉验证模块RandomizedSearchCV来选择。具体来说，在各种参数选择的网格上执行5折交叉验证；不过，RandomizedSearch并不像GridSearchCV那样详尽评估所有可能的学习参数结合，而是对较少的模型结合进行采样，以加快参数选择速度：

```
num_random_iters = 20
num_cv_folds = 5
```

以下代码片段使用LightGBM训练随机森林：

```python
from scipy.stats import randint, uniform
from sklearn.model_selection import RandomizedSearchCV
import lightgbm as lgb

rf_params = {'bagging_fraction': [0.4, 0.5, 0.6, 0.7, 0.8],
             'bagging_freq': [5, 6, 7, 8],
             'num_leaves': randint(5, 50)}

ens = lgb.LGBMClassifier(boosting='rf', n_estimators=1000,
                         max_depth=-1,
                         random_state=42)
cv = RandomizedSearchCV(estimator=ens,
                        param_distributions=rf_params,
                        n_iter=num_random_iters,
                        cv=num_cv_folds,
                        refit=True,
                        random_state=42, verbose=True)
cv.fit(Xtrn, ytrn, **fixed_params)
```

同样，LightGBM通过boosting='gbdt'、boosting='goss'和boosting='dart'进行训练，代码如下：

```python
gbdt_params = {'num_leaves': randint(5, 50),
               'learning_rate': [0.25, 0.5, 1, 2, 4, 8, 16],
               'min_child_samples': randint(100, 500),
               'min_child_weight': [1e-2, 1e-1, 1, 1e1, 1e2],
               'subsample': uniform(loc=0.2, scale=0.8),
               'colsample_bytree': uniform(loc=0.4, scale=0.6),
               'reg_alpha': [0, 1e-1, 1, 10, 100],
               'reg_lambda': [0, 1e-1, 1, 10, 100]}

ens = lgb.LGBMClassifier(boosting='gbdt', n_estimators=1000,
                         max_depth=-1,
                         random_state=42)
cv = RandomizedSearchCV(estimator=ens,
                        param_distributions=gbdt_params,
                        n_iter=num_random_iters,
                        cv=num_cv_folds,
                        refit=True,
                        random_state=42, verbose=True)

cv.fit(Xtrn, ytrn, **fixed_params)
```

基于交叉验证的学习参数选择程序为以下参数探索了多个不同的值：

- num_leaves，用于限制叶节点的数量，从而限制基础估计器的复杂性以控制过拟合。
- min_child_samples和min_child_weight，用于限制每个叶节点的大小或海森值总和，以控制过拟合。
- subsample和colsample_bytree，分别指定从训练数据中采样的训练样本和特征的分数，以加速训练速度。
- reg_alpha和reg_lambda，它们指定了叶节点值的正则化程度，以控制过拟合。
- top_rate和other_rate，GOSS(具体而言)的采样率。
- drop_rate，DART(具体而言)的丢弃率。

对于上述每种方法，关注的都是两个性能指标：测试集准确率和整体模型开发时间，其中包括参数选择和训练时间。这两个指标如图5.22所示。主要启示如下：

- GOSS和GBDT的表现相似，包括整体模型开发时间。然而，对于越来越大的数据集，尤其是拥有数十万个训练样本的数据集，这种差异会变得更加明显。
- DART的性能最佳。但这是以大幅度增加训练时间为代价的。例如，DART的运行时间接近20分钟，而随机森林的运行时间为3分钟，GBDT和GOSS的运行时间不到30秒。
- 注意，LightGBM既支持多CPU，也支持GPU处理，这可能会显著缩短运行时间。

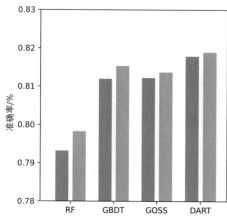

(a) 比较随机森林、GBDT、GOSS和DART的测试集准确率

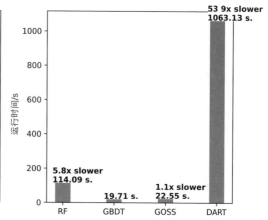

(b) 比较随机森林、GBDT、GOSS和DART的总体训练时间。其中GBDT的速度最快，仅为19.71秒，其他方法的速度较慢

图5.22　使用LightGBM训练的所有算法

5.6　小结

- 梯度下降通常用于最小化损失函数，以训练机器学习模型。
- 残差，即真实标签与模型预测之间的误差，可用来描述正确分类和错误分类的训练样本。这类似于AdaBoost使用权重的方式。
- 梯度提升将梯度下降和提升结合起来，以学习弱学习器的顺序集成。
- 梯度提升中的弱学习器是在训练样本的残差上训练的回归树，用于近似梯度。
- 梯度提升可以应用于分类、回归或排序任务中的各种损失函数。
- 基于直方图的树学习在精确性和效率之间进行权衡，能非常快速地训练梯度提升模型，并扩展到更大的数据集。
- 通过采样对训练样本进行单侧采样(GOSS)或独占特征捆绑(EFB)，可以进一步加快学习速度。
- LightGBM是一个功能强大的、公开可用的梯度提升框架，它结合了GOSS和EFB功能。
- 与AdaBoost一样，可以通过选择有效的学习率或使用早停来避免梯度提升中的过拟合。LightGBM同时支持这两种方式。
- 除了适用于分类、回归和排序的各种损失函数，LightGBM还支持将自定义的、针对特定问题的损失函数用于训练。

第**6**章

顺序集成：牛顿提升

本章内容
- 使用牛顿下降优化损失函数来训练模型
- 实现和理解牛顿提升的工作原理
- 学习带正则化的损失函数
- 引入XGBoost作为牛顿提升的强大框架
- 使用XGBoost避免过拟合

在前两章中，学习了两种构建顺序集成的方法。第4章中介绍了一种新的集成方法，称为自适应提升(AdaBoost)，该方法使用权重来识别错误分类最严重的示例。第5章介绍了另一种称为梯度提升的集成方法，它使用梯度(残差)来识别错误分类最严重的示例。这两种提升方法背后的基本原理都是将每次迭代中错误分类最严重(本质上是错误最严重)的示例作为目标，以便改进分类。

本章将介绍第三种提升方法——牛顿提升(Newton boosting)，它结合了自适应提升和梯度提升的优点，并使用加权梯度(或加权残差)来识别错误分类最严重的示例。与梯度提升一样，牛顿提升的框架可以应用于任何损失函数，即可以使用弱学习器改善任何分类、回归或排序问题。除了这种灵活性外，通过并行化的方法，现在还可使用诸如XGBoost的软件包将牛顿提升扩展到大数据。毫不意外，目前许多从业者认为牛顿提升是最先进的集成方法。

因为牛顿提升建立在牛顿下降的基础上，所以6.1节将列举以牛顿下降的例子并讲解如何使用它来训练机器学习模型。6.2节旨在提供加权残差学习的经验，这是牛顿提升背后的关键经验。与往常一样，实现了自己的牛顿提升版本，以理解它如何结合梯度下降和提升来训练顺序集成。

6.3节介绍了XGBoost，这是一个免费的开源梯度提升和牛顿提升软件包，广泛用于构建和部署现实世界的机器学习应用程序。在6.4节中将看到使用XGBoost避免过拟合的策略，比如使用XGBoost早停和调优学习率。最后，在第6.5节中，将重用第5章中关于文档检索的实际研究，把XGBoost的性能与LightGBM、LightGBM变体以及随机森林的性能做比较。

设计牛顿提升的起源和动机与梯度提升算法相似：优化损失函数。梯度提升所基于的梯度下降法是一阶优化方法，在优化过程中使用一阶导数。

牛顿法或牛顿下降法是一种二阶优化方法，它同时使用一阶和二阶导数信息来计算牛顿步长。与提升相结合时，就得到牛顿提升的集成方法。本章开头将讨论牛顿法如何启发了一个强大且广泛使用的集成方法。

6.1 最小化牛顿法

迭代优化方法，如梯度下降和牛顿法，在每次迭代中执行更新：next=current + (step × direction)。在梯度下降(图6.1左侧)中，一阶导数信息最多只能构造一个局部线性近似。虽然这提供了下降方向，但不同的步长可能会给出迥异的估计结果，可能最终会放缓收敛速度。

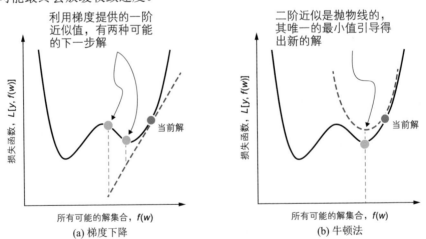

(a) 梯度下降   (b) 牛顿法

图6.1   梯度下降仅使用当前解附近的局部一阶信息，这导致被优化的函数的线性近似。步长不同时，下一个步长也会发生变化。牛顿法使用当前解附近的局部一阶和二阶信息，促使被优化函数产生了二次(抛物线)近似，这更好地估计了下一个步长

像牛顿下降那样，加入二阶导数信息可以构建局部二次近似！这个额外的信息会促使更好的局部近似，从而产生更好的步长和更快的收敛。

注意：本章中描述的优化牛顿法源自更常见的求根方法，也称为牛顿法。经常使用"牛顿下降"一词来指代牛顿最小化方法。

更一般地，梯度下降计算下一个更新为

$$w_{t+1} = w_t + \alpha_t \cdot (-f'(w_t))$$

其中 α_t 是步长，$(-f'(w_t))$ 是负梯度或一阶导数的负值。牛顿法计算下一个更新为

$$w_{t+1} = w_t + \alpha_t \cdot \left(-\frac{f'(w_t)}{f''(w_t)} \right)$$

其中 $f''(w_t)$ 是二阶导数，步长 α_t 为1。

注意：与梯度下降不同，牛顿下降计算的是步长准确率，不需要计算步长。但是，将把步长考虑在内，主要出于两个原因：①可以及时比较并理解梯度下降和牛顿下降之间的不同之处；②更重要的是，与牛顿下降不同的是，牛顿提升只能近似步长，因此需要指定类似于梯度下降和梯度提升的步长。顾名思义，在牛顿提升中，这个步长仅仅是学习率。

二阶导数和海森矩阵

对于单变量函数(即一元函数)，很容易计算二阶导数：只需要对函数微分两次。例如，对于函数 $f(w) = x^5$，一阶导数为 $f'(x) = \frac{\partial f}{\partial x} = 5x^4$，二阶导数为 $f''(x) = \frac{\partial f}{\partial x \partial y} = 20x^3$。

对于多变量函数或多元函数，二阶导数的计算就比较复杂了。这是因为现在必须考虑如何对多变量函数求微。

为理解这一点，设有一个三元函数：$f(x, y, z)$。这个函数的梯度很容易计算，分别对变量 x、y 和 z 求导即可(其中"w.r.t."表示"关于")：

$$\nabla f = \begin{bmatrix} \text{derivative } of \ f \text{w.r.t. } x \\ \text{derivative } of \ f \text{w.r.t. } y \\ \text{derivative } of \ f \text{w.r.t. } z \end{bmatrix} = \begin{bmatrix} \frac{\partial f}{\partial x} \\ \frac{\partial f}{\partial y} \\ \frac{\partial f}{\partial z} \end{bmatrix}$$

为了计算二阶导数，必须进一步对梯度的每一项 x、y 和 z 进行求导，由此生成一个矩阵，称为海森矩阵：

$$\nabla^2 f = \begin{bmatrix} \text{deriv. of } \frac{\partial f}{\partial x} \text{ w.r.t. } x & \text{deriv. of } \frac{\partial f}{\partial x} \text{ w.r.t. } y & \text{deriv. of } \frac{\partial f}{\partial x} \text{ w.r.t. } z \\ \text{deriv. of } \frac{\partial f}{\partial y} \text{ w.r.t. } x & \text{deriv. of } \frac{\partial f}{\partial y} \text{ w.r.t. } y & \text{deriv. of } \frac{\partial f}{\partial y} \text{ w.r.t. } z \\ \text{deriv. of } \frac{\partial f}{\partial z} \text{ w.r.t. } x & \text{deriv. of } \frac{\partial f}{\partial z} \text{ w.r.t. } y & \text{deriv. of } \frac{\partial f}{\partial z} \text{ w.r.t. } z \end{bmatrix}$$

$$= \begin{bmatrix} \frac{\partial}{\partial x}\left(\frac{\partial f}{\partial x}\right) & \frac{\partial}{\partial x}\left(\frac{\partial f}{\partial y}\right) & \frac{\partial}{\partial x}\left(\frac{\partial f}{\partial z}\right) \\ \frac{\partial}{\partial y}\left(\frac{\partial f}{\partial x}\right) & \frac{\partial}{\partial y}\left(\frac{\partial f}{\partial y}\right) & \frac{\partial}{\partial y}\left(\frac{\partial f}{\partial z}\right) \\ \frac{\partial}{\partial z}\left(\frac{\partial f}{\partial x}\right) & \frac{\partial}{\partial z}\left(\frac{\partial f}{\partial y}\right) & \frac{\partial}{\partial z}\left(\frac{\partial f}{\partial z}\right) \end{bmatrix}$$

海森矩阵是一个对称矩阵，因为微分的顺序不会改变结果，即

$$\frac{\partial}{\partial x}\left(\frac{\partial f}{\partial y}\right) = \frac{\partial}{\partial y}\left(\frac{\partial f}{\partial x}\right)$$

f 中的所有变量对可以此类推。在多元情况下，牛顿法的推导如下：

$$w_{t+1} = w_t + \alpha_t \cdot \left(-\nabla^2 f(w_t)^{-1} \nabla f(w_t)\right)$$

其中，$\nabla f(w_t)$ 是多元函数 f 的梯度向量，$\nabla^2(w_t)^{-1}$ 是海森矩阵的逆。二阶导数海森矩阵的逆矩阵多元等价于除以 $f''(w_t)$ 项。

对于带有许多变量的难题，求解海森矩阵的逆矩阵会十分复杂，从而降低整体优化速度。正如接下来在6.2节中看到的，牛顿提升通过计算各个示例的二阶导数来避免这一问题。

现在，继续探索梯度下降和牛顿法之间的不同之处。回到5.1节中使用的两个示例：简要阐述Branin函数和平方损失函数。将用这些示例来说明梯度下降和牛顿下降之间的不同之处。

6.1.1　举例说明牛顿法

回顾第5章，Branin函数包含两个变量 (w_1 和 w_2)，定义为

$$f(w_1, w_2) = a(w_2 - bw_1^2 + cw_1 - r)^2 + s(1-t)\cos(w_1) + s$$

其中 $a = 1$，$b = \frac{5.1}{4\pi^2}$，$c = \frac{5}{\pi}$，$r = 6$，$s = 10$，$t = \frac{1}{8\pi}$ 是固定常数。该函数如图6.2所示，有四个最小值，位于椭圆区域的中心。

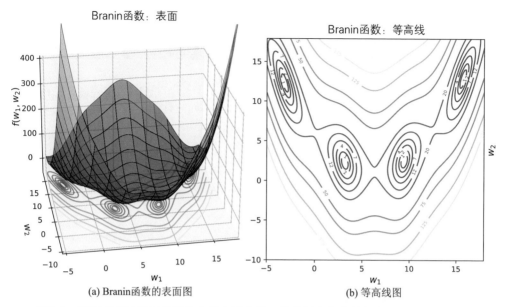

(a) Branin函数的表面图　　　　　　　(b) 等高线图

图6.2　可以直观地验证该函数有四个最小值，这些最小值为等高线图中椭圆区域的中心点

将采用上一节中的梯度下降实现方法，并对其进行修改以实现牛顿法。有两个关键差异：①使用梯度和海森矩阵(即同时使用一阶和二阶导数信息)计算下降方向；②省略步长的计算，即假定步长为1。修改后的伪代码如下：

```
initialize: w_old = some initial guess, converged=False
while not converged:
1. compute the gradient vector g and Hessian matrix H at the current
   estimate, w_old
2. compute the descent direction d = -H-1g
3. set step length α = 1
4. update the solution: c + distance * direction = w_old + α · d
5. if change between w_new and w_old is below some specified tolerance:
   converged=True, so break
6. w_new = w_old, get ready for the next iteration
```

此伪代码的关键步骤是步骤①和步骤②，其中使用海森矩阵逆(二阶导数)和梯度(一阶导数)计算出下降方向。注意，与梯度下降一样，牛顿下降方向取负梯度方向。

步骤③用于明确说明，与梯度下降不同，牛顿法不需要计算步长。相反，就像学习率一样，可以提前设置步长。一旦确定了下降方向，执行牛顿更新：$w_{t+1} = w_t + (-\nabla f(w_t))^{-1} \nabla f(w_t)$。

与梯度下降类似，计算每个更新后，需要检查其收敛性；这里收敛测试是看w_{t+1}和w_t之间有多接近。如果它们足够接近，就终止测试；如果未接近，就继续进行下一次迭代。代码清单6.1实现了牛顿法。

代码清单6.1　牛顿下降

```python
import numpy as np
def newton_descent(f, g, h,                          ← 牛顿下降需要函数f、
                    x_init, max_iter=100, args=()):     其梯度g和海森矩阵h
    converged = False          ← 初始化牛顿下
    n_iter = 0                    降为未收敛

    x_old, x_new = np.array(x_init), None
    descent_path = np.full((max_iter + 1, 2), fill_value=np.nan)
    descent_path[n_iter] = x_old

    while not converged:
        n_iter += 1

        gradient = g(x_old, *args)          计算梯度和
        hessian = h(x_old, *args)           海森矩阵

        direction = -np.dot(np.linalg.inv(hessian),     计算牛顿
                            gradient)                    方向

计算        distance = 1
更新        x_new = x_old + distance * direction    ←  为简单起见,
        descent_path[n_iter] = x_new                   将步长设置为1
        err = np.linalg.norm(x_new - x_old)    ← 计算前一次
        if err <= 1e-3 or n_iter >= max_iter:      迭代的变化量
            converged = True         ←
                                       如果变化量很小或达到
准备下一                                最大迭代次数,则收敛
次迭代      x_old = x_new
    return x_new, descent_path
```

注意,步长设置为1,尽管对于牛顿提升而言,能看到步长变为学习率。

来看看如何实现牛顿下降法。已经在上一节中实现了Branin函数及其梯度。该实现再次如下所示:

```python
def branin(w, a, b, c, r, s, t):
    return a * (w[1] - b * w[0] ** 2 + c * w[0] - r) ** 2 + \
        s * (1 - t) * np.cos(w[0]) + s

def branin_gradient(w, a, b, c, r, s, t):
    return np.array([2 * a * (w[1] - b * w[0] ** 2 + c * w[0] - r) *
                    (-2 * b * w[0] + c) - s * (1 - t) * np.sin(w[0]),
                    2 * a * (w[1] - b * w[0] ** 2 + c * w[0] - r)])
```

还需要牛顿下降的海森矩阵(二阶导数):可以通过对梯度(一阶导数)向量进行

分析微分来加以计算：

$$H(w_1, w_2) = \begin{bmatrix} \frac{\partial}{\partial w_1}\left(\frac{\partial f}{\partial w_1}\right) & \frac{\partial}{\partial w_2}\left(\frac{\partial f}{\partial w_1}\right) \\ \frac{\partial}{\partial w_1}\left(\frac{\partial f}{\partial w_2}\right) & \frac{\partial}{\partial w_2}\left(\frac{\partial f}{\partial w_2}\right) \end{bmatrix}$$

$$= \begin{bmatrix} 2a(-2bw_1 + c)^2 - 4ab(w_2 - bw_1^2 + cw_1 - r) - s(1-t)\cos w_1 & 2a(-2bw_1) + c \\ 2a(-2bw_1 + c) & 2a \end{bmatrix}$$

也可以通过如下代码实现：

```
def branin_hessian(w, a, b, c, r, s, t):
    return np.array([[2 * a * (- 2 * b * w[0] + c)** 2 -
                      4 * a * b * (w[1] - b * w[0] ** 2 + c * w[0] - r) -
                      s * (1 - t) * np.cos(w[0]),
                      2 * a * (- 2 * b * w[0] + c)],
                     [2 * a * (- 2 * b * w[0] + c),
                      2 * a]])
```

与梯度下降一样，牛顿下降(参见代码清单6.1)也需要初始猜测x_init。这里，将使用w_{init}=[2,-5]'初始化梯度下降。现在，可以调用牛顿下降法：

```
a, b, c, r, s, t = 1, 5.1/(4 * np.pi**2), 5/np.pi, 6, 10, 1/(8 * np.pi)
w_init = np.array([2, -5])
w_optimal, w_newton_path = newton_descent(branin, branin_gradient,
                                          branin_hessian,
                                          w_init, args=(a, b, c, r, s, t))
```

牛顿下降返回最优解w_optimal(即[3.142,2.275]')和解路径w_path。那么牛顿下降法和梯度下降法有什么区别呢？在图6.3中，绘制了两种优化算法的求解路径。

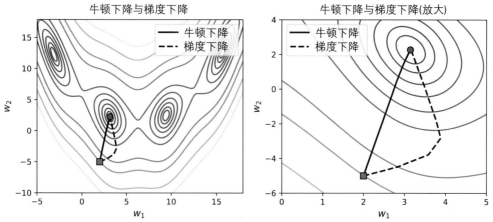

图6.3　比较了从[2,-5](方块)开始的牛顿下降和梯度下降的求解路径，两者都收敛于一个局部最小值(圆形)。与梯度下降(虚线)相比，牛顿下降(实线)更直接逼近局部最小值。这是因为在每次更新时，牛顿下降法都使用信息量更大的二阶局部近似值，而梯度下降法只使用一阶局部近似值

该比较结果非常显著：牛顿下降能够利用由海森矩阵提供的关于函数曲率的附加局部信息，采取更直接的路径求解。相比之下，梯度下降只有一阶梯度信息可用，并且需要迂回路径才能到达相同的求解。

牛顿下降法的特点

牛顿下降法与梯度下降法有不同之处，牛顿下降法精确地计算下降步长，且不需要步长。记住，我们目的是将牛顿下降法扩展到牛顿提升。从这个角度看，步长可以解释为学习率。

选择有效的学习率(例如，像AdaBoost或梯度提升那样使用交叉验证)与选择一个好的步长非常相似。在提升算法中，没有选择用学习率来加速收敛，而是通过其帮助避免过拟合，并更好地应用于测试集和未来数据。

牛顿下降法与梯度下降法也有相似之处，牛顿下降法对初始点的选择也很敏感。由于初始化不同，牛顿下降会到达不同的局部最小值。

除局部最小值以外，更大的问题是：对初始点的选择也可能导致牛顿下降收敛到鞍点。这是所有下降算法都面临的问题，如图6.4所示。

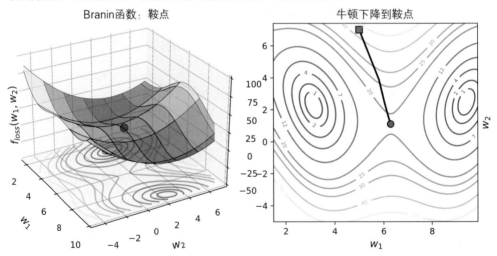

图6.4　Branin函数的鞍点位于两个最小值之间，与最小值一样，在其位置上的梯度为零，因此所有下降方法都会收敛到鞍点

鞍点模拟局部最小值：在两个位置，函数的梯度都变为零。然而，鞍点并不是真正的局部最小值；鞍状意味着它在一个方向上升，但在另一个方向下降。这与局部最小值形成对比，后者(局部最小值)呈碗状。但是，局部最小值和鞍点的梯度都为零。这意味着下降算法无法区分局部最小值和鞍点，有时会收敛到鞍点而不是最小值。

当然，鞍点和局部最小值的存在取决于最优化函数。基于我们的目的，大多数常见的损失函数都呈凸形且"形状良好"，这意味着可以放心地使用牛顿下降和牛顿提升。但是，在创建和使用自定义损失函数时，应注意确保其凹凸性。处理这种非凸损失函数是一个热门且正在进行的研究领域。

6.1.2　训练过程中的损失函数的牛顿下降

那么，在机器学习任务中，牛顿下降的表现如何？为了解这一点，可以回顾5.1.2节中简单的二维分类问题，在该问题中，之前已经使用梯度下降来训练了一个模型。该任务是一个二元分类问题，数据生成如下所示：

```
from sklearn.datasets import make_blobs
X, y = make_blobs(n_samples=200, n_features=2,
                  centers=[[-1.5, -1.5], [1.5, 1.5]])
```

在图6.5中可视化这个合成数据集。

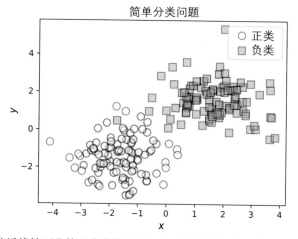

图6.5　一个接近线性可分的两分类数据集，将在该数据集上训练分类器。正类的标签为$y=1$，负类的标签为$y=0$

回顾一下，需要训练一个线性分类器 $h_w(x) = w_1 x_1 + w_2 x_2$。该分类器输入二维数据点 $x = [x_1, x_2]'$ 并返回预测。将使用平方损失函数来完成此任务。

线性分类器以权重 $w = [w_1, w_2]'$ 进行参数化。当然，必须学习这些权重以便最小化某些损失函数，并实现最佳的训练拟合。

平方损失度量真实标签 y_i 和其对应的预测 $h_w(x_i)$ 之间的误差如下所示：

$$f_{\text{loss}}(w) = \frac{1}{2}\sum_{i=1}^{n}(y_i - h_w(x_i))^2 = \frac{1}{2}\sum_{i=1}^{n}(y_i - w_1 x_1^i - w_2 x_2^i)^2 = \frac{1}{2}(y - Xw)'(y - Xw)$$

这里，X 是一个 $n \times d$ 数据矩阵，包含 n 个训练样本，每个训练样本具有 d 个特征，而 y 是一个 $d \times 1$ 的真实标签向量。最右侧的表达式是一种简洁方法，该方法使用向量和矩阵表示法表示整个数据集上的损失。

对于牛顿下降法，将需要损失函数的梯度和海森。就像Branin函数一样，损失函数的梯度和海森可以通过解析微分损失函数获得。在向量矩阵表示法中，这些也可以简洁地写成

$$g(w) = -X'(y - Xw)$$
$$He(w) = X'X$$

注意海森是一个2×2矩阵。损失函数，及其梯度和海森的实现如下：

```
def squared_loss(w, X, y):
    return 0.5 * np.sum((y - np.dot(X, w))**2)

def squared_loss_gradient(w, X, y):
    return -np.dot(X.T, (y - np.dot(X, w)))

def squared_loss_hessian(w, X, y):
    return np.dot(X.T, X)
```

现在，有了损失函数的所有组成结果，可以使用牛顿下降法来计算最优解，即"学习一个模型"。可将牛顿下降法学到的模型与梯度下降法学到的模型进行比较(在第5章中实现了梯度下降法)。用$w = [0, 0, 0.99]'$初始化梯度下降法和牛顿下降法：

```
w_init = np.array([0.0, -0.99])
w_gradient, path_gradient = gradient_descent(squared_loss,
                                             squared_loss_gradient,
                                             w_init, args=(X, y))
w_newton, path_newton = newton_descent(squared_loss,
                                       squared_loss_gradient,
                                       squared_loss_hessian,
                                       w_init, args=(X, y))
print(w_gradient)
[0.13643511 0.13862275]

print(w_newton)
[0.13528094 0.13884772]
```

要优化的平方损失函数是凸函数，且只有一个最小值。梯度下降法和牛顿下降法本质上都学习相同的模型，尽管它们在达到阈值10^{-3}(大约是小数点后第三位)时终止。可以很容易地得到验证，这个学习模型达到了99.5%的训练准确率：

```
ypred = (np.dot(X, w_newton) >= 0).astype(int)
from sklearn.metrics import accuracy_score
accuracy_score(y, ypred)
0.995
```

虽然梯度下降法和牛顿下降法都学习了相同的模型，但它们以截然不同的方式到达，如图6.6所示。

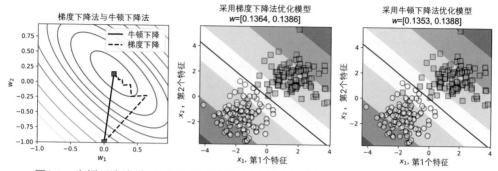

图6.6　牛顿下降法(实线)与梯度下降法(虚线)的求解路径，以及牛顿下降法和梯度下降法生成的模型。学习这个模型，梯度下降法需要20次迭代，而牛顿下降法只需要12次迭代

关键是，在所有下降方法族中，牛顿下降法是一种鲁棒的优化方法。由于它在构造下降方向时考虑了局部二阶导数信息(本质上是曲率)，因此收敛到求解的速度要快得多。

这些有关优化目标(或损失)函数形状的附加信息极大地有助于收敛。然而，这需要计算成本：随着变量的增加，二阶导数或海森(保存二阶信息)变得越来越难以管理，特别是必须对其进行反演时。

正如接下来将在下一节中看到的，牛顿提升通过使用点二阶导数的近似值避免计算或反演整个海森矩阵，本质上其实是每个训练示例计算和反演的二阶导数，而这也保证了训练效率。

6.2　牛顿提升：牛顿法 + Boosting

通过直观地了解牛顿提升与梯度提升的不同之处，开始深入了解牛顿提升法。将逐步比较两种方法，以明确牛顿提升在每次迭代中增加的具体内容。

6.2.1　直觉：使用加权残差进行学习

与其他提升方法一样，牛顿提升法每次迭代都会学习一个新的弱估计器，以便修正先前迭代产生的错误分类或错误。AdaBoost通过对其进行加权来确定需要注意的错误分类示例：严重错误分类的示例会分配到更高的权重。而在这种加权示例上，训练的弱分类器将在学习过程中更多地关注这些错误分类示例。

通过残差，梯度提升法确定需要关注的错误分类示例，而残差是另一种衡量错误分类程度的方式，用于计算损失函数的梯度。

　　牛顿提升法做到了这两点，并且使用了加权残差！牛顿提升中的残差计算方法与梯度提升完全相同：使用损失函数的梯度(一阶导数)。另一方面，权重是使用损失函数的海森(二阶导数)计算的。

牛顿提升法是牛顿下降+牛顿提升

　　正如在第5章中看到的那样，每个梯度提升迭代都在模拟梯度下降。在第t次迭代中，梯度下降使用损失函数的梯度($\nabla L(\boldsymbol{f}_t) = \boldsymbol{g}_t$)更新模型$\boldsymbol{f}_t$:

$$\boldsymbol{f}_{t+1} = \boldsymbol{f}_t - \alpha_t \cdot \nabla L(\boldsymbol{f}_t) = \boldsymbol{f}_t - \alpha_t \cdot \boldsymbol{g}_t$$

　　梯度提升不是直接计算整体梯度，而是学习单个梯度上的弱估计器$\boldsymbol{g}_t$，这些梯度也是残差($\boldsymbol{h}_t^{GB}$)。也就是说，对数据和对应的残差$(\boldsymbol{x}_i, -\boldsymbol{g}_t(\boldsymbol{x}_i))_{i=1}^n$训练弱估计器，然后将模型更新如下：

$$\boldsymbol{f}_{t+1} = \boldsymbol{f}_t - \alpha_t \cdot \boldsymbol{h}_t^{GB}$$

　　同样，牛顿提升模仿牛顿下降。在第t次迭代中，牛顿下降利用损失函数的梯度$\nabla L(\boldsymbol{f}_t) = \boldsymbol{g}_t$(与之前的梯度下降完全相同)和损失函数的海森矩阵$\nabla^2 L(\boldsymbol{f}_t) = \boldsymbol{He}_t$来更新模型$\boldsymbol{f}_t$:

$$\boldsymbol{f}_{t+1} = \boldsymbol{f}_t - \alpha_t \cdot \nabla^2 L(\boldsymbol{f}_t)^{-1} \cdot \nabla L(\boldsymbol{f}_t) = \boldsymbol{f}_t - \alpha_t \cdot \boldsymbol{He}_t^{-1} \boldsymbol{g}_t$$

　　计算海森矩阵通常非常耗时。通过学习单个梯度和海森矩阵的弱估计算器，牛顿提升避免计算梯度或海森矩阵的时间成本。

　　对于每个训练样本，除了梯度残差，还必须考虑海森信息，同时确保想要训练的整体弱估计算器近似于牛顿下降。那么，该如何做呢？

　　注意，牛顿更新中的海森矩阵得到转置($\boldsymbol{He}_t^{-1}$)。对于单个训练示例，第二个(函数)导数将是一个标量(单个数字而非矩阵)。这意味着，$\boldsymbol{He}_t^{-1}\boldsymbol{g}_t$项将变为$\frac{g_t(\boldsymbol{x}_i)}{He_t(\boldsymbol{x}_i)}$；这些只是由海森$\frac{g_t(\boldsymbol{x}_i)}{He_t(\boldsymbol{x}_i)}$加权的残差$\boldsymbol{g}_t(\boldsymbol{x}_i)$。

　　因此，对于牛顿提升，使用海森加权梯度残差($\boldsymbol{h}_t^{NB}$)进行训练，即$\left(\boldsymbol{x}_i, -\frac{g_t(\boldsymbol{x}_i)}{He_t(\boldsymbol{x}_i)}\right)_{i=1}^n$。因此，可按梯度提升完全相同的方法来更新集成：

$$\boldsymbol{f}_{t+1} = \boldsymbol{f}_t + \alpha_t \cdot \boldsymbol{h}_t^{NB}$$

　　总之，牛顿提升使用海森加权残差，而梯度提升使用未加权残差。

海森矩阵添加了什么？

　　那么，这些基于海森的权重将什么样的额外信息添加到牛顿提升中呢？数学上，海森或二阶导数对应于曲率或函数的"弯曲"程度。在牛顿提升中，对每个训练示例x_i使用二次导数信息加权梯度：

$$\frac{g_t(\boldsymbol{x}_i)}{He_t(\boldsymbol{x}_i)}$$

二阶导数 $He_t(\boldsymbol{x}_i)$ 的值愈大意味着 $\boldsymbol{x}_i$ 处的函数曲率很大。在这些弯曲区域，海森权重减小了梯度，这反过来导致牛顿提升采取更小的、更保守的步骤。

相反，若二阶导数 $He_t(\boldsymbol{x}_i)$ 的值很小，则 $\boldsymbol{x}_i$ 处的曲率就很小，这意味着函数相当平坦。这种情况下，海森权重允许牛顿下降采取更大胆的步骤，以便更快地通过平坦区域。

因此，一阶导数残差与二阶导数的结合可以非常有效地获取"错误分类"的概念。在一个常用的损失函数(逻辑损失)上看它的作用，该函数测量了错误分类的程度：

$$L(\boldsymbol{x}, f(\boldsymbol{x})) = \log\left(1 + e^{-y \cdot f(\boldsymbol{x})}\right)$$

逻辑损失与平方损失函数的比较如图6.7(a)所示。

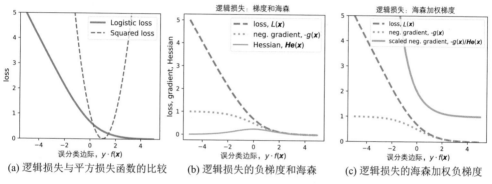

(a) 逻辑损失与平方损失函数的比较   (b) 逻辑损失的负梯度和海森   (c) 逻辑损失的海森加权负梯度

图6.7   逻辑损失函数及其对应的梯度和海森

在图6.7(b)中，可以看到逻辑损失函数及其相应的梯度(一阶导数)和海森(二阶导数)。这些都是错误分类边际函数：真实标签(y)和预测 ($f(\boldsymbol{x})$) 的乘积。如果 y 和 $f(\boldsymbol{x})$ 具有相反的符号，则有 $y \cdot f(\boldsymbol{x}) < 0$。这种情况下，真实标签与预测标签不匹配，分类就会错误。因此，逻辑损失曲线的左侧部分(具有负边际)对应于分类错误的示例，并测量分类错误的程度。同样，逻辑损失的右侧部分(具有正边际)对应于正确分类的示例，正如接下来所期望的那样其损失几乎为0。

二阶导数在0附近达到最高值，对应于逻辑损失函数的拐点。这并不奇怪，因为可以看到逻辑损失函数在拐点处最弯曲，而在拐点左侧和右侧则相对平坦。

在图6.7(c)中，可以看到梯度加权的效果。一方面，对于分类正确的示例 $y \cdot f(\boldsymbol{x}) > 0$，整体梯度以及加权梯度都为0。这意味着这些示例不会参与牛顿提升迭代。

另一方面，对于分类错误的示例 $y \cdot f(\boldsymbol{x}) < 0$，整体加权梯度 $\frac{g(\boldsymbol{x}_i)}{He(\boldsymbol{x}_i)}$ 随着分类错误急剧增加。总的来说，整体加权梯度的增加要比未加权梯度更加陡峭。

现在，可以回答海森的作用是什么：它们将局部曲率信息合并，以确保严重错误分类的训练示例获得更高的权重，这在图6.8中有所体现。

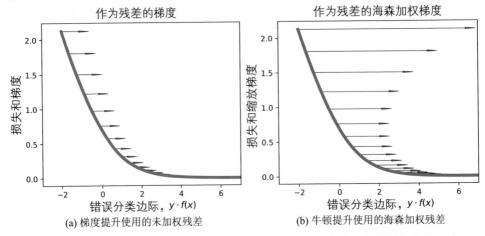

图6.8　错误分类边际($y \cdot f(x)$)的正值表示正确分类。对于分类错误的情况，有 $y \cdot f(x) < 0$。对于分类错误严重的示例，海森加权梯度比未加权梯度更有效地捕捉到了这一概念

训练示例的错误分类程度越严重，它在图6.8中离左侧越远。海森残差加权确保离得更远的训练示例获得更高的权重。这与梯度提升形成鲜明对比，后者无法有效地区分训练示例，因为它只使用未加权残差。

总之，牛顿提升旨在使用一阶导数(梯度)信息和二阶导数(海森)信息，以确保根据错误分类程度关注错误分类的训练示例。

6.2.2　直觉：使用正则化损失函数进行学习

继续前面介绍的正则化损失函数(regularized loss function)的概念。一个正则化损失函数包含一个额外的平滑项和损失函数，使其更加呈凸状或碗状。

正则化损失函数将额外的结构引入学习问题中，这通常可以稳定和加速最终的学习算法。正则化还允许我们控制正在学习的模型的复杂性，并提高模型的整体鲁棒性和泛化能力。

实质上，正则化损失函数明确地捕捉了大多数机器学习模型中固有的拟合度与复杂性之间的权衡(见1.3节)。

一个正则化损失函数的形式如下：

$$\alpha \cdot \underbrace{\text{regularization}(f(x))}_{\text{衡量模型复杂性}} + \overbrace{\text{loss}(f(x)), \text{data}}^{\text{衡量模型拟合度}}$$

正则化项测量模型的平坦性(与"弯曲性"相反)：它越小，学习的模型就越简单。

损失项通过一个损失函数来衡量与训练数据的拟合度：它越小，与训练数据的拟合度越高。正则化参数α在这两个竞争目标之间进行权衡(在第1.3节中，这种权衡是通过参数C实现的，本质上是α的倒数)：

- α值越大，模型将越关注正则化和简单性，而不是训练误差，这会导致模型具有更高的训练误差和欠拟合。
- α值越小，模型将越关注训练误差并学习更复杂的模型，这会导致模型具有更低的训练误差并可能过拟合。

因此，在学习过程中，正则化损失函数允许在拟合度和复杂性之间进行权衡，最终形成在实践中具有良好泛化能力的模型。

正如在第1.3节中看到的那样，有几种方法可以在学习过程中引入正则化并控制模型的复杂性。例如，限制树的最大深度或节点数可以防止过拟合。

另一种常见的方法是通过L2正则化，它相当于直接对模型引入惩罚。也就是说，如果有一个模型$f(x)$，L2正则化会通过$f(x)^2$对模型引入惩罚：

$$\alpha \cdot \underbrace{f(x)^2}_{\text{对模型复杂性的惩罚}} + \overset{\text{衡量模型拟合度}}{\overbrace{\text{loss}(f(x)), \text{data}}}$$

许多常见机器学习方法的损失函数都可以用这种形式表示。在第5章中，实现了非正则化平方损失函数的梯度提升法，如下所示：

$$\alpha \cdot \underbrace{f(x)^2}_{\text{L2正则化}} + \overset{\text{平方损失}}{\overbrace{\frac{1}{2}(y - f(x))^2}}$$

两者之间的损失函数比较真实标签y和预测标签$f(x)$之间的差异。这种情况下，未正则化损失函数的正则化参数$\alpha = 0.1$。

已经看到了一个正则化损失函数的示例(见第1.3.2节)与支持向量机(SVM)，它使用正则化hinge损失函数：

$$L(y, f(x))\alpha \quad \overset{\text{L2正则化}}{\overbrace{f(x)^2}} + \underbrace{\max(0, 1 - y \cdot f(x))}_{\text{hinge损失}}$$

本章，将考虑正则化的逻辑损失函数，它通常用于逻辑回归，表示为

$$L(y, f(\boldsymbol{x}))\alpha \quad \overset{\text{L2正则化}}{f(\boldsymbol{x})^2} \quad + \quad \underset{\text{逻辑损失}}{\log(1+\mathrm{e}^{-y \cdot f(\boldsymbol{x})})}$$

其中增强标准逻辑损失 $\log\left(1+\mathrm{e}^{-y \cdot f(\boldsymbol{x})}\right)$ 加上正则化项 $\alpha \cdot f(\boldsymbol{x})^2$。图6.9说明了 $\alpha = 0.1$ 时正则化逻辑损失的情况。观察到正则化项使得整个损失函数的轮廓曲线变得更光滑，并且更加呈碗形。

正则化参数 α 在拟合度与复杂性之间进行权衡：随着 α 的增加，正则化效应会增加，使得整个曲面更凸，忽略了损失函数的贡献作用。由于损失函数会影响拟合，过度正则化模型(通过设置高的 α 值)将导致欠拟合。

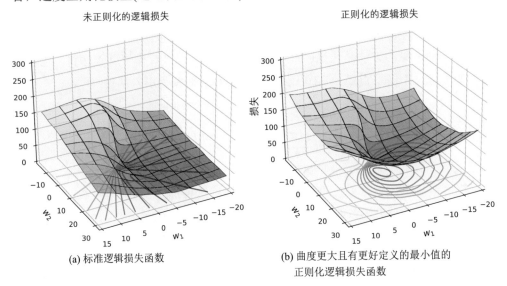

(a) 标准逻辑损失函数　　　　　(b) 曲度更大且有更好定义的最小值的
　　　　　　　　　　　　　　　　　　正则化逻辑损失函数

图6.9　正则化逻辑损失的情况

可以通过计算模型预测($f(\boldsymbol{x})$)的一阶导数和二阶导数来计算正则化逻辑损失函数的梯度和海森函数：

$$\boldsymbol{g}(y, f(\boldsymbol{x})) = \frac{-y}{1+\mathrm{e}^{-y \cdot f(\boldsymbol{x})}} + 2\alpha f(\boldsymbol{x})$$

$$\boldsymbol{He}(y, f(\boldsymbol{x})) = \frac{\mathrm{e}^{-y \cdot f(\boldsymbol{x})}}{(1+\mathrm{e}^{-y \cdot f(\boldsymbol{x})})^2} + 2\alpha$$

代码清单6.2实现了计算参数 $\alpha = 0.1$ 时的正则化逻辑损失函数。

代码清单6.2 带λ=0.1的正则化逻辑损失、梯度和海森

```python
def log_loss_func(y, F):
    return np.log(1 + np.exp(-y * F)) + 0.1 * F**2

def log_loss_grad(y, F):
    return -y / (1 + np.exp(y * F)) + 0.2 * F

def log_loss_hess(y, F):
    return np.exp(y * F) / (1 + np.exp(y * F))**2 + 0.2
```

现在，可以使用这些函数，来计算需要进行牛顿提升时的残差和相应的海森权重。

6.2.3 实现牛顿提升

在本节中，将实现自己的牛顿提升。基本算法可用以下伪代码描述。

初始化：$F=f_0$，一个常量值

对于t从1到T：

(1) 计算每个例子的一阶导数和二阶导数，

$$g_i^t = \frac{\partial L}{\partial F}(\boldsymbol{x}_i), \ \ \boldsymbol{He}_i^t = \frac{\partial^2 L}{\partial F^2}(\boldsymbol{x}_i)$$

(2) 计算每个例子的加权残差 $r_i^t = -\frac{g_i^t}{He_i^t}$

(3) 利用训练集 $(\boldsymbol{x}_i, r_i^t)_{i=1}^n$ 拟合弱决策树回归器 $h_t(\boldsymbol{x})$

(4) 使用直线搜索计算步长（α_t）

(5) 更新模型：$F_{t+1} = F_t + \alpha_t h_t(\boldsymbol{x})$

毫不惊讶，这个训练过程与梯度提升相同，唯一变化是在步骤(1)和步骤(2)中计算海森加权残差。因为梯度提升和牛顿提升的一般算法框架相同，可以将它们结合并实现。代码清单6.3扩展了代码清单5.2，纳入了牛顿提升，它只用于带有以下标志的训练：use_Newton=True。

代码清单6.3 带有正则化逻辑损失的牛顿提升

```python
from sklearn.tree import DecisionTreeRegressor
from scipy.optimize import minimize_scalar

def fit_gradient_boosting(X, y, n_estimators=10, use_newton=True):
    n_samples, n_features = X.shape          # 获取数据集的维度
    estimators = []                          # 初始化一个空集成
    F = np.full((n_samples, ), 0.0)          # 集成在训练集上的预测

    for t in range(n_estimators):
```

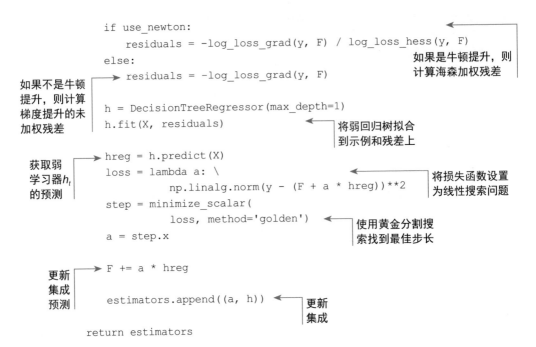

```
        if use_newton:
            residuals = -log_loss_grad(y, F) / log_loss_hess(y, F)
        else:
            residuals = -log_loss_grad(y, F)

        h = DecisionTreeRegressor(max_depth=1)
        h.fit(X, residuals)

        hreg = h.predict(X)
        loss = lambda a: \
                np.linalg.norm(y - (F + a * hreg))**2
        step = minimize_scalar(
                loss, method='golden')
        a = step.x

        F += a * hreg

        estimators.append((a, h))

    return estimators
```

如果是牛顿提升，则计算海森加权残差

如果不是牛顿提升，则计算梯度提升的未加权残差

将弱回归树拟合到示例和残差上

获取弱学习器h_t的预测

将损失函数设置为线性搜索问题

使用黄金分割搜索找到最佳步长

更新集成预测

更新集成

一旦学会模型，就可以像AdaBoost或梯度提升一样进行精确预测，因为学习到的集成是一个序列集成。代码清单6.4是这些先前介绍方法所使用的相同预测函数，为方便起见在此重复。

代码清单6.4 牛顿提升的预测

```
def predict_gradient_boosting(X, estimators):
    pred = np.zeros((X.shape[0], ))

    for a, h in estimators:
        pred += a * h.predict(X)

    y = np.sign(pred)

return y
```

将所有预测初始化为0

结合来自每个回归器的单个预测

将加权预测转换为-1/1标签

比较梯度提升(第5章中的方法)和牛顿提升的性能：

```
from sklearn.datasets import make_moons
X, y = make_moons(n_samples=200, noise=0.15, random_state=13)
y = 2 * y - 1

from sklearn.model_selection import train_test_split
from sklearn.metrics import accuracy_score

Xtrn, Xtst, ytrn, ytst = \
    train_test_split(X, y, test_size=0.25, random_state=11)
```

将训练标签转换为-1/1

划分训练集和测试集

```
estimators_nb = fit_gradient_boosting(Xtrn, ytrn, n_estimators=25,
                                      use_newton=True)     ←── 牛顿
ypred_nb = predict_gradient_boosting(Xtst, estimators_nb)      提升
print('Newton boosting test error = {0}'.
            format(1 - accuracy_score(ypred_nb, ytst)))

estimators_gb = fit_gradient_boosting(Xtrn, ytrn, n_estimators=25,
                                      use_newton=False)    ←── 梯度
ypred_gb = predict_gradient_boosting(Xtst, estimators_gb)      提升
print('Gradient boosting test error = {0}'.
            format(1 - accuracy_score(ypred_gb, ytst)))
```

可以看到，牛顿提升产生了约8%的测试误差，而梯度提升则产生了12%的测试误差。

```
Newton boosting test error = 0.07999999999999996
Gradient boosting test error = 0.12
```

可视化梯度提升迭代

现在有了梯度提升和牛顿提升的联合实现(代码清单6.3)，得以比较这两种算法的行为。首先，注意它们都以大致相同的方式训练和增长其集成。它们之间的关键区别在于用于集成训练的残差：梯度提升直接使用负梯度作为残差，而牛顿提升使用加权负海森梯度作为残差。

看一下前几次迭代的效果如何。在第1次迭代中，梯度提升和牛顿提升均初始化为 $F(x_i) = 0$ 。

梯度提升和牛顿提升都使用残差来衡量分类错误的程度，以便在当前迭代中更关注分类错误最多的训练示例。在图6.10显示的第1次迭代中，海森加权的效果立即可见。使用二阶导数信息来加权残差加速了两类之间的分离，使其更容易分类。

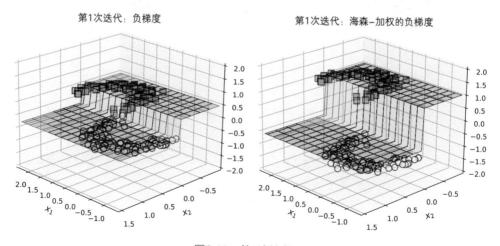

图6.10　第1次迭代

　　这种情况也可在第2次迭代(图6.11)和第3次迭代(图6.12)中看到，其中海森加权可对错误分类进行更大程度的分层，因此弱学习算法可构建更有效的弱学习器。

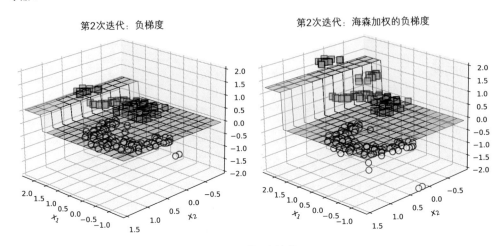

图6.11　第2次迭代

　　总之，牛顿提升旨在使用一阶导数(梯度)信息和二阶导数(海森)信息，以根据错误分类的程度，确保错误分类的训练样本得到更多重视。

　　图6.12说明了在连续迭代中，牛顿提升如何增加集成并稳定地降低误差。

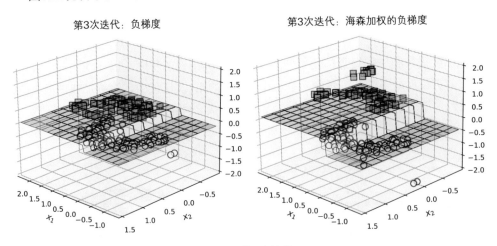

图6.12　第3次迭代

　　随着将越来越多的基础估计器添加到集成中，可在图6.13中观察到牛顿提升分类器在多次迭代中的进展情况。

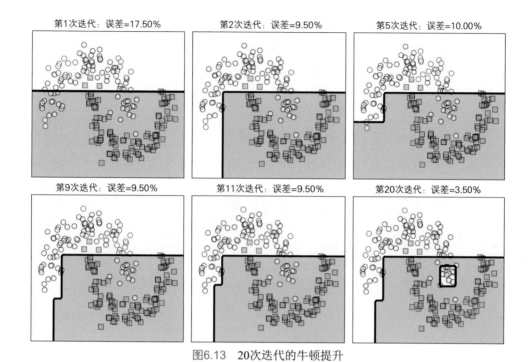

图6.13　20次迭代的牛顿提升

6.3　XGBoost：牛顿提升框架

　　XGBoost，即eXtreme Gradient Boosting，是一个开源的梯度增强框架(起源于Tianqi Chen的一个研究项目)。在希格斯玻色子机器学习挑战赛取得成功后，XGBoost获得了广泛认可和并得以采用，在数据科学竞赛社区中的表现尤其出色。

　　XGBoost已经发展成为一个强大的提升框架，提供并行化和分布式处理能力，因此能够扩展到非常大的数据集。现在，XGBoost支持多种语言，包括Python、R和C/C++，并且部署在几个数据科学平台(如Apache Spark和H2O)上。

　　XGBoost具有几个关键功能，帮助XGBoost适用于各种领域以及大规模数据：

- 基于正则化损失函数的牛顿提升，直接控制组成集成的回归树函数(弱学习器)的复杂性(第6.3.1节)。
- 算法加速，如加权分位数草图，是一种基于直方图的划分查找算法(LightGBM变体)的变体，用于更快速的训练(第6.3.1节)。
- 支持大量分类、回归和排序损失函数，以及应用程序特定的自定义损失函数，类似于LightGBM。
- 块状系统设计，将数据存储在称为块的较小单元的内存中；这允许并行学习、更好缓存和有效的多线程(这些细节超出了本书的范围)。

由于篇幅有限，无法详细介绍XGBoost中所有可用的功能，因此本节和下一节将介绍XGBoost及其用法和在实际设置中的应用。这将使你能够通过其文档进一步学习XGBoost应用程序的高级用例。

6.3.1　XGBoost的"极端"之处在哪里？

简言之，XGBoost之所以极端，是因为它具有正则化损失函数的牛顿提升、高效的树学习，而且可以并行实现。特别是，XGBoost的成功在于它的提升实现具有专门为基于树的学习设计的概念和算法改进。在本节中，将重点关注XGBoost如何如此有效地提高基于树的集成鲁棒性和泛化能力。

正则化损失函数用于学习

在第6.2.2节中，看到了以下形式的几个L2正则化损失函数的示例：

$$\alpha \cdot \underbrace{f(\boldsymbol{x})^2}_{\text{衡量模型复杂性}} + \overbrace{\text{loss}(f(\boldsymbol{x}),\text{data})}^{\text{衡量模型拟合度}}$$

若只考虑把基于树的学习器作为集成中的弱模型，那么在学习过程中还有其他方法可以直接控制树的复杂性。XGBoost通过引入另一个正则化项来实现这一点，以限制叶节点的数量：

$$\alpha \cdot \underbrace{f(\boldsymbol{x})^2}_{\text{衡量模型复杂性}} + \gamma \cdot \underbrace{T}_{\text{叶节点的数量}} + \overbrace{\text{loss}(f(\boldsymbol{x}),\text{data})}^{\text{衡量模型拟合度}}$$

那么，如何控制树的复杂性？通过限制叶节点的数量，这样一来，将强制树学习训练更浅的树，那么反过来，树变得更脆弱、更简单。

在许多方面，XGBoost使用这个正则化目标函数。例如，在树学习过程中，XGBoost使用前面描述的正则化学习目标，而不是使用诸如基尼准则或熵的评分函数来查找划分。因此，该准则用于确定单个树的结构，这些树是集成中的弱学习器。

XGBoost还使用这个目标来计算叶值本身，这些叶值本质上是梯度提升结合的回归值。因此，该标准也用于确定单棵树的参数。

继续之前，需要指出一点：额外的正则化项允许直接控制模型复杂性和下游泛化能力。然而，这需要付出代价，因为现在必须考虑一个额外的参数γ。因为γ是用户定义的参数，所以必须设置这个值，以及α和许多其他值。这些通常需要通过交叉验证进行选择，可能会增加整体模型开发时间和工作量。

基于加权分位数的牛顿提升

即使使用正则化学习目标，最大的计算瓶颈仍在于如何将学习扩展到大型数据集中，特别是在学习回归树基础估计器的过程中如何识别最优划分。

树学习的标准方法详尽列举了数据中所有可能的划分。如第5.2.4节中所述，但这对于大型数据集来说并不是一个好想法。有效的修改，如基于直方图的划分，将数据进行分组，以便评估更少的划分。

诸如LightGBM的实现包含进一步的改进，例如采样和特征绑定，以加快树学习。XGBoost也旨在实现这些概念。但是，XGBoost有一个独特的关键考虑因素。像LightGBM这样的软件包实现梯度提升，但是XGBoost实现牛顿提升。这意味着XGBoost的树学习必须考虑海森矩阵加权的训练样本，与LightGBM不同的是，所有样例的权重都是相等的!

XGBoost的近似划分查找算法加权分位数草图，旨在使用特征中的分位数找到理想的划分点。这类似于使用梯度提升算法使用分组的直方图划分。

加权分位数草图及其实现的详细信息很多，由于篇幅所限，在此无法赘述。但是，以下是主要收获:

- 从概念上讲，XGBoost还使用近似划分查找算法；这些算法考虑到牛顿提升特有的附加信息(如海森权重)。最终，它们类似于基于直方图的算法，旨在将数据划分区块。与其他基于直方图的算法不同，它们将数据进行特征相关的分组。归根结蒂，XGBoost通过采用巧妙的划分查找策略来权衡准确率和效率。
- 从实现的角度看，XGBoost在内存和磁盘上将数据预排序和组织成块。一旦完成这个过程，XGBoost进一步利用这个组织方式，通过缓存访问模式、使用块压缩和将数据分块成易于访问的片段进一步利用这种组织。这些步骤显著提高了牛顿提升的效率，使其能扩展到非常大的数据集。

6.3.2　XGBoost的牛顿提升

从乳腺癌数据集开始对XGBoost进行探索，过去曾多次将其用作教学数据集:

```
from sklearn.datasets import load_breast_cancer
from sklearn.model_selection import train_test_split
X, y = load_breast_cancer(return_X_y=True)
Xtrn, Xtst, ytrn, ytst = train_test_split(X, y, test_size=0.2,
                                  shuffle=True, random_state=42)
```

注意：XGBoost适用于Python、R和许多平台。有关安装详细说明，请参见XGBoost安装指南(http://mng.bz/61eZ)。

对于熟悉scikit-learn的Python用户，XGBoost提供了一个熟悉的界面，其外观和感觉都像scikit-learn。使用该界面，可以很容易地设置和训练XGBoost模型：

```
from xgboost import XGBClassifier
ens = XGBClassifier(n_estimators=20, max_depth=1,
                    objective='binary:logistic')
ens.fit(Xtrn, ytrn)
```

将损失函数设置为逻辑损失，将迭代次数(每次迭代训练1个估算器)设置为20，并将最大树深度设置为1。这会产生20个决策桩(深度为1的树)的集成。

也可以轻松地预测测试数据的标签并评估模型性能：

```
from sklearn.metrics import accuracy_score
ypred = ens.predict(Xtst)
accuracy_score(ytst, ypred)
0.9649122807017544
```

或者，可以使用XGBoost的本地接口，该接口最初设计用于读取LIBSVM格式的数据，该格式非常适合有效地存储具有大量零的稀疏数据。

在LIBSVM格式中(在5.5.1节的案例研究中介绍)，数据文件的每一行都包含一个训练示例，如下所示：

```
<label> qid:<example id> 1:<feature 1 value> 2:<feature 2 value> …
k:<feature k value> ... # other information as comments
```

XGBoost使用一个称为DMatrix的数据对象，将数据和相应的标签结合在一起。通过从文件或从其他类似数组的对象中读取数据，DMatrix对象可以直接创建。这里，创建了两个名为trn和tst的DMatrix对象，以表示训练和测试数据矩阵：

```
import xgboost as xgb
trn = xgb.DMatrix(Xtrn, label=ytrn)
tst = xgb.DMatrix(Xtst, label=ytst)
```

还使用字典设置了训练参数，并使用trn和参数训练了XGBoost模型：

```
params = {'max_depth': 1, 'objective':'binary:logistic'}
ens2 = xgb.train(params, trn, num_boost_round=20)
```

然而，在使用该模型进行预测时必须谨慎。用一定损失函数训练的模型将返回预测概率，而不是直接返回预测结果。逻辑损失函数就是这样一个例子。

这些预测概率可以通过阈值为0.5转换为二进制分类标签0/1。也就是说，所有预测概率≥0.5的测试样例归为类1，其余归为类0：

```
ypred_proba = ens2.predict(tst)
ypred = (ypred_proba >= 0.5).astype(int)
accuracy_score(ytst, ypred)
0.9649122807017544
```

最后，XGBoost支持三种不同类型的提升方法，可以通过booster参数设置：

- booster = 'gbtree'是默认设置，实现使用基于树的回归进行训练的牛顿提升。
- booster = 'gblinear'实现牛顿提升，使用线性函数作为弱学习器，使用线性回归进行训练。
- booster = 'dart'使用dropout与多个加性回归树(DART)训练集成，如第5.4节所述。

通过仔细设置训练参数，还可以使用XGBoost训练(并行)随机森林集成，以确保训练示例和特征子采样。这通常只在你想要使用XGBoost的并行和分布式训练架构来显式训练并行集成时才有用。

6.4　XGBoost实践

在本节中，将介绍如何使用XGBoost在实践中训练模型。与AdaBoost和梯度提升一样，通过设置学习率(第6.4.1节)或使用早停(第6.4.2节)来控制过拟合，如下所示：

- 通过选择有效的学习率，尝试控制模型学习速度，以免其迅速拟合，然后过拟合训练数据。可以把该方法看作一种积极的建模方式，试图确定一个良好的训练策略，这样就会产生一个好的模型。
- 通过强制早停，试图观察到模型开始过拟合时就停止训练。可将其看作一种反应建模方法，当认为有一个好的模型时，就考虑终止训练。

6.4.1　学习率

回顾一下，从第6.1节可以得知，步长类似于学习率，是每个弱学习器对整个集成贡献度的度量。学习率允许更好地控制集成复杂性增长的速度。因此，在实践中，需要确定数据集的最佳学习率，这样才能避免过拟合，并在训练后很好地进行泛化。

通过交叉验证设置学习率

正如在前一节看到的，XGBoost提供了一个与scikit-learn配合得很好的接口。

本节展示了如何结合这两个包的功能，从而使用交叉验证有效地执行参数选择。虽然这里使用交叉验证来设置学习率，但交叉验证可以用来选择其他学习参数，如最大树深度、叶节点数量，甚至是损失函数特定的参数。

结合scikit-learn的StratifiedKFold类，将训练数据划分为10折训练集和验证集。StratifiedKFold确保保留类分布，即不同类别在折中的比例。

首先，初始化我们感兴趣的学习率：

```
import numpy as np
learning_rates = np.concatenate([np.linspace(0.02, 0.1, num=5),
                                 np.linspace(0.2, 1.8, num=9)])
n_learning_rate_steps = len(learning_rates)
print(learning_rates)
[0.02 0.04 0.06 0.08 0.1  0.2  0.4  0.6  0.8  1.   1.2  1.4  1.6  1.8 ]
```

接下来，设置StratifiedKFold，并将训练数据划分为10折数据集：

```
from sklearn.model_selection import StratifiedKFold
n_folds = 10
splitter = StratifiedKFold(n_splits=n_folds, shuffle=True, random_state=42)
```

在下面的代码清单中，通过使用XGBoost在每个折数据集上训练和评估模型来执行交叉验证。

代码清单6.5　使用XGBoost和scikit-learn进行交叉验证

```
trn_err = np.zeros((n_learning_rate_steps, n_folds))
val_err = np.zeros((n_learning_rate_steps, n_folds))    ← 保存训练误差
                                                           和验证误差
for i, rate in enumerate(learning_rates):               ← 使用不同的
    for j, (trn, val) in enumerate(splitter.split(X, y)):  学习率为每
        gbm = XGBClassifier(n_estimators=10, max_depth=1,  个折数据集
                       learning_rate=rate, verbosity=0)     训练一个
        gbm.fit(X[trn, :], y[trn])                          XGBoost分
                                                            类器
        trn_err[i, j] = (1 - accuracy_score(y[trn],
                                  gbm.predict(X[trn, :]))) * 100
        val_err[i, j] = (1 - accuracy_score(y[val],
                                  gbm.predict(X[val, :]))) * 100

trn_err = np.mean(trn_err, axis=1)     平均每折数据集的
val_err = np.mean(val_err, axis=1)     训练误差和验证误差
```

保存训练误差和验证误差 (左侧标注)

将其应用于乳腺癌数据集(参见第6.3.2节)，可得到该数据集的平均训练误差和验证误差。图6.14中展示了不同学习率的平均训练误差和验证误差。

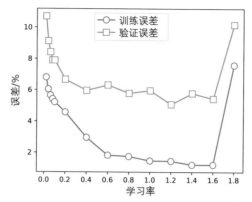

图6.14　XGBoost在乳腺癌数据集的10个折中的平均训练误差和验证误差

随着学习率降低，XGBoost性能会下降，因为提升过程变得更保守，并呈现出欠拟合行为。随着学习率增加，XGBoost的性能再次下降，因为提升过程变得越来越大胆，并呈现出过拟合行为。在参数选择中，最佳值似乎是learning_rate=1.2，通常在1.0和1.5之间。

使用XGBoost进行交叉验证

除了参数选择外，交叉验证还可以用于表征模型性能。在代码清单6.6中，使用XGBoost内置的交叉验证功能来表征，XGBoost的性能如何随着集成中估计器数量的增加而变化。

使用XGBoost.cv函数执行10折交叉验证，如代码清单6.6所示。注意，xgb.cv的调用方式与前一节中的xgb.fit几乎相同。

代码清单6.6　使用XGBoost进行交叉验证

```
import xgboost as xgb
trn = xgb.DMatrix(Xtrn, label=ytrn)
tst = xgb.DMatrix(Xtst, label=ytst)

params = {'learning_rate': 0.25, 'max_depth': 2,
          'objective': 'binary:logistic'}
cv_results = xgb.cv(params, trn, num_boost_round=60,
                    nfold=10, metrics={'error'}, seed=42)
```

在此代码清单中，模型性能由误差来表征，误差通过metrics={'error'}传递给XGBoost.cv。训练和测试交叉验证误差如图6.15所示。

在图6.15中，另一个有趣的观察结果是，大约35次迭代后，训练和验证性能"停止"得到显著改善。这表明，通过延长训练时间来获得显著的性能改进，这是没有意义的。而可很好地了解早停的概念，之前在AdaBoost和梯度提升中就遇到过。

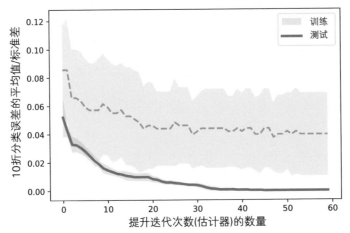

图6.15   在集成中加入越来越多的基础估计器时，跨折的平均误差随着迭代次数的
增加而减小

6.4.2　早停

随着集成中基础估计器数量增加，集成复杂性也增加，最终导致过拟合。为
了避免这种情况，可以在达到集成大小限制之前停止训练模型。

使用XGBoost早停的工作原理与LightGBM非常相似，为参数early_stopping_
rounds指定一个值。在验证集的每次迭代之后，XGBoost都会评估集成的性能，并
从训练集中划分出一个独立的验证集，以便识别好的早停点。

只要最后early_stopping_rounds的总体分数(如准确率)有所提高，XGBoost就会
继续训练。但分数在early_stopping_rounds之后，当分数没有提高时，XGBoost就
会终止训练。

代码清单6.7说明了如何使用XGBoost进行早停。注意，train_test_split用于创
建独立验证集，该验证集由XGBoost用于识别早停点。

代码清单6.7　使用XGBoost进行早停

```
from sklearn.model_selection import train_test_split
Xtrn, Xval, ytrn, yval = train_test_split(X, y, test_size=0.2,
                                  shuffle=True, random_state=42)
ens = XGBClassifier(n_estimators=50, max_depth=2,
                    objective='binary:logistic')
ens.fit(Xtrn, ytrn, early_stopping_rounds=5,
        eval_set=[(Xval, yval)], eval_metric='auc')
```

上一个代码清单中早停的三个关键参数是早停轮数和评估集：early_
stopping_rounds=5和eval_set=[(Xval, yval)]，以及评估指标eval_metric='auc'。有
了这些参数，即使在XGBClassifier中将n_estimators初始化为50，训练也会在13轮

后终止：

```
[0]validation_0-auc:0.95480
[1]validation_0-auc:0.96725
[2]validation_0-auc:0.96757
[3]validation_0-auc:0.99017
[4]validation_0-auc:0.99099
[5]validation_0-auc:0.99181
[6]validation_0-auc:0.99410
[7]validation_0-auc:0.99640
[8]validation_0-auc:0.99476
[9]validation_0-auc:0.99148
[10]validation_0-auc:0.99050
[11]validation_0-auc:0.99050
[12]validation_0-auc:0.98985
```

因此，早停可以大大提高训练时间，同时确保模型性能不会过度下降。

6.5 案例研究：文档检索

在本章结束之前，将回顾第5章中的案例研究，该任务识别并检索数据库中与用户查询匹配的文档。在第5章中，比较了LightGBM中可用的几种梯度提升方法。

在本章中，将使用XGBoost在文档检索任务上训练牛顿提升模型，并比较XGBoost和LightGBM的性能。此外，该案例研究还说明了如何为大型数据集设置随机交叉验证以实现有效的参数选择。

6.5.1 LETOR数据集

使用LEarning TO Rank (LETOR) v4.0数据集，该数据集由微软研究院免费提供。每个训练示例对应于一个查询-文档对，其中包含描述查询、文档和它们之间匹配的特征。每个训练标签都是相关等级：最不相关、适度相关或高度相关。

这一问题得以设置为一个三分类问题，即在给定一个训练示例(一个查询文档对)的情况下，识别相关类别(最不相关、中等相关或高度相关)。为了方便并保持一致性，将使用XGBoost的scikit-learn封装器提供的功能以及来自scikit-learn本身的模块。首先加载LETOR数据集：

```
from sklearn.datasets import load_svmlight_file
from sklearn.model_selection import train_test_split
import numpy as np
```

```
query_data_file = './data/ch05/MQ2008/Querylevelnorm.txt'
X, y = load_svmlight_file(query_data_file)
```

接下来，将其划分为训练集和测试集：

```
Xtrn, Xtst, ytrn, ytst = train_test_split(X, y,
                                           test_size=0.2, random_state=42)
```

6.5.2 使用XGBoost进行文档检索

因为存在一个三分类(多分类)问题，所以使用softmax损失函数训练基于树的XGBoost分类器。Softmax损失将逻辑损失函数推广到多类分类中，常用于多项逻辑回归和深度神经网络等多类学习算法中。

设置了目标='multi:softmax'的训练损失函数，并用eval_metric='merror'测试评估函数。评估函数是一个多类误差，即0~1的错误分类误差，从二值到多类情况的概化。不使用merror作为训练目标，因为它不可微分，也不利于计算梯度和海森：

```
xgb = XGBClassifier(booster='gbtree', objective='multi:softmax',
                    eval_metric='merror', use_label_encoder=False,
                    n_jobs=-1)
```

还将n_jobs=-1设置为启用XGBoost使用所有可用的CPU核，从而加速并行训练。

与LightGBM相似，XGBoost还要求设置几个训练超参数，例如学习率(控制学习率)或叶节点数(控制基础估计器树的复杂性)。使用scikit-learn的随机交叉验证模块RandomizedSearchCV选择这些超参数。具体而言，在各种参数选择的网格上执行5折交叉验证；然而，与GridSearchCV不同，RandomizedSearchCV对少量的模型结合进行随机采样，从而更快地选择参数：

```
num_random_iters = 20
num_cv_folds = 5
```

可探索这里描述的一些关键参数的几个不同值：

- learning_rate——控制每个树对集成的总体贡献
- max_depth——限制树深度以加速训练并减少复杂性
- min_child_weight——通过限制每个叶节点的海森值之和来控制过拟合
- colsample_bytree——指定从训练数据中采样特征的比例，以加速训练(类似于由随机森林或随机子空间执行的特征子采样)
- reg_alpha和reg_lambda——指定叶节点值的正则化程度以控制过拟合

以下代码指定了一些感兴趣的参数值范围，以识别有效的训练参数结合：

```
from scipy.stats import randint, uniform
xgb_params = {'max_depth': randint(2, 10),
              'learning_rate': 2**np.linspace(-6, 2, num=5),
              'min_child_weight': [1e-2, 1e-1, 1, 1e1, 1e2],
              'colsample_bytree': uniform(loc=0.4, scale=0.6),
              'reg_alpha': [0, 1e-1, 1, 10, 100],
              'reg_lambda': [0, 1e-1, 1, 10, 100]}
```

如上所述，这些参数上的网格生成结合过多，无法有效地进行评估。因此，采用交叉验证随机搜索，并随机采样少量参数结合：

```
cv = RandomizedSearchCV(estimator=xgb,
                        param_distributions=xgb_params,
                        n_iter=num_random_iters,
                        cv=num_cv_folds,
                        refit=True,
                        random_state=42, verbose=1)
cv.fit(Xtrn, ytrn, eval_metric='merror', verbose=False)
```

注意，在RandomizedSearchCV中设置了refit=True，这使得使用RandomizedSearchCV识别出的最佳参数结合，能够进行一次最终模型的训练。

在训练后，将XGBoost与第5.5节中训练的四个LightGBM模型进行比较：

- 随机森林——同质并行随机决策树集成。
- 梯度提升决策树(GBDT)——这是梯度提升的标准方法，表示具有良好泛化性能和训练速度之间的平衡。
- 基于梯度的单侧采样(GOSS)——这种梯度提升的变体对训练数据进行了下采样，并且非常适合大型数据集。由于下采样，它可能会失去泛化性能，但训练速度通常非常快。
- dropout满足多重加性回归树(DART)——这种变体将来自深度学习的dropout概念结合在一起，其中在反向传播迭代期间，随机和临时删除神经单元，以减轻过拟合。在LightGBM中所有可用的梯度提升选项中，DART通常是最慢的。

XGBoost使用正则化损失函数和牛顿提升。相比之下，随机森林集成不使用任何梯度信息，而GBDT、GOSS和DART则使用梯度提升。

与以前一样，使用测试集准确率(图6.16(a))和总体模型开发时间(图6.16(b))来比较所有算法的性能，其中包括基于交叉验证的参数选择以及训练时间。

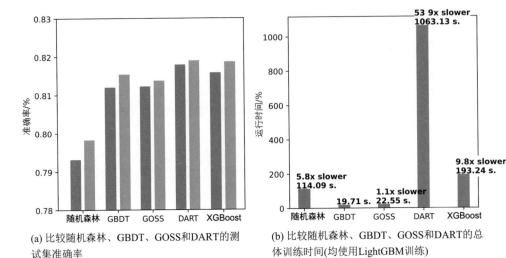

(a) 比较随机森林、GBDT、GOSS和DART的测试集准确率

(b) 比较随机森林、GBDT、GOSS和DART的总体训练时间(均使用LightGBM训练)

图6.16 实验结果

以下是这个实验的关键结果(参见图6.16):

- 在训练性能方面，XGBoost与DART、GOSS和GBDT表现相当，并且优于随机森林。在测试集性能方面，XGBoost仅次于DART。
- 在训练时间方面，XGBoost的总体模型开发时间明显短于DART。这表明需要一种应用相关的权衡，该权衡在额外性能提升和相应的计算开销之间做出。
- 最后，这些结果取决于建模过程中所做的各种选择，例如学习参数范围和随机化。通过精细的特征工程、损失函数选择和使用分布式处理来提高效率，就可以实现进一步的性能提升。

6.6 小结

- 牛顿下降是另一种优化算法，类似于梯度下降。
- 牛顿下降使用二阶(海森)信息加速优化，而梯度下降仅使用一阶(梯度)信息加速优化。
- 牛顿提升将牛顿下降和提升相结合，训练弱学习器的序列集成。
- 牛顿提升使用加权残差来描述正确分类和错误分类的训练示例，这类似于AdaBoost使用权重和梯度提升使用残差的方式。
- 牛顿提升中的弱学习器是回归树，它们是在训练示例的加权残差上训练的，并近似牛顿步长。

- 与梯度提升一样，牛顿提升可应用于各种损失函数，从分类、回归或排序任务中产生。

- 优化正则化的损失函数有助于控制学习集成中弱学习器的复杂性，防止过拟合并提高泛化能力。

- XGBoost是一种功能强大的公开框架，用于基于树的牛顿提升，并结合了牛顿提升、高效的划分查找和分布式学习。

- XGBoost优化由损失函数(拟合数据)和两个正则化函数组成的正则化学习目标：L2正则化和叶节点数。

- 与AdaBoost和梯度提升一样，在牛顿提升中，可以通过选择有效的学习率或通过早停来避免过拟合，而XGBoost支持两者。

- XGBoost实现了一种称为加权分位数草图的近似划分查找算法，它类似于基于直方图的划分查找，但适用于高效的牛顿提升。

- 除了用于分类、回归和排序的各种损失函数，XGBoost还支持将自己定制的、针对特定问题的损失函数用于训练。

第 III 部分

集成之外：将集成方法应用于你的数据

对于数据科学家而言，数据世界是一片原野，是危险的地方。数据科学家必须在数据世界中应对各种各样的数据类型，例如计数、分类和字符串等，数据中可能存在缺失值和噪声。需要为不同类型的任务构建预测模型，例如二分类、多分类、回归和排序。

必须构建机器学习流程，小心地预处理数据，以避免数据泄露。数据必须准确、快速、具有鲁棒性且有趣(当然，最后一点可忽略)。在这过后，最终得到的模型可能会完成训练任务，但都是无人能理解的黑盒。

在本书的最后一部分中，基于本书前一部分中的集成方法库以及一些新的集成方法，你将学习如何应对这些挑战。这是你从集成学习新手到经验丰富的数据集成探索者的最后一站。

第7章介绍回归任务的集成学习，你将学习如何调整不同的集成方法以处理连续和计数值标签。

第8章涵盖非数值特征的集成学习，你将学习如何在集成前或期间对分类和字符串值特征进行编码。你还将了解两个普遍存在的问题：数据泄露和预测偏移，以及它们如何经常干扰准确评估模型性能的能力。此外，第8章介绍了另一种梯度提升变体，称为有序提升，以及另一个功能强大的梯度提升软件包CatBoost，其类似于LightGBM和XGBoost。

第9章涵盖令人激动的新领域——可解释人工智能，旨在创建人类能够理解和信任的模型。虽然该章从集成方法的角度呈现，但该章涵盖的许多可解释性方法(如代理模型、LIME和SHAP)可应用于任何机器学习模型。第9章还介绍了可解释提升机，这是一种明确设计为直接可解释的集成方法类型。

本书的这一部分涵盖了集成方法的高级主题，并建立在第 II 部分的一些关键概念之上，尤其是梯度提升。如有必要，请随时返回第 II 部分复习或参考。

第 **7** 章

学习连续和计数标签

本章内容
- 机器学习中的回归
- 回归的损失函数和似然函数
- 何时使用不同的损失函数和似然函数
- 调整并行和顺序集成以解决回归问题
- 在实际设置中使用集成进行回归

许多现实世界的建模、预测和预测问题最好作为回归问题来构建和解决。回归问题历史悠久,早在机器学习出现之前就一直是标准统计学家工具包的一部分。

回归技术已经在许多领域得到发展和广泛应用。以下是一些例子:
- 天气预报——利用今天的数据(包括温度、湿度、云层覆盖、风力等)预测明天的降水情况。
- 保险分析——预测一段时间内的汽车保险索赔次数,给定各种车辆和驾驶员属性。
- 金融预测——使用历史股票数据和趋势预测股票价格。
- 需求预测——使用历史、人口统计和天气数据预测未来三个月的住宅电力负荷量。

在第2~6章中,介绍了用于分类问题的集成技术,而在本章中,将看到如何将集成技术用于回归问题。

思考一下检测欺诈信用卡交易的任务。这是一个分类问题,因为旨在区分两种类型的交易：欺诈交易(如类标签1)和非欺诈交易(如类标签0)。在分类中，要预测的标签(或目标)是分类的(0、1、...)，并代表不同的类别。

另一方面，再思考一下预测持卡人每月信用卡余额的问题。这是一个回归任务的实例。与分类不同，要预测的标签(或目标)是连续值(如650.35美元)。

再思考另一个问题，即预测持卡人每周使用卡的次数。这也是一个回归任务的实例，但有细微区别。要预测的标签或目标是计数。通常区分连续回归和计数回归，因为模拟计数值为连续值并不总是有意义的(例如，预测一个持卡人将使用其卡7.62次，这意味着什么？)。

在本章中，将学习这些类型的问题和其他可以用回归模型建模的问题，以及如何训练回归集成。7.1节正式介绍回归模型，展示了一些常用的回归模型，并解释了如何在称为广义线性模型(GLM)的单个框架下对连续和计数值标签(甚至分类标签)进行建模。7.2节展示了如何将集成方法应用于回归问题。7.3节介绍了连续和计数值目标的损失函数和似然函数，以及使用它们的时间和方法。在7.4节中通过需求预测的案例研究结束本章。

7.1　回归的简要回顾

本节回顾了回归的术语和背景材料。首先介绍传统的连续标签学习，然后将讨论泊松回归(一种学习计数标签的重要技术)以及逻辑回归(另一种学习分类标签的重要技术)。

尤其将看到线性回归、泊松回归和逻辑回归都是GLM框架内的单个变体。还将简要回顾两种重要的非线性回归方法——决策树回归和人工神经网络(ANN)，因为它们通常用作集成方法中的基础估计器或元估计器。

7.1.1　连续标签的线性回归

最基本的回归方法是线性回归，其中要训练的模型是输入特征的线性加权组合：

$$f(\boldsymbol{x}) = w_0 + w_1 x_1 + \cdots + w_d x_d = w_0 + \boldsymbol{w}'\boldsymbol{x}$$

线性回归模型$f(\boldsymbol{x})$以样本$\boldsymbol{x}$作为输入，由特征权重$\boldsymbol{w}$和截距(也称为偏置)w_0参数化。通过识别所有n个训练样本上真实标签(y_i)和预测标签$(f(\boldsymbol{x}_i))$之间的均方差(MSE)最小化权重，此模型获得训练，其中

$$\text{平方损失} = \frac{1}{2n}\sum_{i=1}^{n}(y_i - f(\boldsymbol{x}_i))^2 = \frac{1}{2n}\sum_{i=1}^{n}(y_i - \boldsymbol{w}'\boldsymbol{x}_i - w_0)^2$$

MSE只是(平均)平方损失。由于最小化损失函数来学习该模型，线性回归也有另一个你可能熟悉的名字：普通最小二乘(OLS)回归。

回顾一下第6.2节以及第1章中提到的，大多数机器学习问题都可以组合成正则化函数和损失函数，其中正则化函数控制模型复杂性，损失函数控制模型拟合度：

$$\text{学习目标} = \alpha \cdot \underbrace{\text{regularization}(f)}_{\text{衡量模型复杂性}} + \overbrace{\text{loss}(f, \text{data})}^{\text{衡量模型拟合度}}$$

当然，α是正则化参数，它在拟合度和复杂性之间进行权衡。α必须由用户确定并设置，通常通过交叉验证等做法来实现。

优化(具体而言，最小化)此学习目标基本上等于训练模型。从这个角度看，普通最小二乘回归可以被构建成一个未正则化的学习问题，其中仅优化平方损失函数：

$$\text{OLS学习目标} = \alpha \cdot \underbrace{0}_{\text{衡量模型复杂性}} + \overbrace{\text{平方损失}}^{\text{衡量模型拟合度}}$$

那么，是否可能使用不同的正则化函数来提出其他线性回归方法呢？当然，在过去一个世纪的大部分时间里，这是统计界一直在做的事情。

常见的线性回归方法

通过scikit-learn的linear_model子包来看看实践中一些常见的线性回归方法，它实现了几个线性回归模型。将使用一个合成数据集，其中真正的基础函数由f(x)=-2.5x + 3.2给出。这是一个单变量函数，或者说是一个变量(对于我们来说，这是一个特征)的函数。当然，在实践中，通常不会知道真正的基础函数。以下代码片段生成了一个小的、噪声数据集，其中包含100个训练样本：

```
import numpy as np
n = 100

rng = np.random.default_rng(seed=42)                    ← 在NumPy中创建一个
X = rng.uniform(low=-4.0, high=4.0, size=(n, 1))           种子随机数生成器

f = lambda x: -2.5 * x + 3.2                             根据此(线性)函数
y = f(X)                                                 生成噪声标签
y += rng.normal(scale=0.15 * np.max(y), size=(n, 1))
```

可以在图7.1中可视化此数据集。

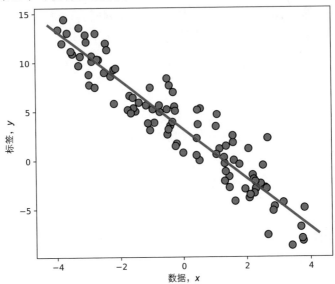

图7.1 合成回归问题的数据，拟合了几个线性回归模型，由单变量(一维)噪声函数 $f(x) = -2.5x + 3.2$ 生成，该函数由覆盖数据点的线显示

不同的正则化方法服务于不同的建模需求，并且可以处理不同类型的数据问题。线性回归模型必须处理的最常见数据问题就是多重共线性问题。

数据中的多重共线性是指一个特征决定其他特征，也就是说，特征之间彼此相关。例如，在医疗数据中，患者的体重和血压通常高度相关。在实际应用中，这意味着两个特征传达的信息几乎相同，因此应该通过选择并仅使用其中一个特征来训练较简单的模型。

为了理解不同正则化方法的效果，将使用最近生成的单变量数据创建一个具有多重共线性的数据集。具体来说，将创建一个具有两个特征的数据集，其中一个特征取决于另一个特征：

```
X = np.concatenate([[X, 3*X + 0.25*np.random.uniform(size=(n, 1))], axis=1)
```

这会生成一个具有两个特征的数据集，其中第二个特征是第一个特征的3倍(加上一些随机噪声，使其更现实)。现在拥有一个二维数据集，其中第二个特征与第一个特征高度相关。与以前一样，将数据集划分为训练集(75%)和测试集(25%)：

```
from sklearn.model_selection import train_test_split
Xtrn, Xtst, ytrn, ytst = train_test_split(X, y, test_size=0.25,
                                           random_state=42)
```

现在训练4个常用的线性回归模型：

- 无正则化的OLS回归。
- 岭回归，使用L2正则化。
- 最小绝对值收缩和选择运算符(LASSO)，使用L1正则化。
- elastic网络，使用L1和L2正则化的组合。

代码清单7.1初始化并训练了这4个模型。

代码清单7.1　线性回归模型

```
from sklearn.linear_model import LinearRegression, Ridge, Lasso, ElasticNet
from sklearn.metrics import mean_squared_error, mean_absolute_error

models = ['OLS Regression', 'Ridge Regression', 'LASSO', 'Elastic Net']
regressors = [LinearRegression(),
              Ridge(alpha=0.5),                                    初始化4个常见的
              Lasso(alpha=0.5),                                    线性回归模型
              ElasticNet(alpha=0.5, l1_ratio=0.5)]

for (model, regressor) in zip(models, regressors):
    regressor.fit(Xtrn, ytrn)                              获取测试集
    ypred = regressor.predict(Xtst)                        上的预测
    mse = mean_squared_error(ytst, ypred)        使用MSE和MAD
    mad = mean_absolute_error(ytst, ypred)       计算测试误差

print('{0}\'s test set performance: MSE = {1:4.3f}, MAD={2:4.3f}'.
    format(model, mse, mad))
print('{0} model: {1} * x + {2}\n'.                              打印回归
    format(model, regressor.coef_, regressor.intercept_))        权重
```

训练回归模型

未正则化的OLS模型将作为比较其他模型的基准：

```
OLS Regression's test set performance: MSE = 2.786, MAD=1.300
OLS Regression model: [[-1.46397043 -0.32220113]] * x + [3.3541317]
```

将使用两个指标来评估每个模型的性能：这两个指标分别为均方差(MSE)和平均绝对误差(MAD)。该模型的MSE为2.786，MAD为1.3。下一个线性回归模型(岭回归)使用L2正则化，也就是权重的平方和：

$$\text{岭回归学习目标} = \alpha \cdot \underbrace{\frac{1}{2}(w_1^2 + \cdots w_d^2)}_{\text{衡量模型复杂性}} + \overbrace{\text{平方损失}}^{\text{衡量模型拟合度}}$$

那么，L2正则化用来做什么？该学习涉及最小化学习目标；当正则化项或平方和最小时，它将单个权重推向零。这称为模型权重的收缩，因为它减少了模型复杂性。

在目标中，平方损失项是非常关键的，因为倘若没有它，必须训练一个所有权重都为零的退化模型。因此，岭回归模型在复杂性和拟合度之间进行权衡，其权衡由设置参数$\alpha > 0$来控制。代码清单7.1生成以下岭回归模型(其中$\alpha > 0.5$)：

```
Ridge Regression's test set performance: MSE = 2.760, MAD=1.301
Ridge Regression model: [[-0.34200341 -0.69592603]] * x + [3.39572877]
```

当把L2正则化岭回归学习的权重[-0.34，-0.7]与未正则化的OLS回归学习的权重[-1.46，-0.322]进行对比时，正则化和收缩的效果立即显现。

如前所述，另一个常用的线性回归方法是最小绝对值收缩和选择运算符(LASSO)，这种方法与岭回归非常相似，只是该方法使用L1正则化来控制模型复杂性。也就是说，L1回归的学习目标为

$$\text{LASSO学习目标} = \alpha \cdot \underbrace{(|w_1| + \cdots + |w_d|)}_{\text{衡量模型复杂性}} + \overbrace{\text{平方损失}}^{\text{衡量模型拟合度}}$$

L1正则化是权重的绝对值之和，而不是L2正则化中的平方和。总体效果与L2正则化类似，只是L1正则化会缩小预测性较差特征的权重。相反，L2正则化会统一缩小所有特征的权重。

换句话说，L1正则化将不太具有信息化特征的权重推向零，这使其非常适合特征选择。L2正则化将所有特征的权重一起缩小，这使其非常适合处理相关特征和协变特征。

代码清单7.1生成了LASSO模型(其中$\alpha > 0.5$)。

```
LASSO's test set performance: MSE = 2.832, MAD=1.304
LASSO model: [-0.          -0.79809073] * x + [3.41650036]
```

将LASSO模型的权重[0,-0.798]与岭回归学习的权重[-0.34,-0.7]进行对比；实际上，LASSO已经学习了第一个特征的零权重！

可以看到，L1正则化会引起模型稀疏性。也就是说，在学习过程中，LASSO会执行隐式特征选择，以确定构建一个更简单模型所需的一小组特征，同时可以保持甚至提高性能。

换句话说，这个LASSO模型仅取决于一个特征，但OLS模型取决于两个特征。因此，LASSO模型比OLS模型更简单。虽然这对于这一简单数据集可能意义不大，但是部署到具有数千个特征的数据集时，这具有重要的可扩展性影响。

回顾一下，把合成数据集精心构造为具有两个高度相关的特征。LASSO已识别了这一点，确定它不需要两者，对于其中一个，学习了一个零权重，有效地将

其对最终模型的贡献归零。

将看到的最后一个线性回归模型称为elastic网络，这是一个广泛使用、经过充分研究的著名模型。elastic网络回归使用L1和L2正则化的组合：

$$\text{网络目标} = \underbrace{\alpha \cdot \rho(|w_1| + \cdots + |w_d|) + \alpha \cdot \frac{1-\rho}{2}(w_1^2 + \cdots w_d^2)}_{\text{衡量模型复杂性}} + \overbrace{\text{平方损失}}^{\text{衡量模型拟合度}}$$

整体正则化中L1和L2正则化器的比例由L1比率$0 \leq \rho \leq 1$控制，而参数$\alpha > 0$仍控制整体正则化和损失函数之间的权衡。

L1比率允许调整L1和L2目标的贡献。例如，如果$\rho = 0$，则elastic网络目标变为岭回归目标。或者，如果$\rho = 1$，则elastic网络目标变为LASSO目标。对于介于0和1之间的所有其他值，elastic网络目标属于岭回归和LASSO的某种组合。

代码清单7.1生成以下elastic网络模型，其中$\alpha = 0.5$，$\rho = 0.5$，elastic网络的测试集性能为MSE=2.824，MAD=1.304：

```
Elastic Net model: [-0.        -0.79928498] * x + [3.41567834]
```

从这些结果中可以看出，elastic网络模型仍具有LASSO的稀疏性特征(第一个学习权重为零)，同时融合了鲁棒性(比较岭回归和elastic网络的测试集性能)。

表7.1 总结了四种常见的线性回归模型，这些模型都使用了平方损失函数，但使用了不同的正则化方法以提高其鲁棒性和稀疏性

模型	损失函数	正则化	评论
OLS回归	平方损失 $(y - f(\boldsymbol{x}))^2$	没有	经典线性回归；具有高度相关的特征时变得不稳定
岭回归	平方损失 $(y - f(\boldsymbol{x}))^2$	L2惩罚 $1/2(w_1^2 + \cdots + w_d^2)$	缩小权重以控制模型复杂性，并促进高度相关特征的鲁棒性
LASSO	平方损失 $(y - f(\boldsymbol{x}))^2$	L1惩罚 $|w_1| + \cdots + |w_d|$	进一步缩小权重，鼓励稀疏性模型，执行隐式特征选择
elastic网络	平方损失 $(y - f(\boldsymbol{x}))^2$	ρL1 + $(1-\rho)$L2 $0 \leq \rho \leq 1$	L1和L2正则化器的加权组合，以此权衡稀疏性和鲁棒性

在模型训练期间，通常通过梯度下降、牛顿下降或其变体，这些正则化损失函数得以优化，如第5.1节和第6.1节所述。

表7.1中的所有线性回归方法都使用了平方损失。其他回归方法可用不同的损失函数来推导。将在第7.3节和第7.4节的案例研究中看到示例。

7.1.2 用于计数标签的泊松回归

上一节介绍了泊松回归是一种机器学习方法，适合于对具有连续值目标(标签)的问题进行建模。然而，在很多情况下，必须开发标签计数的模型。

例如，在卫生信息学中，可能希望建立一个模型来预测给定特定患者数据的医生访问次数(本质上是计数)。在保险定价中，一个常见问题是对索赔频率进行建模，以预测不同类型保单的保险索赔数量。另一个例子是城市规划，可能希望对人口普查地区的不同计数变量进行建模，如家庭规模、犯罪数量、出生数量和死亡数量等。在所有这些问题中，仍然对构建形式为$y=f(x)$的回归模型感兴趣；然而，目标标签y不再是一个连续值，而是一个计数值。

连续值回归模型的假设

一种方法是简单地将计数视为连续值处理，但这并不总是有效的。首先，对计数变量的连续值预测不完全是有意义的。例如，如果预测每位患者的就医次数，那么预测2.41次并不真正有帮助，因为不清楚它到底是两次还是三次。更糟的是，连续值预测甚至会预测出完全没有意义的负值。医生看了-4.7次是什么意思？这种讨论表明连续值和计数值目标代表了两种完全不同的事情，应该采用不同的方式来看待它们。

首先，看看线性回归如何拟合连续值目标。图7.2(左)显示了一个(噪声的)单变量数据集，其中连续值标签(y)取决于单个特征(x)。

线性回归模型假设对于输入x，预测误差或残差$y=f(x)$遵循正态分布。在图7.2(左)中，在数据、标签和线性回归模型(虚线)上叠加了几个这样的正态分布。

简言之，线性回归试图拟合线性模型，使残差具有正态分布。正态分布，也称为高斯分布，是一种概率分布，或者是对(随机)变量可能值分布和形状的数学描述。如图7.2(右)所示，正态分布是连续值分布，也是对连续值标签的合理选择。

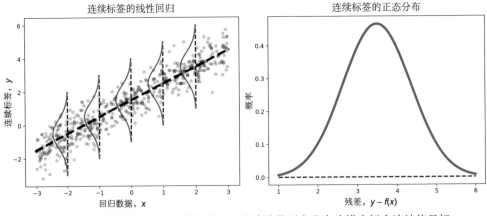

图7.2 线性回归通过假设目标的扩展可由连续值正态分布建模来拟合连续值目标

那么计数数据呢？在图7.3中，可视化了具有连续值目标的数据集(左)和具有
计数值目标的第二个数据集(右)之间的差异。

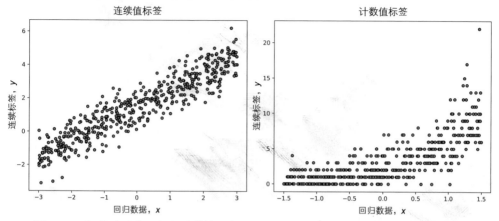

图7.3 可视化连续值目标和计数值目标之间的差异表明，线性回归效果不佳，因为
计数标签的分布(扩展和形状)与连续标签的分布相当不同

开始看到连续值和计数值标签之间存在一些明显差异。直观而言，设计用于
连续目标的回归模型将难以构建具有计数目标的可行模型。

这是因为连续目标的回归模型假设残差具有某种形状：正态分布。正如接下
来将看到的那样，计数值目标不是正态分布，而是通常遵循泊松分布。由于计数
值标签与连续值标签本质上不同，因此，专为连续值标签设计的回归方法通常不
适用于计数值标签。

计数值回归模型的新假设

那么，是否可以保持线性回归的一般框架，但将其扩展到能够处理计数值数
据？确实可以通过一些建模更改来实现：

- 必须改变将标签(预测目标)与输入特征链接起来的方式。线性回归通过线
  性函数将标签与特征联系起来：$y = \beta_0 + \beta' x$。对于计数标签，将在模型
  $g(y) = \beta_0 + \beta' x$ 中引入一个链接函数 $g(y)$；特别是，将使用对数链接函数
  $\log(y) = \beta_0 + \beta' x$，或使用等效的反函数 $y = e^{\beta_0 + \beta' x}$。链接函数通常基于以
  下两个关键因素进行选择：①认为最适合数据及其行为的基础概率分布，
  ②任务和应用程序相关考虑因素。
- 必须改变对预测 $f(x)$ 分布的假设。线性回归假设连续标签的正态分布。对
  于计数值标签，需要泊松分布，这是可用于模拟计数的几种分布之一。
- 泊松分布是离散概率分布，因此它非常适合处理离散计数值标签，并表达
  了在固定时间间隔内可能发生事件数量的概率。这种情况下，对数链接函
  数非常适合泊松分布和其他具有指数形式的分布。

图7.4说明了开发计数值数据的回归模型所需的对数链接函数以及泊松分布：

- 观察图7.4(左)中计数标签(y)的平均趋势与回归数据(x)的关系，由虚线表示。直观地看，这是指数趋势较为温和，显示了特征(x)与标签(y)如何联系起来。
- 观察在可视化模型上叠加的泊松分布如何模拟计数的特性(离散)，以及离散为何优于正态分布。

具有这些变化并能够模拟计数值目标的回归模型，称为泊松回归。

回顾一下，泊松回归仍然使用线性模型来捕捉示例中各种输入特征的效果。但是，它也引入了对数链接函数和泊松分布假设，以有效地模拟计数标记数据。

刚才描述的泊松回归方法是普通线性回归的扩展，这意味着它没有正则化。但是，可以添加不同的正则化项来引导鲁棒性或稀疏性，正如在第7.1节中看到的那样。

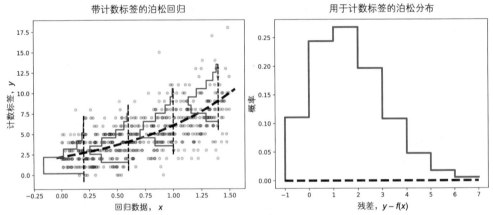

图7.4　泊松回归通过假设目标的扩散可由离散值泊松分布建模，来拟合计数值目标。更准确地说，泊松回归假设用于样本x的预测$f(x)$符合泊松分布

scikit-learn的泊松回归实现是sklearn.linear_model子包的一部分。它实现了带有L2正则化的泊松回归，其中正则化的效果可通过参数α来控制。

因此，超参数α是正则化参数，类似于岭回归中的正则化参数。设置$\alpha=0$会导致模型学习一个非正则化泊松回归量。这与非正则化线性回归一样，都不能有效地处理特征相关性。

在以下示例中，使用$\alpha=0.01$的泊松回归，这将训练计数标签的回归模型，并能处理数据中的特征相关鲁棒性：

```
from sklearn.linear_model import PoissonRegressor
poiss_reg = PoissonRegressor(alpha=0.01)
poiss_reg.fit(Xtrn, ytrn)
ypred = poiss_reg.predict(Xtst)
mse = mean_squared_error(ytst, ypred)
```

```
mad = mean_absolute_error(ytst, ypred)
print('Poisson regression test set performance: MSE={0:4.3f}, MAD={1:4.3f}'.
        format(mse, mad))
```

在图7.4中的数据上执行这个代码片段(请参阅生成该数据的Python代码)，结果如下：

```
Poisson regression test set performance: MSE = 3.963, MAD=1.594
```

可以在具有计数值特征的合成数据集上训练岭回归模型。记住，岭回归模型使用MSE作为损失函数，但不适用于计数变量，如下所示：

```
Ridge regression test set performance: MSE = 4.219, MAD=1.610
```

7.1.3 用于分类标签的逻辑回归

在上一节中，看到可以通过适当选择链接函数和目标分布将线性回归扩展到计数值标签。那么，还可以处理哪些标签类型？这种想法(添加链接函数和引入其他类型的分布)是否可以扩展到分类标签？分类(或类)标签用于描述二元分类问题(0或1)或多元分类问题(0, 1, 2)。

那么，是否可将回归框架应用于分类问题？令人惊讶的是，答案是可以将回归框架应用于分类问题！为简单起见，重点关注二元分类，其中标签只能取两个值(0或1)：

- 必须更改将目标标签链接到输入特征的方式。对于类别/分类标签，使用logit链接函数 $g(y) = \ln\left(\frac{y}{1-y}\right)$。因此，将学习的模型为 $\ln\left(\frac{y}{1-y}\right) = \beta_0 + \beta'x$。乍一看，这个选择似乎相当随意，但稍微深入一点就会发现这个选择并不复杂。

  首先，通过逻辑函数反函数，标签y与数据x之间有了等效链接 $y = \frac{1}{1+e^{-(\beta_0 + \beta'x)}}$。也就是说，$y$用sigmoid函数(也称为逻辑函数)进行建模。因此，在回归模型中使用logit链接函数将其转化为逻辑回归，这是一种众所周知的分类算法！其次，可以将 $\frac{y}{1-y}$ 视为y与$(1-y)$ 的比率，将其解释为 $y:(1-y)$ 是类别0到类别1的赔率。这些赔率与赌博和投注中提供的赔率完全相同。对数链接函数仅是赔率的对数，或对数赔率。本质上，此链接函数提供了类别为0或1可能性的度量。

- 假设线性回归对连续值标签采用正态分布，泊松回归对计数标签采用泊松分布，逻辑回归对二元类标签采用伯努利分布。

  伯努利分布与泊松分布一样，是另一种离散概率分布。但是，伯努利分布不是描述事件计数，而是模拟问题是/否的结果。这非常适合二元类情况，这种情况下，会问：“此样本属于类别0还是类别1？”

综上考虑，在图7.5中将逻辑回归类比为线性回归或泊松回归。

图7.5(左)显示了二元分类数据集，其中数据仅有一个特征，目标属于两个类别之一。这种情况下，二元标签遵循伯努利分布，sigmoid链接函数(虚线)能够很好地将数据(x)与标签(y)联系起来。图7.5(右)展示了伯努利分布的详细信息。

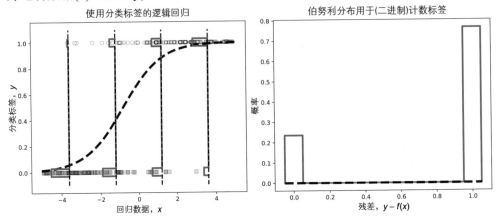

图7.5   逻辑回归通过假设目标的分布可以用离散值伯努利分布(右)建模，来拟合0/1值目标。观察类0和类1的预测概率(条形图的高度)如何随着数据而变化

当然，逻辑回归虽然与回归有着密切的联系，但只是许多不同分类算法之一。这种对分类问题的过渡只是为了强调一般回归框架可以处理各种类型的问题。

7.1.4 广义线性模型

广义线性模型(GLM)框架包括不同的链接函数和概率分布(以及许多其他模型)，以创建特定于问题的回归变量。线性回归、泊松回归、逻辑回归和许多其他模型都是不同的GLM变体。正则化的GLM回归模型有四个组成部分：

- 概率分布(正式来说，来自分布的指数族)
- 线性模型 $\eta = \beta_0 + \beta' x$
- 链接函数 $g(y) = \eta$
- 正则化函数 $R(\beta)$

为什么关注GLM？首先，它们显然是一种很棒的建模方法，能够在一个统一的框架中处理几种不同类型的回归问题。其次，更重要的是，GLM经常用作顺序模型中的弱学习器，特别是在许多梯度提升包(如XGBoost)中。最后，也是最重要的一点，GLM可以帮助能以原则性方式思考问题；在实践中，这意味着在数据集分析过程中，当开始很好地了解标签及标签分布时，可以知道哪个GLM变体最适合解决手头的问题。

表7.2显示了不同的GLM变体、链接函数-分布组合以及它们最适合的标签类型。其中一些方法，如Tweedie回归，可能对你来说比较陌生，将在第7.3和7.4节中更详细地介绍它们。

表7.2　不同类型标签的GLM

模型	链接函数	分布	标签类型
线性回归	标识 $g(y) = y$	正态	实值
Γ(伽马)回归	负反 $g(y) = -\frac{1}{y}$	Γ	正实值
泊松回归	log $g(y) = \log(y)$	泊松	计数/出现次数；整数值
逻辑回归	Logit $g(y) = \frac{y}{1-y}$	伯努利	0～1；二进制分类标签；是/否结果
多类逻辑回归	多元逻辑 $g(y) = \frac{y}{K-y}$	二项分布	0～K；多类标签；多选择结果
Tweedie回归	log $g(y) = \ln(y)$	Tweedie	具有许多零，右偏目标的标签

最后一种方法，Tweedie回归，是一种特别重要的GLM变体，广泛用于农业、保险、天气和许多其他领域的回归建模。

7.1.5　非线性回归

与线性回归不同，要学习的模型构造为特征的加权和$f(w) = w_0 + w_1 x_1 + \cdots + w_d x_d$，而在非线性回归中要学习的模型可以由任何特征和特征函数的组合组成。例如，可以从所有可能的特征交互的加权组合构建三个特征的多项式回归模型：

$$f(x_1, x_2 x_3) = w_0 + w_1 x_1 + w_2 x_2 + w_3 x_3 + w_4 x_1 x_2 + w_5 x_2 x_3 + w_6 x_3 x_1 + w_7 x_1 x_2 x_3$$

从建模的角度看，非线性回归提出了两个挑战：

- 应该使用哪些特征组合？在前面的示例中，有三个特征，因此有$2^3 = 8$个特征组合，每个组合都有自己的权重。一般来说，有d个特征，将考虑2^d个特征组合，并学习同样数量的权重。但这样做，在计算上十分费时，特别是因为示例中没有包括任何高阶项(例如，$x_2^2 x_3$)，而这些项通常也包括在构建非线性模型中！
- 应该使用哪些非线性函数？除了多项式，还可以使用各种函数和结合：三角函数、指数、对数和许多其他函数，以及许多其他的结合。但是在这个函数空间中进行穷举搜索是不可行的。

虽然许多不同的非线性回归技术已经提出、研究和使用，但有两种方法在现代背景下特别相关：决策树和神经网络。接下来将简要讨论这两种方法，不过我们将更多地关注决策树，因为这些决策树是大多数集成方法的构建块。

树方法使用决策树来定义要探索的非线性函数空间。在学习过程中，使用与前面描述相同的损失函数(如平方损失)来增加决策树。每次添加新的决策节点时，它会将一个新的特征交互/结合引入树中。

因此，决策树通过将损失函数作为评分指标，在学习过程中大量递归，促使特征结合。随着树的增长，其非线性(或复杂性)也在增加。那么，决策树的学习目标可以写成以下形式：

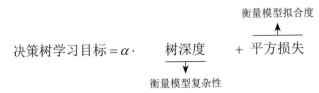

另一方面，人工神经网络(ANN)使用神经元层来逐步诱导每层中越来越复杂的特征组合。随着网络深度增加，神经网络的非线性也增加，这直接影响了必须学习的网络权重数量：

$$\text{神经网络学习目标} = \alpha \cdot \underbrace{\text{节点数量}}_{\text{衡量模型复杂性}} + \overbrace{\text{平方损失}}^{\text{衡量模型拟合度}}$$

scikit-learn软件包提供了许多非线性回归方法。快速看一下如何为一个简单的问题训练决策树和神经网络回归器。

与以前一样，可以通过生成一个简单的单变量数据集来可视化这两个回归方法。生成的数据为 $f(\boldsymbol{x}) = e^{-0.5x} \sin(1.25\pi\boldsymbol{x} - 1.414)$ ，这是数据 $\boldsymbol{x}$ 和连续标签 y 之间的真正基础非线性关系：

```
n = 150
X = rng.uniform(low=-1.0, high=5.0, size=(n, 1))
g = lambda x: np.exp(-0.5*x) * np.sin(1.25 * np.pi * x - 1.414)
y = g(X) # Generate labels according to this nonlinear function
y += rng.normal(scale=0.08 * np.max(y), size=(n, 1))
y = y.reshape(-1, )
```

划分训练集和测试集：

```
Xtrn, Xtst, ytrn, ytst = train_test_split(X, y, test_size=0.25,
                                           random_state=42)
```

现在，训练一个最大深度为5的决策树回归器：

```
from sklearn.tree import DecisionTreeRegressor
dt = DecisionTreeRegressor(max_depth=5)
dt.fit(Xtrn, ytrn)

ypred_dt = dt.predict(Xtst)
mse = mean_squared_error(ytst, ypred_dt)
mad = mean_absolute_error(ytst, ypred_dt)
print('Decision Tree''s test set performance: MSE = {0:4.3f}, MAD={1:4.3f}'.
        format(mse, mad))
```

学习的决策树函数如图7.6(b)所示。具有单变量(单变量)划分函数的决策树学习轴平行拟合，这反映在图的决策树模型中：模型由与两个坐标轴平行的线段组成。

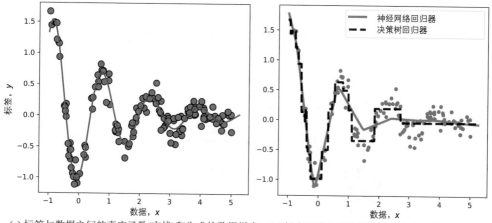

(a) 标签与数据之间的真实函数(实线)和生成的数据样本　　(b) 拟合到该合成数据集的两个非线性回归模型

图7.6　训练方式

通过类似方式，可以训练人工神经网络进行回归(ANN)，也称为多层感知器(MLP)回归器：

```
from sklearn.neural_network import MLPRegressor
ann = MLPRegressor(hidden_layer_sizes=(50, 50, 50),
                    alpha=0.001, max_iter=1000)
ann.fit(Xtrn, ytrn.reshape(-1, ))
ypred_ann = ann.predict(Xtst)
mse = mean_squared_error(ytst, ypred_ann)
mad = mean_absolute_error(ytst, ypred_ann)
print('Neural Network''s test set performance: MSE = {0:4.3f}, MAD={1:4.3f}'.
        format(mse, mad))
```

该神经网络由三个隐藏层组成，每个隐藏层包含50个神经元，这些神经元在网络初始化期间通过hidden_layer_sizes=(50, 50, 50)得到指定。

MLPRegressor使用分段线性整流器函数(relu(x)=max(x,0))来激活每个神经元。神经网络学习的回归函数如图7.6(b)所示。由于神经网络激活函数是分段线性的，因此最终学到的神经网络模型尽管由几个线性组件(因此是分段的)组成，却是非线性的。比较两个网络的性能，可以看到它们非常相似：

```
Decision Trees test set performance: MSE = 0.027, MAD=0.131
Neural Networks test set performance: MSE = 0.043, MAD=0.164
```

最后，回归的集成方法通常是训练非线性回归模型(除了特定的基础估计器选择)，就像本节讨论的那些模型一样。

7.2 回归的并行集成

在本节中，将回顾平行集成，包括同质集成(第2章)和异质集成(第3章)，并了解如何将它们应用于回归问题。

在深入探讨如何应用之前，再次了解一下平行集成的运作方式。图7.7展示了一个通用的平行集成，其中基础估计器是回归器。

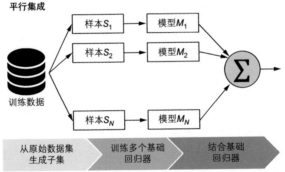

图7.7   平行集成训练多个彼此独立的基础估计器，然后将它们的预测结合成一个联合集成预测。平行回归集成只使用回归算法(如决策树回归)作为其基础学习算法

平行集成方法独立地训练每个组成估计器，这意味着它们可以并行训练。平行集成方法通常使用强学习器或高复杂性、高拟合度学习器作为基础学习器。这与顺序集成方法有所不同，顺序集成方法通常将弱学习器或低复杂性、低拟合度学习器作为基础学习器。

与所有集成方法一样，关键是基础估计器之间的集成多样性。平行集成通过以下两种方式实现这一点：

- 同质集成——基础学习算法是固定的，但训练数据是随机子采样，以引入集成多样性。在第7.2.1节中，将研究两种这样的方法：随机森林和极度随机树。

■ 异质集成——基础学习算法会因多样性而发生变化，但训练数据是固定的。在第7.2.2和7.2.3节中，将研究两种这样的方法：使用结合函数(或结合器)融合基础估计器预测，以及通过学习二级估计器(或元估计器)Stacking基础估计器预测。

关注的是一个称为AutoMPG的连续值标签问题，这是一个常用的回归数据集，该数据集通常用作评估回归方法的基准。回归任务预测各种汽车型号的燃油效率或每加仑英里数(MPG)。其特征包括各种与发动机相关的属性，例如汽缸数、排量、马力、重量和加速度。数据集可从UCI机器学习仓库(http://mng.bz/Y6Yo)以及本书的源代码中获得。

代码清单7.2显示了如何加载数据并将其划分为训练集和测试集。该代码清单还包括一个预处理步骤，其中数据居中并重新缩放，以便每个特征的平均值为0，标准差为1。这个步骤称为归一化或标准化，确保所有特征处于相同值范围内，并改善下游学习算法的性能。

代码清单7.2　加载和预处理AutoMPG数据集

```python
import pandas as pd
data = pd.read_csv('./data/ch07/autompg.csv')          # 使用pandas加载数据集

labels = data.columns.get_loc('MPG')
features = np.setdiff1d(np.arange(0, len(data.columns), 1),
                        labels)                         # 获取标签和特征的列索引

from sklearn.model_selection import train_test_split
trn, tst = train_test_split(data, test_size=0.2,
                            random_state=42)            # 将数据集划分为训练集和测试集

from sklearn.preprocessing import StandardScaler
preprocessor = StandardScaler().fit(trn)
trn, tst = preprocessor.transform(trn), preprocessor.transform(tst)
                                                        # 数据预处理：归一化训练和测试数据和标签
Xtrn, ytrn = trn[:, features], trn[:, labels]
Xtst, ytst = tst[:, features], tst[:, labels]
```

将训练和测试数据进一步划分为Xtrn、Xtst(特征)和ytrn、ytst(标签)

接下来将使用这个数据集作为本节和下一节的一个运行示例。

7.2.1　随机森林和极度随机树

同质并行集成是最古老的集成方法之一，通常是Bagging的变体。第2章介绍了同质集成方法在分类情景中的应用。简言之，在诸如Bagging的并行集成方法中，每个基础估计器都可以独立地使用以下步骤进行训练：

(1) 从原始数据集中生成一个自举采样(有放回采样，即一个样本可以进行多次采样)。

(2) 将基础估计器拟合到自举采样中；由于每个自举采样都不同，基础估计器也将不同。

对于回归集成，可以采取同样的方法。唯一区别在于如何结合单个基础估计器的预测。对于分类，使用多数投票；而对于回归，使用平均值(本质上是平均预测)，尽管也可以使用其他方法(如中位数)。

注意：Bagging中的每个基础估计器都是经过充分训练的强估计器；因此，如果Bagging集成中包含10个基础回归器，则训练时间将增加10倍。当然，这个训练过程可以在多个CPU核心上并行化；然而，Bagging法完全所需的总体计算资源通常禁止使用。

由于Bagging法训练起来比较耗时间，因此使用了两个重要的基于树和随机化的变体：

- 随机森林——本质上是将随机决策树作为基础估计器的Bagging法。换句话说，随机森林使用自举采样生成训练子集(完全像Bagging法)，然后使用随机决策树作为基础估计器。

  随机决策树的训练使用改进后的决策树学习算法，该算法在树生长时引入随机性。具体来说，为了确定最佳划分，并没有考虑所有特征，而是评估随机特征子集来确定最佳划分特征。

- Extra Trees(极度随机树)——这些随机树不仅从随机特征子集中选择划分变量，而且选择划分阈值，从而将随机决策树的观点发挥到极致。这种极度随机化非常有效，事实上，可直接从原始数据集构建极度随机树集成，而不必自举采样！

随机化有两个重要的、有益的结果。一个是提高训练效率，减少计算要求。另一个是提高集成多样性！随机森林和极度随机树可以通过修改底层学习算法来训练回归树，从而进行连续值预测，而不是分类树，最后适应回归。

与分类树相比，回归树在训练过程中使用不同的划分标准。原则上，可以使用任何回归损失函数作为划分标准。但是，常见的两个划分标准是均方差(MSE)和平均绝对误差(MAE)。将在第7.3节中介绍其他回归损失函数。

图7.3显示了如何使用scikit-learn的RandomForestRegressor和ExtraTreesRegressor来训练AutoMPG数据集的回归集成。每种方法的两个版本都得到训练：一种使用MSE作为训练标准，而另一种使用MAE作为训练标准。

代码清单7.3 回归的随机森林和极度随机树

```
from sklearn.ensemble import RandomForestRegressor, ExtraTreesRegressor
from sklearn.metrics import mean_squared_error, mean_absolute_error

ensembles = {
    'Random Forest MSE': RandomForestRegressor(criterion='squared_error'),
    'Random Forest MAE': RandomForestRegressor(criterion='absolute_error'),
    'ExtraTrees MSE': ExtraTreesRegressor(criterion='squared_error'),
    'ExtraTrees MAE': ExtraTreesRegressor(criterion='absolute_error')}
results = pd.DataFrame()
ypred_trn = {}
ypred_tst = {}

for method, ensemble in ensembles.items():
    ensemble.fit(Xtrn, ytrn)

    ypred_trn[method] = ensemble.predict(Xtrn)
    ypred_tst[method] = ensemble.predict(Xtst)

    res = {'Method-Loss': method,
        'Train MSE': mean_squared_error(ytrn, ypred_trn[method]),
        'Train MAE': mean_absolute_error(ytrn, ypred_trn[method]),
        'Test MSE': mean_squared_error(ytst, ypred_tst[method]),
        'Test MAE': mean_absolute_error(ytst, ypred_tst[method])}

    results = pd.concat([results,
                    pd.DataFrame.from_dict([res])], ignore_index=True)
```

初始化集成 — ensembles 部分

创建数据结构以存储模型预测和评估结果

训练集成

获取集成在训练集和测试集上的预测

使用MAE和MSE评估训练集和测试集性能

保存结果

所有模型也将MSE和MAE作为标准进行评估，将这些评估指标添加到results变量中：

	Package-Method-Loss	Train MSE	Train MAE	Test MSE	Test MAE
0	Random Forest MSE	0.0176	0.0919	0.0872	0.2061
1	Random Forest MAE	0.0182	0.0964	0.0998	0.2293
2	ExtraTrees MSE	0.0000	0.0000	0.0806	0.2030
3	ExtraTrees MAE	0.0000	0.0000	0.0702	0.1914

在前面的例子中，使用了RandomForestRegressor和ExtraTreesRegressor的默认参数设置。例如，默认情况下，每个训练集成的大小为100，因为n_estimators=100。

与任何其他机器学习算法一样，必须通过网格搜索或随机搜索来确定最佳模型超参数(如n_estimators)。第7.4节的案例研究中有几个这样的例子。

7.2.2   结合回归模型

有不同类型的模型时，另一种经典的结合方法是简单地结合不同类型模型的预测。这本质上是最简单的异构并行结合方法之一。

为什么要结合回归模型？在数据探索阶段，尝试不同的机器学习算法十分常见。这意味着通常有几个不同的可用于结合的模型。例如，在第7.2.1节中，训练了四个不同的回归模型。因为有四个不同模型的预测，所以可以轻松地将其结合成一个集成预测，但是应该使用什么结合函数呢？

- 对于连续值目标，使用结合函数/结合器，如加权平均值、中位数、最小值或最大值。特别是，当结合异质预测(模型差异较大)时，中位数特别有效。

例如，如果在集成中有五个模型预测[0.29, 0.3, 0.32, 0.35, 0.85]，那么大多数模型都是一致的，尽管有一个异常值为0.85。这些预测的平均值是0.42，而中位数是0.32。因此，中位数往往忽略异常值的影响(类似于多数表决)，而平均值往往会考虑异常值的影响。这是因为中位数只是(字面上)中间值，而均值是平均值。

- 对于计数值目标，使用结合函数/结合器，如取模和中位数。可将模取视为对计数进行多数表决的概括。模式只是最常见的答案。

例如，如果有五个集成中预测[12, 15, 15, 15, 16]，则取模为15。如果存在冲突，在计数相等的情况下，则使用随机选择来打破平局。

代码清单7.4演示了连续值数据的四个简单结合器的使用。将代码清单7.3中训练的四个回归器作为(异构)基础估计器，其值将进行结合：RandomForestRegressor和ExtraTreesRegressor，每个回归量使用MSE和MAE作为损失函数/划分标准进行训练。

代码清单7.4   连续值标签的结合器

```
import numpy as np
agg_methods = ['Mean', 'Median', 'Max', 'Min']          不同的结合函数
aggregators = [np.mean, np.median, np.max, np.min]       用于连续值预测

                                       数据结构模型
                                       预测和评估结果
results = pd.DataFrame()
ypred_trn_values = np.array(list(ypred_trn.values()))     收集代码清单7.3
ypred_tst_values = np.array(list(ypred_tst.values()))     中训练的四个集
                                                          成的预测结果

for method, aggregate in zip(agg_methods, aggregators):
    yagg_trn = aggregate(ypred_trn_values, axis=0)        结合代码清单7.3
    yagg_tst = aggregate(ypred_tst_values, axis=0)        中训练的四个集
                                                          成的预测结果

收集并         res = {'Aggregator': method,
保存结果              'Train MSE': mean_squared_error(ytrn, yagg_trn),
```

```
            'Train MAE': mean_absolute_error(ytrn, yagg_trn),
            'Test MSE': mean_squared_error(ytst, yagg_tst),
            'Test MAE': mean_absolute_error(ytst, yagg_tst)}
results = pd.concat([results,
                    pd.DataFrame.from_dict([res])], ignore_index=True)
```

同样，所有模型也使用MSE和MAE作为评估标准进行评估，将这些评估指标添加到results变量中：

```
   Aggregator   Train MSE   Train MAE   Test MSE   Test MAE
0        Mean      0.0044      0.0466     0.0805     0.2044
1      Median      0.0035      0.0392     0.0809     0.2024
2         Max      0.0091      0.0557     0.0993     0.2247
3         Min      0.0128      0.0541     0.0737     0.1981
```

7.2.3　Stacking回归模型

Stacking或元学习是另一种结合不同(异构)回归器预测的方法。不是自己制定函数(如平均值或中位数)，而是训练一个二级模型来学习如何结合基础估计器的预测值。这种二级回归器称为元学习器或元估计器。

元估计器通常是一个非线性模型，可以非线性方式有效地结合基础估计器的预测值。为此增加了复杂性，所付出的代价是：Stacking通常会过拟合，特别是在存在噪声数据的情况下。

为防止过拟合，Stacking通常与k-折交叉验证相结合，以便每个基础估计器可以基于不完全相同的数据集训练。这通常会增加多样性和鲁棒性，同时降低过拟合的可能性。

在第3章的代码清单3.1中，从头开始实现了分类的Stacking模型。另一种实现使用scikit-learn的StackingClassifier和StackingRegressor。代码清单7.5中展示了此类回归问题。

在此，训练了四个非线性回归器：岭回归(岭回归的非线性扩展)、支持向量回归、k-近邻回归和极度随机树。使用ANN作为元学习器，因此能够以可学习和高度非线性的方式结合各种异构回归模型的预测。

代码清单7.5　Stacking回归模型

```
from sklearn.ensemble import StackingRegressor
from sklearn.neural_network import MLPRegressor
from sklearn.kernel_ridge import KernelRidge
from sklearn.svm import SVR
from sklearn.tree import DecisionTreeRegressor
```

```
from sklearn.neighbors import KNeighborsRegressor
from sklearn.gaussian_process import GaussianProcessRegressor

estimators = \                         ←─── 初始化一级
    [('Kernel Ridge', KernelRidge(kernel='rbf', gamma=0.1)),   (基本)回归器
     ('Support Vector Machine', SVR(kernel='rbf', gamma=0.1)),
     ('K-Nearest Neighbors', KNeighborsRegressor(n_neighbors=3)),
     ('ExtraTrees', ExtraTreesRegressor(criterion='absolute_error'))]

                                                       初始化
meta_learner = MLPRegressor(hidden_layer_sizes=(50, 50, 50),   二级(元)
                            max_iter=1000)            ←──      回归器

stack = StackingRegressor(estimators, final_estimator=meta_learner, cv=3)
stack.fit(Xtrn, ytrn)                  ←───  使用3折交叉验证
                                             训练Stacking回归器
ypred_trn = stack.predict(Xtrn)        ←───  计算训练误差
ypred_tst = stack.predict(Xtst)              和测试误差

print('Train MSE = {0:5.4f}, Train MAE = {1:5.4f}\n' \
      'Test MSE = {2:5.4f}, Test MAE = {3:5.4f}'.format(
      mean_squared_error(ytrn, ypred_trn),
      mean_absolute_error(ytrn, ypred_trn),
      mean_squared_error(ytst, ypred_tst),
      mean_absolute_error(ytst, ypred_tst)))
```

Stacking回归生成以下输出：

```
Train MSE = 0.0427, Train MAE = 0.1478
Test MSE = 0.0861, Test MAE = 0.2187
```

值得注意的是，单个基础回归器均使用默认参数。通过对基础估计器模型进行有效的超参数调优，可以进一步提高Stacking集成的性能，从而改善每个集成组件的性能，进而改善整个集成。

7.3　用于回归的顺序集成

在本节中，将重新回顾顺序集成，特别是梯度提升(参考第5章LightGBM)和牛顿提升(参考第6章XGBoost)，了解如何将它们应用于回归问题。

这两种方法都非常通用，因为它们可以在各种损失函数上进行训练。这意味着它们很容易适应不同类型的问题设置，对连续值标签和计数标签进行特定问题的建模。在深入研究之前，先回顾一下顺序集成的工作原理。图7.8展示了一个通

用的顺序集成,其中基础估计器是回归器。与并行集成不同,顺序集成是一次增加一个估计器,其中连续估计器旨在改进对先前估计器的预测。

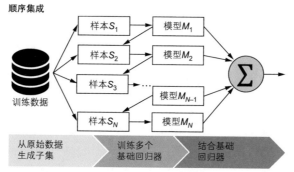

图7.8 与相互独立训练基础估计器的并行集成不同,顺序集成(例如提升)分阶段训练连续基础估计器,以确定并最小化先前基础估计器所导致的误差

每个连续的基础估计器使用残差来识别当前迭代中需要关注哪些训练样本。在回归问题中,残差显示了基础估计器模型低估或高估预测程度(请参见图7.9)。

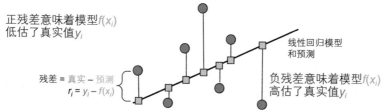

图7.9 线性回归模型及其预测(方块)与数据集(圆圈)的拟合。残差是真实标签(y_i)和预测标签$f(x_i)$之间的误差度量。每个训练样本的残差大小表示拟合误差程度,而残差的符号表示模型是受到低估还是受到高估

更具体地说,回归残差向基础学习器传递了两个重要信息。对于每个训练样本,残差的大小可以用一种简单的方式来解释:残差越大,误差越大。

残差的符号也传达了重要信息。正残差表明当前模型的预测低估了真实值;也就是说,模型必须提高其预测。负残差表明当前模型的预测高估了真实值;也就是说,模型必须降低其预测。

更重要的是,损失函数及其导数允许测量当前模型的预测与真实标签之间的残差。通过改变损失函数,实际上改变了不同样本的优先级。

梯度提升和牛顿提升都使用浅层回归树作为弱基础学习器。弱学习器(与Bagging及其变体使用强学习器相对)本质上是低复杂性、低拟合度模型。通过训练一系列弱学习器来纠正先前学习的弱学习器存在的错误,这两种方法都可以分阶段提高集成的性能:

- 梯度提升——使用损失函数的负梯度作为残差来识别需要关注的训练样本。

- 牛顿提升——使用损失函数的海森加权梯度作为残差来识别需要关注的训练样本。损失函数的海森(二阶导数)包含局部"曲率"信息,以增加具有较高损失值的训练样本的权重。

因此,损失函数是开发有效顺序集成的关键因素。

7.3.1　用于回归的损失和似然函数

在本节中,可以看到一些常见(和不常见)不同类型标签的损失函数:连续值、正连续值、计数值。每个损失函数以不同的方式惩罚误差,并将生成具有不同属性的学习模型,就像不同的正则化函数生成具有不同属性的模型一样(见第7.1节)。

许多损失函数最终是从假设残差分布的方式推导出来的。已经在第7.1节中看到了这一点。在第7.1节中,假设连续值目标的残差可以使用高斯分布的方式进行建模,计数值目标可以使用泊松分布方式进行建模,以此类推。

在这里,规范化这个概念。注意,一些损失函数没有闭形式的表达式。这种情况下,可视化底层分布的负对数是有用的。这个术语称为负对数似然,有时会受到优化(而不是损失函数受到优化),并最终在最终模型中产生相同的效果。

考虑三种类型的标签及其对应的损失函数。如图7.10所示。

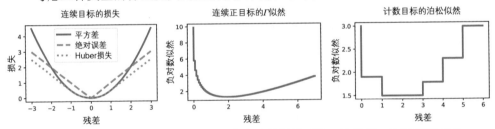

图7.10　三种不同类型目标的损失函数和对数似然函数:连续值、正连续值和计数值

连续值标签

对于连续值目标,有几个众所周知的损失函数。其中最常见的两种如下:

- 平方差(SE),$\frac{1}{2}\cdot(y-f(\boldsymbol{x}))^2$——直接对残差假设高斯分布
- 绝对误差(AE),$|y-f(\boldsymbol{x})|$——对残差假设拉普拉斯分布

SE对误差的惩罚远大于AE,从图7.10的极端损失值可以看出。这使得SE对异常值非常敏感。SE也是一个二次可微损失函数,这意味着可以同时计算一阶函数和二阶导数。因此,可以将其用于梯度提升(使用残差)和牛顿提升(使用海森加权残差)。AE不是二次可微的,也就是说不能将其用于牛顿提升。

Huber损失是SE和AE的混合,并在某个用户指定的阈值τ处在SE和AE之间

切换:

$$L(y, f(\boldsymbol{x})) = \begin{cases} \frac{1}{2}(y - f(\boldsymbol{x}))^2, & |y - f(\boldsymbol{x})| \leqslant \tau, \\ \tau \cdot |y - f(\boldsymbol{x})| - \frac{\tau^2}{2}, & \text{其他情形} \end{cases}$$

对于小于τ的残差,Huber损失的表现类似于SE,而超过阈值后,其表现类似于缩放后的AE(参见图7.10)。因此,希望限制异常值影响的情况下,Huber损失是理想的。

注意,由于Huber损失中包含AE组件,所以不能直接将其用于牛顿提升。因此,实现牛顿提升使用一种称为伪-Huber损失的平滑近似:

$$L(y, f(\boldsymbol{x})) = \tau^2 \left(\sqrt{1 + \frac{1}{\tau^2}(y - f(\boldsymbol{x}))^2} - 1 \right)$$

伪-Huber损失的表现类似于Huber损失,但它是一个近似版本,仅适用于残差$\frac{1}{2} \cdot (y - f(\boldsymbol{x}))^2$接近零的情况。

连续正标签

在诸如保险索赔分析的一些领域,想要预测的目标标签只取正值。例如,虽然索赔金额是连续值,但只能是正值。

这种情况下,高斯分布并不适用,可以使用伽马分布。伽马分布非常灵活,可以适应许多目标分布形状。这使其非常适合应用具有长尾分布的建模问题,即应用不能忽略的异常值。

伽马分布不对应闭形式的损失函数。如图7.1(中间)所示,绘制了负对数似然图,其作用是代理损失函数。

首先需要注意的是,损失函数仅定义为正实值(x轴)。其次,还需要注意对数似然函数只轻微地惩罚右边的误差,这使得基础模型更适用于右偏斜数据。

计数标签

除了连续值标签,一些回归问题要求我们拟合计数值目标。已经在第7.1节中看到了这种情况的示例,其中了解到计数是离散值,可以使用泊松分布对其进行建模。

与伽马分布类似,泊松分布也不对应闭形式的损失函数。图7.10(右)说明了泊松分布的负对数似然,它可用于构建回归模型(称为泊松回归)。

混合标签

在某些问题中,基础标签无法通过单个分布建模。例如,在天气分析中,如果想要模拟降雨量,则可以预期①在大多数日子里,根本不会遇到降雨;②在某些日子里，会遇到不同程度的降雨；③在某些罕见情况下，会遇到非常大的降雨。

图7.11显示了降雨数据的分布，其中0处有一个大的"点质量"或峰值(对应于大多数没有降雨的日子)。此外，由于存在少量天数降雨量很高的情况，因此该分布也呈右偏斜。

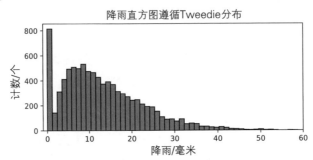

图7.11   对某些类型的标签进行有效建模，这需要结合分布，又称为复合分布。Tweedie分布就是其中一种复合分布

为给这个问题建模，需要一个与混合分布对应的损失函数，特别是泊松-伽马分布：泊松分布用于模拟在0处的大点质量，而伽马分布用于模拟右偏斜的正连续数据。对于这样的标签，可以使用一组强大的概率分布，称为Tweedie分布，其由Tweedie功率参数p参数化。不同的p值产生不同的分布：

- $p=0$：高斯(正常)分布
- $p=1$：泊松分布
- $1<p<2$：不同p的泊松-伽马分布
- $p=2$：伽马分布
- $p=3$：反高斯分布

p值的其他选择会产生其他许多分布。对于我们而言，最感兴趣的是使用$1<p<2$，创建混合泊松-伽马损失函数。

LightGBM和XGBoost都支持Tweedie分布，因此该分布在天气分析、保险分析和健康信息学等领域都得到广泛应用。在第7.4节中的案例研究中看到如何使用该分布。

7.3.2   LightGBM和XGBoost的梯度提升

现在，掌握了各种损失函数的知识，看看如何将梯度提升回归器应用于AutoMPG数据集。

首先，使用LightGBM的标准梯度提升，即LGBMRegressor和Huber损失函数。还必须选择几个LightGBM超参数，这些参数控制着LightGBM的各个组件：

- 损失函数参数—— α是Huber损失参数，在该阈值处它从表现类似于MSE切换到表现类似于MAE损失。
- 学习控制参数——learning_rate用于控制模型学习的速率，以使其不会迅速拟合然后过拟合训练数据；subsample用于在训练期间随机采样较小的数据分数，以引入额外的集成多样性并提高训练效率。
- 正则化参数——lambda_l1是L1函数的权重和lambda_l2是L2正则化函数的权重；这些对应于elastic网络目标中的a和b(参见表7.1)。
- 树学习参数——max_depth限制了集成中每个弱树的最大深度。

每个类别中还有其他超参数，也可对训练进行更细粒度的控制。使用随机搜索(因为详尽的网格搜索过于缓慢)和交叉验证的结合来选择超参数。代码清单7.6显示了使用LightGBM的样本。

除了超参数选择外，该代码清单还实现了早停，其中如果在评估集上观察不到性能有所改进，则训练终止。

代码清单7.6 使用Huber损失的LightGBM

```python
from lightgbm import LGBMRegressor
from sklearn.model_selection import RandomizedSearchCV
                                                            希望搜索的
                                                            超参数范围
parameters = {'alpha': [0.3, 0.9, 1.8],
              'max_depth': np.arange(2, 5, step=1),
              'learning_rate': 2**np.arange(-8., 2., step=2),
              'subsample': [0.6, 0.7, 0.8],
              'lambda_l1': [0.01, 0.1, 1],
              'lambda_l2': [0.01, 0.1, 1e-1, 1]}
                                                            初始化一个
                                                            LightGBM
                                                            回归器
lgb = LGBMRegressor(objective='huber', n_estimators=100)
param_tuner = RandomizedSearchCV(lgb, parameters,
                                 n_iter=20, cv=5,
                                 refit=True, verbose=1)    由于GridSearchCV
使用早停                                                     速度较慢，搜索超过
拟合回归器                                                   20个随机参数结合，
param_tuner.fit(Xtrn, ytrn,                                并使用5折交叉验证
                eval_set=[(Xtst, ytst)], eval_metric='mse', verbose=False)

ypred_trn = param_tuner.best_estimator_.predict(Xtrn)
ypred_tst = param_tuner.best_estimator_.predict(Xtst)     计算训练误差
print('Train MSE = {0:5.4f}, Train MAE = {1:5.4f}\n' \    和测试误差
      'Test MSE = {2:5.4f}, Test MAE = {3:5.4f}'.format(
      mean_squared_error(ytrn, ypred_trn),
      mean_absolute_error(ytrn, ypred_trn),
      mean_squared_error(ytst, ypred_tst),
      mean_absolute_error(ytst, ypred_tst)))
```

这将生成以下输出：

```
Fitting 5 folds for each of 20 candidates, totalling 100 fits
Train MSE = 0.0476, Train MAE = 0.1497
Test MSE = 0.0951, Test MAE = 0.2250
```

使用Huber损失训练的LightGBM(梯度提升)模型实现了0.0951的测试MSE，代码段中已加粗显示。

使用XGBoost的牛顿提升

可使用XGBoost的XGBRegressor重复该训练和评估。由于牛顿提升需要计算二阶导数，而Huber损失的二阶导数无法计算，因此XGBoost不能直接提供此损失函数。但是，XGBoost提供了伪Huber损失函数，这是第7.3.1节介绍的Huber损失函数的可微近似。与LightGBM一样，必须设置多个不同的超参数。不过，XGBoost的许多参数与LightGBM的参数完全相同，尽管它们的名称有所不同：

- 学习控制参数——使用learning_rate控制模型的学习率，这样它就不会迅速拟合然后过拟合训练数据；colsample_bytree用于在训练期间随机采样较小的特征分数(类似于随机森林)，以引入额外的集成多样性并提高其训练效率。
- 正则化参数——reg_α和reg_lambda是L1和L2正则化函数上的权重，分别对应于elastic网络目标中的a和b(参见表7.1)。
- 树学习参数——max_depth限制了集成中每个弱树的最大深度。

以下代码清单显示了如何使用XGBRegressor进行训练，包括随机超参数搜索。

代码清单7.7   使用伪Huber损失

```
from xgboost import XGBRegressor
parameters = {'max_depth': np.arange(2, 5, step=1),        ← 希望搜索的
              'learning_rate': 2**np.arange(-8., 2., step=2),  超参数范围
              'colsample_bytree': [0.6, 0.7, 0.8],
              'reg_alpha': [0.01, 0.1, 1],
              'reg_lambda': [0.01, 0.1, 1e-1, 1]}


xgb = XGBRegressor(objective='reg:pseudohubererror')    ← 初始化XGBoost
                                                          回归器

param_tuner = RandomizedSearchCV(xgb, parameters,
                                 n_iter=20, cv=5,       ← 由于GridSearchCV
使用早停                          refit=True, verbose=1)   速度较慢，搜索超
拟合回归器                                                  过20个随机参数结
 ┌→ param_tuner.fit(Xtrn, ytrn, eval_set=[(Xtst, ytst)],   合，并使用5折交叉
               eval_metric='rmse', verbose=False)          验证
```

```
ypred_trn = param_tuner.best_estimator_.predict(Xtrn)      ← 计算训练误差
ypred_tst = param_tuner.best_estimator_.predict(Xtst)        和测试误差
print('Train MSE = {0:5.4f}, Train MAE = {1:5.4f}\n' \
    'Test MSE = {2:5.4f}, Test MAE = {3:5.4f}'.format(
    mean_squared_error(ytrn, ypred_trn),
    mean_absolute_error(ytrn, ypred_trn),
    mean_squared_error(ytst, ypred_tst),
    mean_absolute_error(ytst, ypred_tst)))
```

这将生成以下输出：

```
Fitting 5 folds for each of 20 candidates, totalling 100 fits
Train MSE = 0.0451, Train MAE = 0.1572
Test MSE = 0.0947, Test MAE = 0.2244
```

使用伪Huber损失训练的XGBoost模型实现了0.0947的测试MSE(在代码清单7.7中加粗显示)。这类似于LightGBM模型的性能，其测试MSE为0.0951(请参阅代码清单7.6)。

这说明，当情况需要时，伪Huber损失可合理替代Huber损失。在本章案例研究中，将很快看到如何将LightGBM和XGBoost与本节讨论的其他损失函数一起用于自行车需求预测任务。

7.4　案例研究：需求预测

在许多业务环境中，当目标预测某种产品或商品的需求时，需求预测是一个重要问题。准确预测需求对于下游供应链管理和优化至关重要：以确保有足够的供应来满足需求，而不会浪费任何产品。

需求预测经常指的是使用历史数据和趋势来构建模型，从而预测未来需求的回归问题。目标标签可以是连续值或计数值。

例如，在能源需求预测中，要预测的标签(以千瓦时表示的能源需求)是连续值。或者，在产品需求预测中，要预测的标签(要运输的项数量)是计数值。

在本节中，研究自行车租赁预测问题。正如接下来在本节中看到的，该问题的本质(尤其是目标/标签)非常类似于天气预报和分析、保险和风险分析、健康信息学、能源需求预测以及商业智能等领域中出现的问题。

分析数据集，然后逐步建立更复杂的模型，从单一线性模型开始，然后转向集成非线性模型。在每个阶段，将执行超参数调优以选择最佳的超参数结合。

7.4.1 UCI自行车共享数据集

Bike Sharing数据集类似于公开可用数据集，主要跟踪大都市地区自行车共享服务使用情况。这些数据集通过UCI机器学习仓库(http://mng.bz/GRrM)公开提供。

该数据集于2013年首次发布，追踪华盛顿特区临时骑行者和注册骑行者每小时和每天的自行车租赁情况。此外，数据集还描述了该地区天气以及每天和每年的具体特征。

在这一案例研究中，问题的总体目标是根据白天时间、季节和天气预测休闲骑手的自行车租赁需求。需求以用户的总数(计数)表示！

为什么只模拟临时骑手？注册用户的数量在一年中似乎保持不变，因为这些用户或许将共享单车作为一种常规的交通选择而不是一种娱乐活动。这类似于每天上下班都有月票/年票的通勤者，而不是只在有需要时才购买公交车票的乘客。

鉴于这一点，案例研究构建了一个派生数据集，可用来构建模型以预测临时用户租赁自行车的需求。可以使用以下方式加载此案例研究的(修改后的)数据集：

```python
import pandas as pd
data = pd.read_csv('./data/ch07/bikesharing.csv')
```

可使用以下内容查看数据集的统计信息：

```python
data.describe()
```

这将计算数据集中所有特征的各种统计信息，如图7.12所示，这有助于在高层次上了解各种特征及它们的值的分布情况。

	season	mnth	hr	holiday	weekday	workingday	weathersit	temp	atemp	hum	windspeed	casual
count	17,379.000	17,379.000	17,379.000	17,379.000	17,379.000	17,379.000	17,379.000	17,379.000	17,379.000	17,379.000	17,379.000	17,379.000
mean	2.502	6.538	11.547	0.029	3.004	0.683	1.425	0.497	0.476	0.627	0.190	35.676
std	1.107	3.439	6.914	0.167	2.006	0.465	0.639	0.193	0.172	0.193	0.122	49.305
min	1.000	1.000	0.000	0.000	0.000	0.000	1.000	0.020	0.000	0.000	0.000	0.000
25%	2.000	4.000	6.000	0.000	1.000	0.000	1.000	0.340	0.333	0.480	0.104	4.000
50%	3.000	7.000	12.000	0.000	3.000	1.000	1.000	0.500	0.485	0.630	0.194	17.000
75%	3.000	10.000	18.000	0.000	5.000	1.000	2.000	0.660	0.621	0.780	0.254	48.000
max	4.000	12.000	23.000	1.000	6.000	1.000	4.000	1.000	1.000	1.000	0.851	367.000

图7.12　自行车共享数据集的统计信息。casual列是预测目标(标签)

数据集包含多个连续的天气特征：温度(标准化后的温度)、体感温度(标准化的"体感"温度)、湿度和风速。

分类特征weathersit用四个类别描述了当时的天气类型：

■ 晴朗，少云，局部多云

■ 雾+多云，雾+碎云，雾+少云，雾

- 小雪，小雨+雷暴+多云，雨+多云
- 大雨+冰粒+雷暴+雾，雪+雾

数据集还包含离散特征：季节(1、冬季，2、春季，3、夏季，4、秋季)、月(1～12，表示1月至12月)和小时(0～23，表示时间)。此外，二进制特征holiday、weekday和workingday表明是假期、周末还是工作日。

处理特征

通过标准化特征来预处理这个数据集，换言之，确保每个特征都是零均值、单位标准差。标准化并不总是处理离散特征的最佳方法。不过，现在，使用这种简单的预处理方法，把重点放在回归集成上。在第8章，会更深入地探讨这些特征的预处理策略。

代码清单7.8显示了预处理步骤，将数据划分为训练集(数据的80%)和测试集(剩余的20%)，并对特征进行标准化处理。与往常一样，将从训练过程中获得测试集，以便在测试集上评估每个训练模型的性能。

代码清单7.8 预处理Bike Sharing数据集

```
labels = data.columns.get_loc('casual')                     ← 获取标签
features = np.setdiff1d(np.arange(0, len(data.columns), 1),    的列索引
                        labels)              ← 获取特征
                                               的列索引

from sklearn.model_selection import train_test_split    ← 将数据划分为训
trn, tst = train_test_split(data, test_size=0.2,          练集和测试集
                            random_state=42)
Xtrn, ytrn = trn.values[:, features], trn.values[:, labels]
Xtst, ytst = tst.values[:, features], tst.values[:, labels]

from sklearn.preprocessing import StandardScaler    ← 通过标准化
preprocessor = StandardScaler().fit(Xtrn)             预处理特征
Xtrn, Xtst = preprocessor.transform(Xtrn), preprocessor.transform(Xtst)
```

计数值目标

要预测的目标标签是casual，即临时用户的数量，这是一个计数值，范围为0～367。在图7.13(左)中绘制了这些目标的直方图。这个数据集在0点处有一个大的点质量，表明在很多天里都没有临时用户。此外，还可看到这个分布有一个长尾，该长尾让它偏向右。

可通过应用对数变换进一步分析这些标签，即将每个计数标签y转换为$\log(1+y)$，其中加1以免对0计数数据取对数。如图7.13(右)所示。

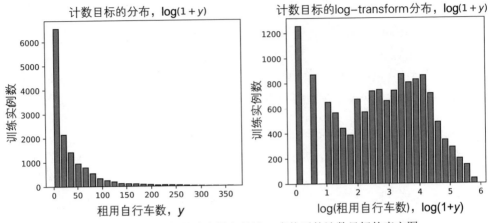

图7.13 计数值目标的直方图和经过log变换后的计数目标的直方图

这给了两个关于如何建立问题模型的深刻见解：

- 使用Tweedie分布——对数变换计数目标的分布看起来与图7.11中显示的降雨直方图非常相似，这表明Tweedie分布或许适合对这个问题进行建模。回顾一下，带有参数$1<p<2$的Tweedie分布可以对复合泊松-Γ分布进行建模：泊松分布用于建模0点处的大点质量，Γ分布用于建模偏右的正连续数据。
- 使用GLM——对数变换本身就暗示了目标和特征之间的联系。如果将这个回归任务作为GLM来建模，则必须使用对数链接函数。打算把这个概念扩展到集成方法中(通常是非线性的)。

正如接下来将看到的一样，LightGBM和XGBoost支持对数连接(和其他连接函数)和分布的建模，如泊松、Γ和Tweedie。这使它们能够模拟GLM的直觉，捕捉数据集的细微差异，同时超越GLM的限制，学习非线性模型。

7.4.2 GLM和Stacking

首先训练单个普通线性回归模型，捕捉先前获得的直觉。此外，将对这些单个模型进行Stacking处理以结合这些模型的预测。将训练三个回归器：

- Tweedie回归与对数链接函数——使用Tweedie分布对正的、偏右的目标进行建模。使用scikit-learn的Tweedie回归器，这需要选择两个参数：α(L2正则化项的参数)，以及power(应该在1到2之间)。
- 带对数链接函数的泊松回归——使用泊松分布对计数变量进行建模。使用scikit-learn的PoissonRegressor，它只需要选择一个参数：α(L2正则化项的参数)。需要注意，在TweedieRegressor中设置power=1等同于使用PoissonRegressor。

- 岭回归——使用正态分布对连续变量进行建模。一般来说，这并不适用于该数据，而是作为基线包含在内，因为它是在户外遇到的最常见方法之一。

代码清单7.9演示了如何通过排除网格搜索并与交叉验证相结合，使用超参数搜索来训练这些回归器。

代码清单7.9　训练GLM以预测自行车租赁

```
from sklearn.model_selection import GridSearchCV
from sklearn.metrics import (
    mean_squared_error, mean_absolute_error, r2_score)
from sklearn.linear_model import Ridge, PoissonRegressor, TweedieRegressor

parameters = {                              ◀── 岭、泊松和Tweedie
                                               回归器的超参数范围
    'GLM: Linear': {'alpha': 10 ** np.arange(-4., 1.)},
    'GLM: Poisson': {'alpha': 10 ** np.arange(-4., 1.)},
    'GLM: Tweedie': {
        'alpha': 10 ** np.arange(-4., 1.),          ◀── Tweedie回归有一个
        'power': np.linspace(1.1, 1.9, num=5)}}         额外参数：power

glms = {'GLM: Linear': Ridge(),                    ◀── 初始化GLM
        'GLM: Poisson': PoissonRegressor(max_iter=1000),
        'GLM: Tweedie': TweedieRegressor(max_iter=1000)}


best_glms = {}              ◀── 在交叉验证之后
results = pd.DataFrame()       保存单个GLM


for glm_type, glm in glms.items():       ◀── 为每个GLM执行5折
    param_tuner = GridSearchCV(             交叉验证的网格搜索
                    glm, parameters[glm_type],
                    cv=5, refit=True, verbose=2)


    param_tuner.fit(Xtrn, ytrn)


    best_glms[glm_type] = param_tuner.best_estimator_   ◀── 获取最终的拟合
    ypred_trn = best_glms[glm_type].predict(Xtrn)          GLM并计算训练
    ypred_tst = best_glms[glm_type].predict(Xtst)          和测试预测


    res = {'Method': glm_type,                            ◀── 为每个GLM
           'Train MSE': mean_squared_error(ytrn, ypred_trn),   计算和保存
           'Train MAE': mean_absolute_error(ytrn, ypred_trn),  三个指标：
           'Train R2': r2_score(ytrn, ypred_trn),             MAE、MSE
           'Test MSE': mean_squared_error(ytst, ypred_tst),   和R²分数
           'Test MAE': mean_absolute_error(ytst, ypred_tst),
           'Test R2': r2_score(ytst, ypred_tst)}
    results = pd.concat([results,
                        pd.DataFrame.from_dict([res])], ignore_index=True)
```

如果使用print(results)，就可以看到这三个模型都学到的具体内容。使用这些度量标准来评估训练和测试集的性能：MSE、MAE和R^2分数。回顾一下，R^2分数(或决定系数)是目标方差的比例，该目标方差可从数据中得到解释。

R^2分数范围从负无穷到1，分数越高，性能就越好。MSE和MAE的范围从0到无穷大，误差越小，性能就越好：

```
            Method  Train MSE   Train MAE  Train R2  Test MSE  Test MAE  Test R2
GLM: Linear       1,368.677      24.964     0.444  1,270.174    23.985    0.447
GLM: Poisson      1,354.006      21.726     0.450  1,228.898    20.641    0.465
GLM: Tweedie      1,383.374      21.755     0.438  1,254.304    20.661    0.454
```

测试集性能立即证实了我们的一个直觉：假设数据呈正态分布的经典回归方法表现最差。然而，Poisson或Tweedie分布表现良好。

现在已经训练了前三个机器学习模型：通过Stacking来集成它们。代码清单7.10显示如何使用ANN回归来执行此操作。虽然训练的GLM是线性的，但是这个Stacking模型将是非线性的！

代码清单7.10   Stacking GLM进行自行车租赁预测

```python
from sklearn.neural_network import MLPRegressor
from sklearn.ensemble import StackingRegressor

base_estimators = list(best_glms.items())          # 来自代码清单7.9的最佳参数
                                                    # 设置的GLM是基础估计器
meta_learner = MLPRegressor(
                    hidden_layer_sizes=(25, 25, 25),   # 三层神经网络
                    max_iter=1000, activation='relu')  # 是元估计器

stack = StackingRegressor(base_estimators, final_estimator=meta_learner)
stack.fit(Xtrn, ytrn)                              # 训练Stacking
                                                    # 集成

ypred_trn = stack.predict(Xtrn)      # 进行训练和
ypred_tst = stack.predict(Xtst)      # 测试预测

res = {'Method': 'GLM Stack',                      # 为此模型计算并
      'Train MSE': mean_squared_error(ytrn, ypred_trn),   # 保存三个指标：
      'Train MAE': mean_absolute_error(ytrn, ypred_trn),  # MAE、MSE和R²
      'Train R2': r2_score(ytrn, ypred_trn),              # 分数
      'Test MSE': mean_squared_error(ytst, ypred_tst),
      'Test MAE': mean_absolute_error(ytst, ypred_tst),
      'Test R2': r2_score(ytst, ypred_tst)}
results = pd.concat([results,
                    pd.DataFrame.from_dict([res])], ignore_index=True)
```

现在，可将Stacking的结果与单个模型进行比较：

```
    Method  Train MSE  Train MAE  Train R2  Test MSE  Test MAE  Test R2
GLM Stack    975.428     19.011     0.604   927.214    18.199    0.596
```

Stacking的GLM集成已显著提高了测试集性能，这表明非线性模型是可行的。

7.4.3　随机森林和极度随机树

现在，使用scikit-learn的RandomForestRegressor和ExtraTreesRegressor训练更多的并行集成，用于完成自行车租赁预测任务。这两个模块都支持MSE、MAE和Poisson作为损失函数。但与GLM不同，随机森林和极度随机树不使用对数链接函数。将训练两个不同的集成：一个用于每个MSE损失函数和Poisson损失函数，并为每个损失函数进行类似的超参数扫描。

对于这两种方法，要确定两个超参数的最佳选择：集成大小(n_estimators)和每个基础估计器的最大深度(max_depth)。可以通过每种方法的标准参数将损失函数设置为'squared_error'或'poisson'。

代码清单7.11演示了如何通过详尽的网格搜索并结合交叉验证来训练这些回归器，类似于用GLM执行的操作。

代码清单7.11　随机森林和极度随机树用于自行车租赁预测

```python
from sklearn.ensemble import RandomForestRegressor
from sklearn.ensemble import ExtraTreesRegressor
                                                        # 随机森林和极度随
                                                        # 机树的超参数范围
parameters = {
    'n_estimators': np.arange(200, 600, step=100),
    'max_depth': np.arange(4, 7, step=1)}
                                                        # 两个集成都使用MSE
                                                        # 作为训练标准
ensembles = {
    'RF: Squared Error': RandomForestRegressor(criterion='squared_error'),
    'RF: Poisson': RandomForestRegressor(criterion='poisson'),
    'XT: Squared Error': ExtraTreesRegressor(criterion='squared_error'),
    'XT: Poisson': ExtraTreesRegressor(criterion='poisson')}
                                                        # 使用网格搜索和5
                                                        # 折交叉验证进行
for ens_type, ensemble in ensembles.items():           # 超参数调优
    param_tuner = GridSearchCV(ensemble, parameters,
                        cv=5, refit=True, verbose=2)
    param_tuner.fit(Xtrn, ytrn)

    ypred_trn = \
                                                        # 为每个集成获取
        param_tuner.best_estimator_.predict(Xtrn)      # 训练和测试预测
    ypred_tst = param_tuner.best_estimator_.predict(Xtst)
```

```
res = {'Method': ens_type,
       'Train MSE': mean_squared_error(ytrn, ypred_trn),      ◀——  为每个集成
       'Train MAE': mean_absolute_error(ytrn, ypred_trn),           计算并保存
       'Train R2': r2_score(ytrn, ypred_trn),                       三个指标：
       'Test MSE': mean_squared_error(ytst, ypred_tst),            MAE、MSE
       'Test MAE': mean_absolute_error(ytst, ypred_tst),          和R²分数
       'Test R2': r2_score(ytst, ypred_tst)}
results = pd.concat([results,
                     pd.DataFrame.from_dict([res])], ignore_index=True)
```

比较这些并行集成模型的结果与Stacking和单个GLM模型。尤其是，与单个
模型相比，观察到的性能有显著提高，这证明了集成方法非常强大，即使在训练
次优损失函数的情况下也是如此：

Method	Train MSE	Train MAE	Train R2	Test MSE	Test MAE	Test R2
RF: Squared Error	497.514	12.530	0.798	487.923	12.264	0.788
RF: Poisson	566.552	13.081	0.770	549.014	12.684	0.761
XT: Squared Error	567.141	13.911	0.770	559.725	13.700	0.756
XT: Poisson	576.096	13.946	0.766	566.706	13.754	0.753

是否可以使用梯度法和牛顿提升方法获得类似或更好的性能？来看看。

7.4.4　XGBoost和LightGBM

最后，在此数据集上使用XGBoost和LightGBM训练序列集成。这两个软件包
都支持各种损失函数：

- XGBoost支持的一些损失函数和似然函数包括MSE、伪Huber、Poisson、
Tweedie损失和对数链接函数。再次注意，XGBoost实现了牛顿提升，这需
要计算二阶导数；这意味着XGBoost不能直接实现MAE或Huber损失。相
反，XGBoost支持伪Huber损失。
- 像XGBoost一样，LightGBM支持具有对数链接函数的MSE、Poisson损失和
Tweedie损失。然而，由于LightGBM实现了梯度提升，只需要一阶导数，
因此它可以直接支持MAE和Huber损失。

对于这两个模型，需要调整控制集成(如学习率和早停)、正则化(如L1和L2正
则化的权重)和树学习(如最大树深度)等方面的超参数。

之前训练的许多模型只需要调整少量的超参数，可以通过网格搜索过程来确
定这些模型。网格搜索非常耗时，而且计算成本令人望而却步，因此在这种情况
下应该避免使用网格搜索。而随机搜索是一个有效的替代方法。

在随机超参数搜索中，从完整代码清单中随机抽取较少数量的随机超参数结
合。如果有必要，一旦确定了一个好的结合，便可以进行更精细的调整，以进一
步改进结果。

代码清单7.12显示了使用不同损失函数的**XGBoost**进行随机参数搜索和集成训练的步骤。

代码清单7.12　XGBoost用于自行车租赁预测

```python
from xgboost import XGBRegressor
from sklearn.model_selection import RandomizedSearchCV
                                              # 所有XGBoost损失
parameters = {'max_depth': np.arange(2, 7, step=1),  # 函数的超参数范围
              'learning_rate': 2**np.arange(-8., 2., step=2),
              'colsample_bytree': [0.4, 0.5, 0.6, 0.7, 0.8],
              'reg_alpha': [0, 0.01, 0.1, 1, 10],
              'reg_lambda': [0, 0.01, 0.1, 1e-1, 1, 10]}
print(parameters)
                                         # 初始化XGBoost模型，每个
ensembles = {                            # 模型使用不同的损失函数
    'XGB: Squared Error': XGBRegressor(objective='reg:squarederror',
                                       eval_metric='poisson-nloglik'),
    'XGB: Pseudo Huber': XGBRegressor(objective='reg:pseudohubererror',
                                      eval_metric='poisson-nloglik'),
    'XGB: Poisson': XGBRegressor(objective='count:poisson',
                                 eval_metric='poisson-nloglik'),
    'XGB: Tweedie': XGBRegressor(objective='reg:tweedie',
                                 eval_metric='poisson-nloglik')}

for ens_type, ensemble in ensembles.items():  # 对于Tweedie损失，有一个
    if ens_type == 'XGB: Tweedie':             # 额外的超参数：power
        parameters['tweedie_variance_power'] = np.linspace(1.1, 1.9, num=9)

    param_tuner = RandomizedSearchCV(
                      ensemble, parameters, n_iter=50,   # 使用随机搜索和5折
                      cv=5, refit=True, verbose=2)        # 交叉验证进行超参数
                                                          # 调优
    param_tuner.fit(Xtrn, ytrn,
                    eval_set=[(Xtst, ytst)], verbose=False)  # 使用负泊松对
                                                              # 数似然选择最
                                                              # 佳模型
    ypred_trn = \                                         # 为每个集成获取
        param_tuner.best_estimator_.predict(Xtrn)          # 训练和测试预测
    ypred_tst = param_tuner.best_estimator_.predict(Xtst)

    res = {'Method': ens_type,                  # 计算每个
           'Train MSE': mean_squared_error(ytrn, ypred_trn),   # XGBoost集成
           'Train MAE': mean_absolute_error(ytrn, ypred_trn),  # 并保存三个指
           'Train R2': r2_score(ytrn, ypred_trn),              # 标：MAE、
           'Test MSE': mean_squared_error(ytst, ypred_tst),    # MSE和R²分数
           'Test MAE': mean_absolute_error(ytst, ypred_tst),
           'Test R2': r2_score(ytst, ypred_tst)}
    results = pd.concat([results, pd.DataFrame([res])], ignore_index=True)
```

注意：若评估集未显示明显的性能改进，则代码清单7.12使用早停终止训练。上次在AutoMPG数据集上使用早停时(参见代码清单7.6)，使用了MSE作为评估指标来跟踪性能改进。这里使用负泊松对数似然(eval_metric ='poisson.nloglik')。回顾一下第7.3.1节中的讨论，负对数似然通常可以代理没有闭形式的损失函数。这种情况下，因为建模的是计数目标(遵循泊松分布)，因此使用负泊松对数似然来测量模型性能可能更合适。正如接下来一直做的那样，用这个指标以及MSE、MAE和R^2来比较不同模型的测试集性能也是合适的。但在大多数软件包中，该指标并不是完全可用或公开的。

使用不同损失函数的XGBoost的性能如下所示：

Method	Train MSE	Train MAE	Train R2	Test MSE	Test MAE	Test R2
XGB: Squared Err	134.926	7.227	0.945	254.099	9.475	0.889
XGB: Pseudo Huber	335.578	9.999	0.864	360.987	11.274	0.843
XGB: Poisson	181.602	7.958	0.926	250.034	8.958	0.891
XGB: Tweedie	139.167	6.958	0.944	231.110	8.648	0.899

结果表明，这些性能得到显著提高，使用Poisson和Tweedie损失训练的XGBoost表现最佳。

可以用LightGBM重复类似的实验。这个实现(可以在代码中找到)与代码清单7.6中为AutoMPG数据集训练LightGBM模型和在代码清单7.11中为Bike Sharing数据集训练XGBoost模型的方式非常相似。图中显示了MSE、MAE、Huber、Poisson和Tweedie损失下的LightGBM的性能：

Method	Train MSE	Train MAE	Train R2	Test MSE	Test MAE	Test R2
LGBM: Squared Err	184.264	8.293	0.925	260.745	9.535	0.887
LGBM: Absolute Er	302.753	9.071	0.877	321.206	9.756	0.860
LGBM: Huber	744.769	12.485	0.698	702.736	12.204	0.694
LGBM: Quantile	852.409	18.726	0.654	815.393	18.671	0.645
LGBM: Poisson	223.913	8.776	0.909	264.663	9.215	0.885
LGBM: Tweedie	182.309	8.035	0.926	245.714	8.939	0.893

LightGBM的性能与XGBoost相似，Poisson和Tweedie损失同样表现最佳，而XGBoost略微超过LightGBM。

图7.14总结了自行车租赁需求预测任务训练的所有模型测试集性能(具有R^2分数)。注意以下几点：

- 单个GLM的性能远不如任何集成方法。这并不奇怪，因为集成方法将许多单个模型的能力结合成最终预测。此外，许多集成回归器是非线性的，可以更好地拟合数据，而所有GLM都是线性和有限的。
- 对于训练出一个好的模型，选择适当的损失函数至关重要。这种情况下，使用Tweedie训练的LightGBM和XGBoost模型拟合和泛化效果最好。这是因为Tweedie损失捕捉了自行车需求的分布，这是一个计数值目标。

- 诸如LightGBM和XGBoost的软件包提供了诸如Tweedie的损失函数，而scikit-learn的集成方法实现(随机森林、极度随机树)仅支持MSE和MAE损失(在撰写本书时)。采用像Tweedie这样的损失可以进一步提高这些方法的性能，但这需要自定义损失实现。

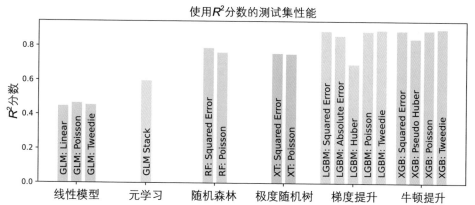

图7.14　展示了在分析和建模过程中，各种回归集成方法的测试集性能(使用R^2分数指标)。梯度提升(LightGBM)和牛顿提升(XGBoost)集成是目前的最先进技术。在这些方法中，通过合理选择损失函数和系统参数，可以进一步提高性能

7.5　小结

- 回归可用于建模连续值、计数值甚至离散值目标。
- 经典线性模型，如OLS、岭回归、LASSO以及elastic网络都使用了平方损失函数，但它们使用了不同的正则化函数。
- 泊松回归使用具有对数链接函数和泊松分布假设的线性模型，以有效地模拟计数标记数据。
- Γ(伽马)回归使用具有对数链接函数和Γ分布假设的线性模型，以有效地模拟连续的偏右正值数据。
- Tweedie回归使用具有对数链接函数和Tweedie分布假设的线性模型，以模拟许多实际应用中出现的数据复合分布，例如保险、天气和健康分析。
- 经典的均方回归、泊松回归、Γ回归、Tweedie回归甚至逻辑回归都是GLM的不同变体。
- 随机森林和极度随机树使用随机化回归树学习来诱导集成多样性。
- 常见的统计度量，如均值和中位数，可用于结合连续目标的预测，而模式和中位数可用于结合计数目标的预测。

- 人工神经网络(ANN)回归器是学习Stacking集成的元估计器的良好选择。
- 损失函数，如均方差(MSE)、平均绝对误差(MAD)和Huber损失，非常适合连续值标签。
- Γ似然函数非常适合值连续的正标签(即不取负值)。
- 泊松似然函数非常适合计数值标签。
- 一些问题囊括了以上所有的标签，则可用Tweedie似然函数建模。
- LightGBM和XGBoost支持对数链接(和其他链接函数)以及泊松、伽马和Tweedie等分布的建模。
- 通过详尽的网格搜索(缓慢但非常彻底)或随机搜索(快速但近似)进行超参数选择，对实践中良好的集成开发至关重要。

第 8 章

学习分类特征

本章内容

- 介绍机器学习中的分类特征
- 使用监督编码和无监督编码对分类特征进行预处理
- 理解有序提升
- 使用CatBoost进行分类变量
- 处理高基数分类特征

监督机器学习的数据集分为：描述对象的特征和描述感兴趣建模目标的标签。在高层次上，特征(也称为属性或变量)通常分为两种类型：连续的和分类的。

分类特征是从一组有限的、非数值的值(称为类别)中取离散值的特征。分类特征无处不在，几乎出现在所有数据集和领域。下面列举一些例子。

- 人口统计特征——这些特征，如性别或种族，是医学、保险、金融、广告、推荐系统等许多建模问题中的常见属性。例如，美国人口普查局的种族属性是一个分类特征，有五个选择或类别：①美洲印第安人或阿拉斯加原住民，②亚裔美国人，③黑人或非洲裔美国人，④夏威夷原住民或其他太平洋岛屿居民，⑤白人。
- 地理特征——这些特征，如美国州或邮政编码，也是分类特征。"美国州"特征是具有50个类别的分类变量。"邮政编码"特征也是一个分类变量，在美国有41692个独特的类别(!)，从00501(属于纽约州霍尔茨维尔的国税局)到99950(属于阿拉斯加凯奇坎的国税局)。

分类特征通常以字符串或特定格式表示(例如，邮政编码必须正好是五位数字长，并可以零开头)。

由于大多数机器学习算法需要数字输入，因此在训练之前必须对分类特征进行编码或转换为数字形式。必须仔细选择这种编码的性质，以捕获分类特征的真正基础本质。

集成设置有两种处理分类特征的方法：

- 方法1——使用库(如scikit-learn)中提供的几种标准或通用编码技术预处理分类特征，然后使用软件包(如LightGBM或XGBoost)对预处理后的特征进行集成模型训练。
- 方法2——使用专为处理分类特征设计的集成方法，例如CatBoost，直接且谨慎地训练集成模型。

第8.1节涵盖了方法1，并介绍了常用的分类特征预处理方法，以及如何在实践中使用这些方法(使用category_encoders包)与任何机器学习算法，包括集成方法。第8.1节还讨论了两个常见问题：训练到测试集的泄露和训练到测试集的分布转移，或预测转移，这些问题会影响准确评估模型对未来未知数据的泛化能力。

第8.2节涵盖了方法2，并介绍了一种称为有序提升的新集成方法，它是已知提升方法的扩展，但是经过专门修改以解决分类特征的泄露问题和转移问题。本节还介绍了CatBoost包，并展示了如何使用它在具有分类特征的数据集上训练集成方法。在第8.3节中，在实际案例研究中探讨了这两种方法，比较了随机森林、LightGBM、XGBoost和CatBoost在一个收入预测任务中的不同表现。

最后，许多通用方法在高基数分类特征(类别数非常高，如邮政编码)或存在噪声或所谓的"脏"分类变量的情况下缺乏良好的可扩展性。第8.4节展示了如何使用dirty_cat包有效处理这些高基数分类特征。

8.1　编码分类特征

本节回顾了不同类型的分类特征，并介绍了处理它们的两类标准方法：无监督编码(具体而言，顺序编码和独热编码)和监督编码(具体而言，使用目标统计数据)。

像机器学习方法一样，编码技术也分为无监督编码和监督编码。无监督编码方法仅使用特征对类别进行编码，而监督编码方法同时使用特征和目标对类别进行编码。

还将看到，在实践中，监督编码技术如何因一种称为目标泄露的现象而导致性能下降。这将帮助理解有序提升方法的开发动机，将在第8.3节中对此进行探讨。

8.1.1　分类特征的类型

分类特征包含有关训练样本所属类别或组的信息。构成这样变量的值或类别通常用字符串或其他非数字标记表示。

广义上，分类特征分为两种类型：有序(其中类别之间存在排序)和名义(其中类别之间不存在排序)。假设在一个时装(fashion)任务中，仔细研究标称特征和有序分类特征，其目标是训练机器学习算法来预测T恤的成本。每件T恤由两个属性描述：颜色和尺寸(图8.1)。

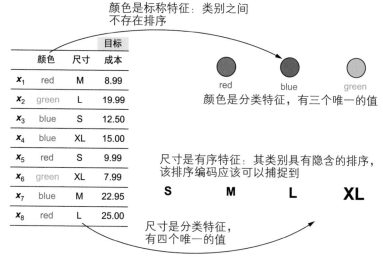

图8.1　此示例数据集中的T恤使用两个分类特征描述：颜色和尺寸。分类特征可以是(1)标称特征，其中各个类别之间没有排序，或(2)有序特征，其中各个类别之间存在排序。此数据集的第三个特征"成本"是一个连续的数字变量

颜色特征有三种离散值：红、蓝和绿。这些类别之间不存在任何排序关系，因此颜色是一种标称特征。由于颜色值的排序方式并不重要，因此，红-蓝-绿的排序等同于其他排序排列，如蓝-红-绿或绿-红-蓝。

尺寸特征有四个离散值：S、M、L和XL。然而，与颜色不同的是，尺寸之间存在隐含的排序关系：S < M < L < XL。这使尺寸成为一种有序特征。虽然可以按任何方式排列尺寸，但按尺寸增加的顺序(S-M-L-XL)，或按尺寸减小的顺序(XL-L-M-S)进行排序最合理。了解每个分类特征的领域和性质对于决定如何编码它们非常重要。

8.1.2　有序编码和独热编码

必须对诸如颜色和尺寸的分类变量进行编码，即在训练机器学习模型之前将其转换为某种数字表示。编码是一种特征工程，必须谨慎进行，因为不当的编码

选择可能影响模型的性能和可解释性。

在本节中，将介绍两种常用的无监督分类变量编码方法：有序编码和独热编码。之所以称它们为无监督编码，是因为这两种方法不使用目标(标签)进行编码。

有序编码

一方面，有序编码简单地为每个类别分配一个数字。例如，标称特征颜色可通过分配 {'red': 0, 'blue': 1, 'green': 2}进行编码。由于类别没有任何隐含的排序，也可以通过分配其他排列(如 {'red': 2, 'blue': 0, 'green': 1})进行编码。

另一方面，由于尺寸已经是一种有序变量，因此分配数字值以保留此排序是有意义的。对于尺寸，使用{'S': 0，'M': 1，'L': 2，'XL': 3}(递增)或{'S': 3，'M': 2，'L': 1，'XL': 0}(递减)进行编码可以维持size(尺寸)类别之间的内在关系。

scikit-learn的OrdinalEncoder可用于创建有序编码。对图8.1的数据集中的两个分类特征(颜色和尺寸)进行编码：

```
import numpy as np
X = np.array([['red', 'M'],
              ['green', 'L'],
              ['red', 'S'],
              ['blue', 'XL'],
              ['blue', 'S'],
              ['green', 'XL'],
              ['blue', 'M'],
              ['red', 'L']])
```

将指定颜色的编码，假设它可以采用四个值：红色、黄色、绿色、蓝色(尽管数据中只出现了三个值，即红色、绿色和蓝色)。还将指定尺寸排序为XL、L、M、S：

```
from sklearn.preprocessing import OrdinalEncoder        指定四种
encoder = OrdinalEncoder(categories=[                    可能的颜色
['red', 'yellow', 'green', 'blue'],
['XL', 'L', 'M', 'S']])                                  指定尺寸按递
Xenc = encoder.fit_transform(X)                          减顺序排序

                                                         仅使用此规范对
                                                         分类特征进行编码
```

现在，可以查看这些特征的编码：

```
encoder.categories_
[array(['red', 'yello', 'green', 'blue'], dtype='<U5'),
array(['XL', 'L', 'M', 'S'], dtype='<U5')]
```

此编码将颜色分配为数字值{'red': 0, 'yellow': 1, 'blue': 2, 'green': 3}，尺寸为{'XL': 0, 'L': 1, 'M': 2, 'S': 3}。此编码将这些分类特征转换为数字值：

```
Xenc
array([[0., 2.],
       [2., 1.],
       [0., 3.],
       [3., 0.],
       [3., 3.],
       [2., 0.],
       [3., 2.],
       [0., 1.]])
```

将编码颜色(Xenc的第一列)与原始数据(X的第一列)进行比较。所有红色项编码为0，绿色为2，蓝色为3。由于没有黄色项，因此此列中没有值为1的编码。

注意，有序编码在变量之间施加了内在排序。虽然这对于有序分类特征来说是可行的，但对于标称分类特征来说并非完全可行。

独热编码

独热编码是一种编码分类特征的方法，不会在其值之间强加任何排序，并且独热编码更适合标称特征。为什么要使用独热编码？如果使用有序编码来编码标称特征，它将引入一个在现实世界中不存在的排序，从而引发对学习算法的误导，认为排序是存在的。与有序编码不同，独热编码使用一个数字对每个类别进行编码，独热编码使用由0和1组成的向量对每个类别进行编码。向量的大小取决于类别数。

例如，若假设颜色是一个三值类别(红色、蓝色、绿色)，则独热编码将被编码为长度为3的向量。其中一种独热编码可以是{'red': [1, 0, 0], 'blue': [0, 1, 0], 'green': [0, 0, 1]}。观察1的位置得出：红色对应于第一个编码项，蓝色对应于第二个项，绿色对应于第三个项。

若假设颜色是四值类别(红色、黄色、蓝色、绿色)，则独热编码将为每个类别生成长度为4的向量。在本章的其余部分，将假设颜色是一个三值类别。

因为尺寸有四个唯一值，所以独热编码也会为每个尺寸类别生成长度为4的向量。其中一种独热编码可以是{'S': [1, 0, 0, 0], 'M': [0, 1, 0, 0], 'L': [0, 0, 1, 0], 'XL': [0, 0, 0, 1]}。

scikit-learn的OneHotEncoder可用于创建独热编码。与之前一样，对图8.1数据集中的两个分类特征(颜色和尺寸)进行编码：

```
from sklearn.preprocessing import OneHotEncoder
encoder = OneHotEncoder(categories=[                    ←── 指定三种
                ['red', 'green', 'blue'],                    可能的颜色
                ['XL', 'L', 'M', 'S']])       ←── 指定四种
Xenc = encoder.fit_transform(X)   ←──              可能的尺寸
                                  └── 仅使用此规范对
                                      分类特征进行编码
```

现在，可以观察这些特征的编码：

```
encoder.categories_
[array(['red', 'green', 'blue'], dtype='<U5'),
 array(['S', 'M', 'L', 'XL'], dtype='<U5')]
```

此编码将引入三个独热特征(Xenc的前三列)以替换颜色特征(*X*的第一列)，并引入四个独热特征(Xenc的最后四列)以替换尺寸特征(*X*的最后一列)：

```
Xenc.toarray()
array([[1., 0., 0., 0., 1., 0., 0.],
       [0., 1., 0., 0., 0., 1., 0.],
       [1., 0., 0., 1., 0., 0., 0.],
       [0., 0., 1., 0., 0., 0., 1.],
       [0., 0., 1., 1., 0., 0., 0.],
       [0., 1., 0., 0., 0., 0., 1.],
       [0., 0., 1., 0., 1., 0., 0.],
       [1., 0., 0., 0., 0., 1., 0.]])
```

现在单个类别都有自己的所在列(每个颜色类别有三个，每个尺寸类别有四个)，它们之间没有任何排序。

注意：由于独热编码消除了类别之间的任何内在排序，因此是编码标称特征的理想选择。但是，这种选择也有代价：往往会扩大数据集的大小，因为必须用大量的二进制特征列(每个类别一个)替换一个类别列。

原始fashion(时装)数据集为8个样本×2个特征。即使使用有序编码，数据集依旧为8×2，尽管标称特征(颜色)强制施加了排序。而使用独热编码，大小变为8×7，并且有序特征大小中不存在内在排序。

8.1.3　使用目标统计信息进行编码

现在将重点转向使用目标统计信息或目标编码进行编码，这是一种有监督的编码技术示例。与无监督编码方法相比，有监督编码方法使用标签对分类特征进行编码。

使用目标统计信息进行编码的想法非常直接：对于每个类别，计算统计量(例如目标"标签"上的平均值)，并将类别替换为这个新计算的数字统计量。使用标签信息进行编码通常有助于弥补无监督编码方法的缺点。

与独热编码不同，目标编码不会创建任何额外的列，这意味着编码后整个数据集的维度并未发生变化。与有序编码不同，目标编码不会在类别之间引入伪关系。

贪心目标编码

在上一节的原始时装数据集中，回想一下，每个训练样本都是带有两个属性(颜色和尺寸)的T恤，要预测的目标是成本。假设要使用目标统计信息对颜色特征进行编码。此特征有三个需要编码的类别：红色、蓝色和绿色。

图8.2说明了如何使用目标统计信息对红色类别进行编码。

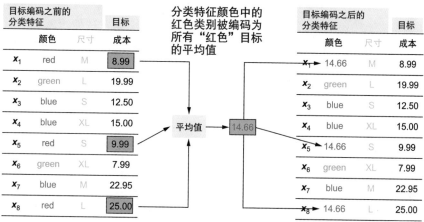

图8.2 将特征颜色的类别红色替换为其目标统计量，即所有颜色为红色的样例对应所有目标值(成本)的平均值(均值)。这种方法称为贪心目标编码，因为所有训练标签都用于编码

有三件T恤，x_1、x_5和x_8的颜色是红色，它们对应的目标值(成本)分别为8.99、9.99和25.00。目标统计量为这些值的平均值：$(8.99 + 9.99 + 25.00)/3 = 14.66$。因此，相应的目标统计量14.66替换了每个红色实例。蓝色和绿色这两个类别也可以用它们相应的目标统计量16.82和13.99进行编码。

更正式地说，第j个特征的第k个类别的目标统计量可使用以下公式计算：

$$s_k = \frac{\sum_{i=1}^{n} \boldsymbol{I}(x_i^j = k) \cdot y_i + ap}{\sum_{i=1}^{n} \boldsymbol{I}(x_i^j = k) + a}$$

在这里，符号 $I(x_i^j = k)$ 表示指示函数，如果括号内的条件为真，则返回1，如果括号内的条件为假，则返回0。例如，在时装数据集中，因为第一个样本对应一个中等大小的红色T恤，所以 $I(x_1^{\text{color}} = \text{red}) = 1$；第四个样本对应一个加大码蓝色T恤，所以 $I(x_4^{\text{color}} = \text{red}) = 0$。

这个计算目标统计量的公式实际上计算的是平滑平均值，而不仅仅是平均值。平滑平均值是通过将参数 $a>0$ 添加到分母中得到的，这是为了确保具有少量值(因此分母较小)的类别最终不会得到与其他类别不同的目标统计数据。分子中的常数 p 通常是整个数据集的平均目标值，是先验或正则化目标统计量的一种方式。

一般来说，先验指的是传递给学习算法以改进其训练的任何额外知识。例如，在贝叶斯学习中，经常指定先验概率分布以表达对数据集分布的看法。这种情况下，先验指定了如何将编码应用于不常出现的类别：仅需要替换为接近 p 的值。

这种目标编码方法称为贪心目标编码，因为这种编码方法使用所有可用的训练数据来计算编码。正如接下来将看到的，贪心编码方法将信息从训练集泄露到测试集。这种"泄露"是有问题的，因为，实际上，在训练集和测试集期间，确定为高性能的模型通常在应用和生产中表现不佳。

信息泄露和分布偏移

许多预处理方法受到以下两个常见实际问题的影响：训练集到测试集信息泄露和训练集到测试集分布偏移。这两个问题都会影响评估训练模型的能力，并影响准确估计它在未来未知数据上的表现，即它的泛化能力。

机器学习模型开发的关键步骤是，创建一个保留测试集用于评估训练模型。测试集必须完全保留在建模的每个阶段(包括预处理、训练和验证)中，并用于评估模型性能，以模拟未知数据中的模型性能。为有效做到这一点，必须确保所有训练数据都不会进入测试数据。当这种情况在建模期间发生时，则称之为从训练集到测试集的信息泄露。

当特征信息泄露到测试集时，则会发生数据泄露，而当目标(标签)信息泄露到测试集时，则会发生目标泄露。贪心目标编码会导致目标泄露，如图8.3所示。在这个例子中，一个12个数据点的数据集被分为训练集和测试集。训练集用于对特征颜色的红色类别执行贪心目标编码。更具体地说，训练集中的目标编码用于转换训练集和测试集。这导致有关目标的信息从训练集泄露到测试集，这便是目标泄露的一个实例。

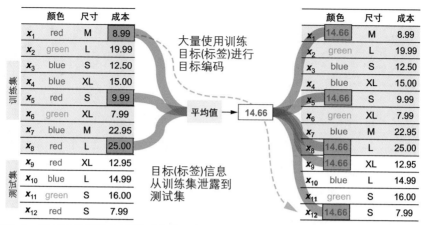

图8.3 展示了从训练集到测试集的目标泄露。将训练集中的所有目标(标签)用于创建红色编码，该编码用于在训练集和测试集中编码该类别，最后导致目标泄露

训练-测试划分需要考虑的另一个因素是，确保训练集和测试集具有相似的分布：即训练集和测试集具有相似的统计特性。这通常通过从整个集成中随机采样保留测试集来实现。

然而，由于贪心目标编码等预处理技术，训练集和测试集之间可能存在差异，训练集和测试集之间的预测进而发生偏移，如图8.4所示。与前面一样，使用贪心目标统计信息对特征颜色的类别"红色"进行编码。该编码是由训练数据中颜色为红色的样本对应的目标平均值计算而来的，值为14.66。

然而，如果仅在测试数据中计算颜色为红色的对应目标的平均值，则平均值为10.47。这种训练集和测试集之间的差异在于贪心目标编码的副产品，它导致测试集分布从训练集分布中发生偏移。换句话说，测试集的统计特性现在不再类似于训练集，这对模型评估产生了不可避免的级联影响。

目标泄露和预测偏移都会向用于评估训练模型的泛化性能度量中引入统计偏差。通常，目标泄露和预测偏移会高估泛化性能，并使训练模型看起来比实际情况更好，当此模型在应用过程中并未按预期执行时，就会带来问题。

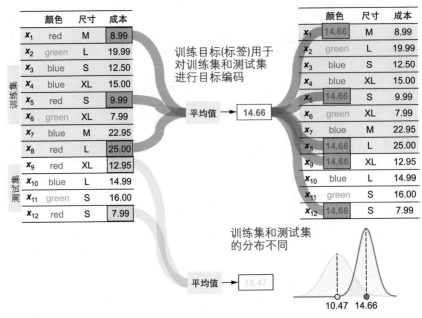

图8.4　展示了训练集和测试集之间的分布偏移。由于测试集的目标编码是使用训练
集计算的，因此与训练集(红色)相比，测试集的目标编码可能导致测试集(黄色)的分
布和统计特性发生偏移

保留和留出目标编码

消除目标泄露和预测偏移的最佳(且最简单)方法是保留一部分训练数据进行
编码。因此，除了训练测试集和保留测试集外，还需要创建一个保留编码集！

这种方法称为保留目标编码，如图8.5所示。在这里，图8.3和图8.4中的数
据集分为三个集成：训练集、保留编码集和保留测试集，每个集成都有四个数
据点。

保留编码集用于计算训练集和测试集的目标编码。这确保了训练集和测试集
的独立性，并消除了目标泄露的可能性。此外，因为训练集和测试集使用相同的
目标统计数据，所以保留编码集也避免了预测偏移。

保留目标编码的一个主要缺点是数据效率低下。为避免泄露，一旦保留编
码集用于计算编码，就需要丢弃它，但这意味着可能浪费可用于建模的大部分总
数据。

避免数据效率低下的一种(不完美的)替代方法是使用"留一法"(LOO)目标编
码，如图8.6所示。LOO编码的工作原理类似于LOO交叉验证，只不过是对保留的
样本进行编码而非验证。

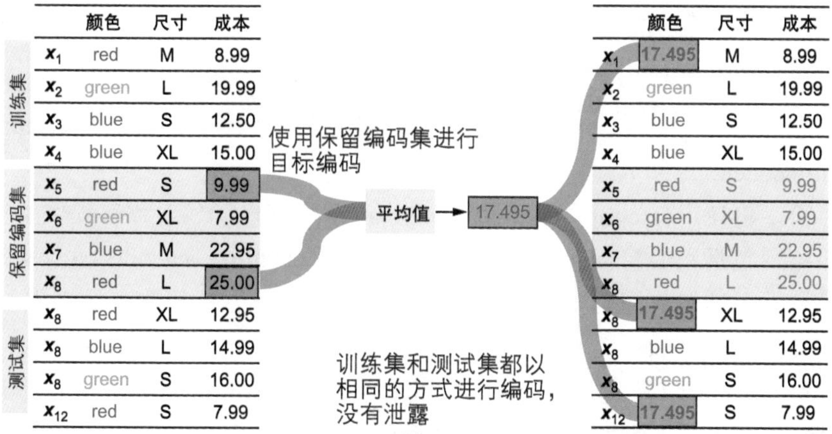

图8.5　保留编码将可用数据划分为三个集成：训练集、测试集以及仅用于目标统计编码的保留测试集。这样可以避免目标泄露和分布偏移

在图8.6中，我们看到，为对红色样本x_5执行LOO目标编码，使用其他两个红色训练样本x_1和x_8计算目标统计数据，而不使用x_5来计算。同时将这个过程依次重复应用于另外两个红色训练样本x_1和x_8。遗憾的是，因为要避免泄露，所以LOO编码不能包括测试集中的样本。因此，可以像以前一样对测试集使用贪心目标编码。

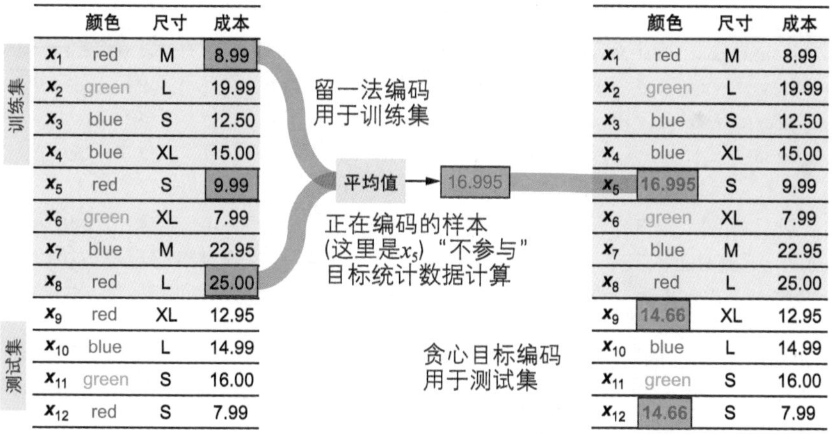

图8.6　将LOO目标编码应用于训练数据，避免创建无用的保留编码集。测试数据像以前一样使用贪心目标编码进行编码

正如接下来看到的，LOO目标编码过程旨在模拟保留目标编码，同时更加高效地利用数据。然而，需要注意的是，这个整体过程并没有完全解决目标泄露问题和预测偏移问题。

正如接下来将在8.2节中看到的，另一种称为"有序目标统计"的编码策略旨在进一步缓解目标泄露问题和预测偏移问题，同时确保数据有效性和计算有效性。

8.1.4 类别编码器包

本节提供了如何为具有分类特征的数据集结合端至端编码和训练流程的样本。子包sklearn.preprocessing提供了一些常见的编码器，如OneHotEncoder和OrdinalEncoder。

然而，将使用category_encoders(http://mng.bz/41aQ)包，该包提供了更多的编码策略，包括贪心目标编码和LOO目标编码。category_encoders是scikit-learn兼容的，这意味着它可与本书中讨论的提供sklearn兼容接口的其他集成方法(如LightGBM和XGBoost)一起使用。

将使用来自UCI机器学习库(http://mng.bz/Q8D4)的澳大利亚信用审批数据集。该数据集的清晰版本与本书的源代码如图所示，并且将使用这个版本在实践中演示类别编码。数据集包含六个连续特征、四个二进制特征和四个分类特征，任务是确定是否批准或拒绝信用卡申请，即二元分类。

首先，加载数据集并查看特征名称和前几行：

```
import pandas as pd
df = pd.read_csv('./data/ch08/australian-credit.csv')
df.head()
```

这段代码片段以表格形式打印了数据集的前几行，如图8.7所示。

	f1-bin	f2-cont	f3-cont	f4-cat	f5-cat	f6-cat	f7-cont	f8-bin	f9-bin	f10-cont	f11-bin	f12-cat	f13-cont	f14-cont	target
0	1	22.08	11.46	2	4	4	1.585	0	0	0	1	2	100	1213	0
1	0	22.67	7.00	2	8	4	0.165	0	0	0	0	2	160	1	0
2	0	29.58	1.75	1	4	4	1.250	0	0	0	1	2	280	1	0
3	0	21.67	11.50	1	5	3	0.000	1	1	11	1	2	0	1	1
4	1	20.17	8.17	2	6	4	1.960	1	1	14	0	2	60	159	1

图8.7 来自UCI机器学习库的澳大利亚信用审批数据集。属性名称已更改，以保护数据集中所代表个人的保密性

特征名称的格式为f1-bin、f2-cont或f5-cat，表示列索引，以及特征是二进制、连续还是分类。为了保护申请人的机密性，类别字符串和名称已替换为整数值；也就是说，分类特征已经使用有序编码进行了处理！

将列分为特征和标签，然后按照惯例进一步划分出训练集和测试集：

```
X, y = df.drop('target', axis=1), df['target']
from sklearn.model_selection import train_test_split
Xtrn, Xtst, ytrn, ytst = train_test_split(X, y, test_size=0.2,
                                           random_state=13)
```

此外，确定要进行预处理的分类特征和连续特征：

```
cat_features = ['f4-cat', 'f5-cat', 'f6-cat', 'f12-cat']
cont_features = ['f2-cont', 'f3-cont', 'f7-cont', 'f10-cont',
                 'f13-cont', 'f14-cont']
```

将以不同的方式预处理连续特征和分类特征。连续特征将会标准化；即对连续特征的每一列进行重新缩放，使其具有零均值和单位标准差。这种重新缩放可以确保不同列没有明显不同的比例，以免破坏下游学习算法。

分类特征将使用独热编码进行预处理。为此，将使用category_encoders包中的OneHotEncoder。将创建两个单独的预处理流程，一个用于连续特征，一个用于分类特征：

```
import category_encoders as ce
from sklearn.preprocessing import StandardScaler
from sklearn.pipeline import Pipeline

preprocess_continuous = Pipeline(steps=[('scaler', StandardScaler())])
preprocess_categorical = Pipeline(steps=[('encoder',
                                  ce.OneHotEncoder(cols=cat_features))])
```

注意，ce.OneHotEncoder要求明确指定对应于分类特征的列，否则它将对所有列应用编码。

现在有了两个单独的流程，需要将它们放在一起，以确保对正确的特征类型应用正确的预处理。可以使用scikit-learn的ColumnTransformer来实现这一点，它允许对不同的列采用不同的步骤：

```
from sklearn.compose import ColumnTransformer
ct = ColumnTransformer(
        transformers=[('continuous',                         在此处预处理
                                                             连续特征
                       preprocess_continuous, cont_features),
                      ('categorical',
                                                             在此处预
        保留其                                                处理分类
        余特征         preprocess_categorical, cat_features)],  特征
                      remainder='passthrough')
```

现在，可以在训练集上拟合预处理器，并改变训练集和测试集：

```
Xtrn_one_hot = ct.fit_transform(Xtrn, ytrn)
Xtst_one_hot = ct.transform(Xtst)
```

注意，测试集没有用于拟合预处理器流程。这是一个微妙但重要的实践步骤，以确保测试集得以保留，并且由于预处理而没有意外的数据泄露或目标泄露。观察测试集为何不用于拟合预处理器流程，这是一个微妙但非常重要的实际步骤，可以确保测试集得以保留，并且不会由于预处理而导致意外的数据泄露或

目标泄露。现在，看看独热编码对特征集大小的影响：

```
print('Num features after ONE HOT encoding = {0}'.format(
                                    Xtrn_one_hot.shape[1]))
Num features after ONE HOT encoding = 38
```

由于独热编码为分类特征的每个类别引入了一个新列，因此总列数已从14增加到38！现在，在这个预处理的数据集上训练和评估一个RandomForestClassifier：

```
from sklearn.ensemble import RandomForestClassifier
model = RandomForestClassifier(n_estimators=200,
                             max_depth=6, criterion='entropy')
model.fit(Xtrn_one_hot, ytrn)

from sklearn.metrics import accuracy_score
ypred = model.predict(Xtst_one_hot)
print('Model Accuracy using ONE HOT encoding = {0:5.3f}%'.
        format(100 * accuracy_score(ypred, ytst)))

Model Accuracy using ONE HOT encoding = 89.855%
```

独热编码策略学习了一个保留测试准确率为89.9%的模型。除了OneHotEncoder和OrdinalEncoder，category_encoders包还提供了其他许多编码器。感兴趣的两个编码器是贪心TargetEncoder和LeaveOneOutEncoder，可以像OneHotEncoder一样使用它们。具体而言，只需要在以下内容中用TargetEncoder替换OneHotEncoder：

```
preprocess_categorical = \
    Pipeline(steps=[('encoder', ce.TargetEncoder(cols=cat_features,
                                                smoothing=10.0))])
```

TargetEncoder需要一个额外的smoothing参数，它是一个正值，结合了平滑和应用先验的效果(见第8.1.2节)。数值越高，则对平滑的要求越高，可以抵消过拟合。经过预处理和训练，得出以下结果：

```
Num features after GREEDY TARGET encoding = 14
Model Accuracy using GREEDY TARGET encoding = 91.304%
```

与独热编码不同，贪心目标编码不会添加任何新列，这意味着数据集的总维数保持不变。可以类似方式使用LeaveOneOutEncoder：

```
preprocess_categorical = Pipeline(steps=[('encoder',
                        ce.LeaveOneOutEncoder(cols=cat_features,
                                             sigma=0.4))])
```

参数sigma是一个噪声参数，旨在减少过拟合。用户手册建议使用0.05到0.6之间的值。经过预处理和训练后，再次得到以下结果：

```
Num features after LEAVE-ONE-OUT TARGET encoding = 14
Model Accuracy using LEAVE-ONE-OUT TARGET encoding = 90.580%
```

与TargetEncoder一样，经过了预处理，特征的数量保持不变。

8.2　CatBoost：有序提升框架

CatBoost是Yandex开发的另一个开源梯度提升框架。CatBoost对经典的牛顿提升方法进行了三个主要修改：

- 它专门针对分类特征，不同于其他更广泛的提升方法。
- 它使用有序提升作为其底层集成学习方法，因此能在训练期间隐式地处理目标泄露问题和预测偏移问题。
- 它使用无意识决策树作为基础估计器，这通常会使训练时间更快。

注意：CatBoost在许多平台上都可以用Python。有关安装的详细说明，请参阅CatBoost安装指南，网址为http://mng.bz/X5xE。在撰写本书时，CatBoost仅支持64位版本的Python。

8.2.1　有序目标统计和有序提升

CatBoost以两种方式处理分类特征：①如先前所述，使用目标统计编码分类特征，②创建分类特征结合(并使用目标统计对其进行编码)。虽然这些修改使CatBoost能够无缝处理分类特征，但它们确实带来了一些急需解决的问题。

正如之前所见，使用目标统计进行编码会导致目标泄露问题，更重要的是，在测试集中会产生预测偏移。处理这种情况的最理想方式是创建一个保留编码集。

只进行编码而不执行其他任何操作的训练样本会浪费大量数据，这意味着很难把这种方法投入实践。另一种方法是LOO编码，它的数据效率更高，但不能完全减轻预测偏移。

除了编码特征的问题，梯度提升和牛顿提升都在迭代之间重复使用数据，导致梯度分布移位，最终导致进一步的预测偏移。换句话说，即使没有分类特征，仍然会有预测偏移问题，这会使模型泛化的估计产生偏差！

CatBoost通过使用排序训练样本来解决这一预测偏移的中心问题：①计算编码分类变量的目标统计(称为有序目标统计)，②训练其弱估计器(称为有序提升)。

有序目标统计

排序原则的核心非常简单，由两个步骤组成：

(1) 根据随机排列重新排序训练样本。

(2) 为了计算第i个训练样本的目标统计量，使用此随机排列中的前i-1个训练样本。

图8.8展示了8个训练样本。首先，将样本按随机顺序排列：4、7、1、8、2、6、5、3。现在，为了计算每个训练样本的目标统计，假设这些样本是依次排序的。

例如，为了计算样本2的目标统计，只能使用"先前看到"的序列样本：4、7、1和8。其次，为计算样本6的目标统计，只能使用先前看到的序列样本：4、7、1、8和2，以此类推。

图8.8　有序目标统计首先随机排列样本，然后仅使用有序序列中的先前样本计算目标统计

因此，为了计算第i个训练样本的编码，有序目标统计从不使用自己的目标值；这种行为类似于LOO目标编码。两者之间的关键区别在于，有序目标统计使用已知样本的"历史"概念。

这种方法的一个缺点是，早期出现在随机序列中的训练样本将使用较少的样本进行编码。为了在实践中进行补偿并增加鲁棒性，CatBoost维护了几个序列(即历史记录)，这些序列是依次随机选择的。这意味着CatBoost在每次迭代中重新计算分类变量的目标统计。

有序提升

CatBoost基本上是一种牛顿提升算法(参见第6章)；即使用损失函数的一阶函数和二阶导数来训练作为组成部分的弱估计器。

如前所述，预测偏移有两个来源：变量编码和梯度计算本身。为了避免由于梯度计算而引起的预测偏移，CatBoost将排序的想法扩展到训练其弱学习器。而另一种方法是：牛顿提升+排序＝CatBoost。

图8.9展示了有序提升，类似于有序目标统计。例如，为了计算样本2的残差和梯度，有序提升仅使用先前序列样本中所训练的模型：4、7、1和8。与有序目标统计一样，CatBoost使用多个排列来增加鲁棒性。而这些残差现在用于训练其弱估计器。

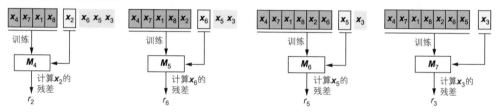

图8.9 有序提升也将样本随机排列，并仅使用有序序列中的先前样本计算梯度(残差)。这里显示的是如何在第4次(使用估计器M4处理样本x_2)、第5次(使用估计器M5处理样本x_6)等迭代计算残差

8.2.2 无意识决策树

牛顿提升实现(如XGBoost和CatBoost)之间的另一个关键区别是基础估计器。XGBoost使用标准决策树作为弱估计器，而CatBoost使用无意识决策树。

无意识决策树在树的每个节点上使用相同的划分准则。图8.10说明了这一点，图中把具有四个叶节点的标准决策树和具有四个叶节点的无意识决策树进行比较。

在这个例子中，注意到无意识决策树的第二级(右)在树的第二级中的每个节点上都使用相同的决策准则，即尺寸<15。虽然这是一个简单例子，但注意，与标准决策树相反，只需要学习无意识决策树的两个划分准则。这使得无意识决策树更易于训练，更高效，从而加快了整体训练速度。此外，由于无意识决策树是平衡和对称的，较为简单，所以更不容易过拟合。

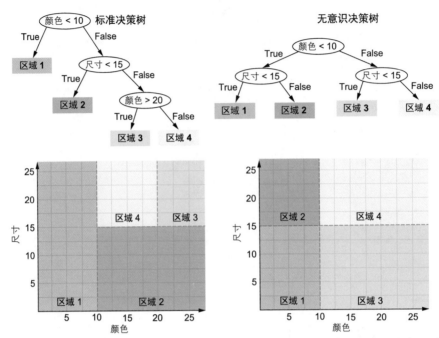

图8.10　比较标准决策树和无意识决策树，每个决策树都有四个叶节点。注意，无意识决策树的深度2处的决策节点都相同(尺寸<15)，这是无意识决策树的一个关键特征：每个深度只学习一个划分标准

8.2.3　CatBoost实践

本节展示如何使用CatBoost创建训练流程。例如，将设置学习率和使用早停来控制过拟合，如下：

■ 通过选择有效的学习率，尝试控制模型学习的速度，以便它不会快速拟合，然后过拟合训练数据。可将其视为积极的建模方法，试图确定一个好的训练策略，这样就会生成一个好的模型。

■ 通过强制早停，观察到模型开始过拟合时停止训练。可以将强制早停视为一种消极建模方法，一旦认为有了一个好的模型，就会考虑终止训练。

将沿用第8.1.4节中用过的澳大利亚信用审批数据集示例。代码清单8.1提供了如何使用CatBoost的简单示例。

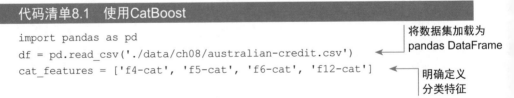

代码清单8.1　使用CatBoost

```
import pandas as pd
df = pd.read_csv('./data/ch08/australian-credit.csv')        将数据集加载为 pandas DataFrame
cat_features = ['f4-cat', 'f5-cat', 'f6-cat', 'f12-cat']     明确定义 分类特征
```

```
X, y = df.drop('target', axis=1), df['target']

from sklearn.model_selection import train_test_split    ← 准备数据进行
Xtrn, Xtst, ytrn, ytst = train_test_split(                 训练和评估
                          X, y, test_size=0.2)

from catboost import CatBoostClassifier                 ← 训练5个深度为
ens = CatBoostClassifier(iterations=5, depth=3,            3的同质树的集成
                         cat_features=cat_features)    ← 确保CatBoost知道
ens.fit(Xtrn, ytrn)                                        哪些特征是分类的
ypred = ens.predict(Xtst)
print('Model Accuracy using CATBOOST = {0:5.3f}%'.
    format(100 * accuracy_score(ypred, ytst)))
```

这个代码清单训练和评估一个CatBoost模型，如下：

```
Model Accuracy using CATBOOST = 83.333%
```

使用CatBoost的交叉验证

CatBoost为回归和分类任务提供了许多损失函数和控制各种训练的功能。这包括通过控制集成的复杂性(迭代，每次迭代训练一棵树)和基础估计器的复杂性(无视决策树的深度)来控制过拟合的超参数。

除了这些超参数，另一个关键超参数是学习率。回顾一下，学习率支持更好地控制集成复杂性的增长速度。因此，在实践中，确定数据集的最佳学习率可以帮助避免过拟合并在训练后很好地得到推广。

与以前的集成方法一样，将使用5折交叉验证来搜索多个不同的超参数结合以识别最佳模型。代码清单8.2说明如何使用CatBoost执行交叉验证。

代码清单8.2　使用CatBoost进行交叉验证

```
params = {'depth': [1, 3],
          'iterations': [5, 10, 15],
          'learning_rate': [0.01, 0.1]}    ← 创建可能的
                                              参数结合网格
                                           ← 明确定义
                                              分类特征
ens = CatBoostClassifier(cat_features=cat_features)   ←
grid_search = ens.grid_search(params, Xtrn, ytrn,    ←
                              cv=5, refit=True)        ← 使用CatBoost的
                                                         内置网格搜索功能
print('Best parameters: ', grid_search['params'])
ypred = ens.predict(Xtst)                             执行5折交叉验证，
print('Model Accuracy using CATBOOST = {0:5.3f}%'.    然后在网格搜索后使
    format(100 * accuracy_score(ypred, ytst)))        用最佳参数重新拟合
                                                      模型
```

接下来评估代码清单8.2中指定的超参数结合(2×3×2=12)，使用5折交叉验证来确定最佳的参数结合，并使用它重新训练最终模型：

```
Best parameters: {'depth': 3, 'iterations': 15, 'learning_rate': 0.1}
Model Accuracy using CATBOOST = 82.609%
```

使用CatBoost进行早停

与其他集成方法一样，在每次连续迭代中，CatBoost将一个新的基础估计器添加到集成中。这会导致整个集成在训练过程中逐步变得复杂，直到模型开始过拟合训练数据。与其他集成方法一样，CatBoost可以采用早停，在评估集的帮助下监控CatBoost的性能，以便在其性能未显著改善时立即停止训练。

在代码清单8.3中，初始化CatBoost来训练100棵树。使用CatBoost的早停，可以提前终止训练，从而确保产生良好的模型以及训练效率，类似于LightGBM和XGBoost。

代码清单8.3   CatBoost的早停

```
ens = CatBoostClassifier(iterations=100, depth=3,        ◄── 使用100个
                         cat_features=cat_features,          集成大小初始化
                         loss_function='Logloss')            CatBoostClassifier

from catboost import Pool
eval_set = Pool(Xtst, ytst, cat_features=cat_features)   ◄── 通过汇集
                                                             Xtst和ytst
ens.fit(Xtrn, ytrn, eval_set=eval_set,                       创建评估集
        early_stopping_rounds=5,                         ◄── 如果在5轮后未检测
        verbose=False, plot=True)                            到改进，则停止训练
                                        ◄── 设置CatBoost
                                            以绘制训练曲
                                            线和评估曲线
ypred = ens.predict(Xtst)
print('Model Accuracy using CATBOOST = {0:5.3f}%'.
      format(100 * accuracy_score(ypred, ytst)))
```

此代码生成的训练曲线和评估曲线如图8.11所示，其中可以观察到过拟合的情况。大约在第80次迭代时，训练曲线(虚线)仍在下降，而评估曲线已经开始趋于变平。

这意味着在没有等效降低验证集的情况下，训练误差仍在减少，表明过拟合。CatBoost观察到这种行为进行了5次迭代(如early_stopping_rounds=5)，然后终止训练。

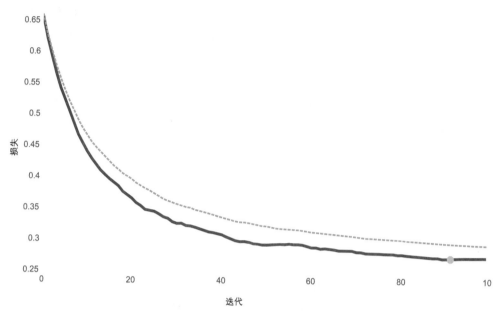

图8.11　CatBoost生成的训练曲线(虚线)和评估(实线)曲线。早停第88次迭代中的圆点表示早停点

最终模型报告的测试集性能为82.61%，该测试集性能于88次迭代后达到，早停避免了一直训练到最初指定的100次迭代：

```
Model Accuracy using CATBOOST = 82.609%
```

8.3　案例研究：收入预测

在本节中，研究从人口统计数据中分析收入预测的问题。人口统计数据通常包含许多不同类型的特征，包括分类特征和连续特征。将探索两种训练集成的方法：

- 方法1(第8.3.2节和第8.3.3节)——使用category_encoders包预处理分类特征，然后使用scikit-learn的随机森林、LightGBM和带有预处理特征的XGBoost训练集成。
- 方法2(第8.3.4节)——通过有序目标统计和有序提升，在训练过程中使用CatBoost直接处理分类特征。

8.3.1　adult数据集

本案例研究使用来自UCI机器学习库的adult数据集。这项任务根据多个人口统计指标(如教育、婚姻状况、种族和性别)预测个人年收入是高于5万美元还是低于5万美元。

这个数据集包含许多分类特征和连续特征的良好结合，这使这个数据集成为此案例研究的理想选择。该数据集可与源代码一起使用。加载数据集并将其可视化(请参见图8.12)。

	age	workclass	fnlwgt	education	education-num	marital-status	occupation	relationship	race	sex	capital-gain	capital-loss	hours-per-week	native-country	salary
0	50	Self-emp-not-inc	83311	Bachelors	13	Married-civ-spouse	Exec-managerial	Husband	White	Male	0	0	13	United-States	<=50K
1	38	Private	215646	HS-grad	9	Divorced	Handlers-cleaners	Not-in-family	White	Male	0	0	40	United-States	<=50K
2	53	Private	234721	11th	7	Married-civ-spouse	Handlers-cleaners	Husband	Black	Male	0	0	40	United-States	<=50K
3	28	Private	338409	Bachelors	13	Married-civ-spouse	Prof-specialty	Wife	Black	Female	0	0	40	Cuba	<=50K
4	37	Private	284582	Masters	14	Married-civ-spouse	Exec-managerial	Wife	White	Female	0	0	40	United-States	<=50K

图8.12　adult数据集包含分类特征和连续特征

此数据集包含几个分类特征：

- workclass——描述就业类型的分类，包含八大类别：私营、自由职业-自雇、自由职业-它雇、地方政府、州政府、无薪以及待业。
- education——描述受教育的最高程度，包含16个类别：博士、硕士、学士、学院、副学士、副职业、职业学校、高中毕业、12年级(高三)、11年级(高二)、10年级(高一)、9年级(初三)、7~8年级(初一~初二)、5~6年级、1~4年级以及学前班。
- marital-status——描述婚姻情况，包含七个类别：已婚配、离异、未婚、分居、丧偶、已婚平民配偶、已婚军属。
- occupation——描述职业领域的分类，包含14个类别：技术支持、工艺修复、其他服务、销售、执行管理、专业教授、清洁工、机器操作检查、行政文员、农业渔业、运输及搬家、私人住宅服务、保护服务以及武装部队。
- relationship——描述关系状态，包含六个类别：妻子、孩子、丈夫、非家庭成员、其他亲戚以及未婚。
- sex——描述性别，包含两个类别：男性、女性。
- native-country——这个高(ish)基数分类变量描述原国籍，包含30个独立国家。

此外，该数据集还包含几个连续特征，如age(年龄)、education-num(受教育年数)、hours-per-week(每周工作小时数)、capital-gain(资本收益)和capital-loss(损失)等。

adult数据集

　　该数据集最初来源于美国人口普查局的1994年人口普查调查结果，此后得以用于数百篇研究论文、机器学习教程和课堂项目中。该数据集既可以作为基准数据集，也可以作为教学工具。

　　近年来，adult数据集也成为公平AI研究领域的重要数据集，又称为算法公平性，该数据集寻找一些方法，来确保机器学习算法不会强化偏见，而是努力实现结果公平。

　　例如，假设我们正在训练一个集成模型来筛选，然后根据历史数据接受或拒绝软件工程师求职简历。历史雇佣数据表明，男性比女性更可能成功应聘这些职位。如果使用这种带有偏见的数据进行训练，机器学习模型(包括集成方法)将在学习过程中掌握这种偏见，并在部署时做出有偏见的招聘决策，从而导致在现实世界中，招聘结果也充满歧视！

　　adult数据集也存在类似的偏见，且微妙地偏向于女性和少数族裔，因为预测目标("个人年收入高于5万美元还是低于5万美元")和数据特征都带有一定程度的歧视性。这意味着使用该数据集训练的模型也将具有歧视性，因此无法将该数据集用于数据驱动的决策实践中。相关机器学习领域的详细信息，请参见Ding等人的文章[1]。

　　最后，应注意的是，该数据集仅用作教学工具，以说明处理具有分类变量的数据集的不同方法。

　　在代码清单8.4中，使用seaborn软件包掌握了一些分类特征，该软件包提供了一些用于快速探索和可视化数据集的简洁函数。

代码清单8.4　adult数据集中的分类特征

```
import matplotlib.pyplot as plt
import seaborn as sns

fig, ax = plt.subplots(nrows=3, ncols=1, figsize=((12, 6)))
fig.suptitle('Category counts of select features in the adult data set')

sns.countplot(x='workclass', hue='salary', data=df, ax=ax[0])
ax[0].set(yscale='log')

sns.countplot(x='marital-status', hue='salary', data=df, ax=ax[1])
ax[1].set(yscale='log')
```

1　*Retiring Adult: New Datasets for Fair Machine Learning*, by Frances Ding, Moritz Hardt, John Miller, and Ludwig Schmidt. Proceedings of the 32nd International Conference on Neural Information Processing Systems (2021) (http://mng.bz/ydWe).

```
sns.countplot(x='race', hue='salary', data=df, ax=ax[2])
ax[2].set(yscale='log')
fig.tight_layout()
```

此代码清单生成的图形如图8.13所示。

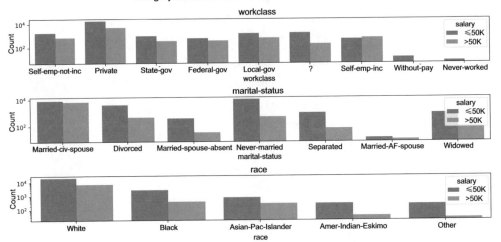

图8.13   可视化adult数据集中三个分类特征(workclass、marital-status和race)的类别计数。注意，所有y轴都是对数(以10为基数)比例

8.3.2   创建预处理和建模流程

代码清单8.5描述了如何准备数据。特别是，使用sklearn.preprocessing. LabelEncoder将目标标签从字符串(≤50k，>50k)转换为数字(0/1)。LabelEncoder与OrdinalEncoder相同，只是LabelEncoder专门设计用于处理一维数据(目标)。

代码清单8.5   准备adult数据集

```
X, y = df.drop('salary', axis=1), df['salary']        ← 将数据划分为
                                                        特征和目标
from sklearn.preprocessing import LabelEncoder
y = LabelEncoder().fit_transform(y)                   ← 对标签
                                                        进行编码
from sklearn.model_selection import train_test_split
Xtrn, Xtst, ytrn, ytst = \
    train_test_split(X, y, test_size=0.2)             ← 将数据划分为
                                                        训练集和测试集

features = X.columns
cat_features = ['workclass', 'education', 'marital-status',
                'occupation', 'relationship', 'race', 'sex',
                'native-country']
                                                      ← 明确标识分类
cont_features = features.drop(cat_features).tolist()    特征和连续特征
```

记住，任务是预测收入是高于50 000美元(标签$y=1$)还是低于50 000美元(标签$y=0$)。关于此数据集需要注意的一点是，它是不平衡的，即它包含两种比例：

```python
import numpy as np
n_pos, n_neg = np.sum(y > 0)/len(y), np.sum(y <= 0)/len(y)
print(n_pos, n_neg)
0.24081695331695332 0.7591830466830467
```

在这里，看到正负分布是24.1%对75.9%(不平衡)，而不是50%对50%(平衡)。这意味着评估指标(如准确率)可能会无意中歪曲对模型性能的看法，因为它们假设数据集是平衡的。

接下来，定义一个预处理函数，它可以与不同类型的类别编码器一起重复使用。此函数具有两个预处理流程，一个仅应用于连续特征，另一个用于分类特征。使用StandardScaler对连续特征进行预处理，将每个特征归一化，使特征具有零均值和单位标准差。

此外，两个流程都可通过SimpleImputer输入缺失值。缺失的连续值使用其相应的中位数特征值进行输入，而缺失的分类特征在编码之前作为一个新的类别进行输入，称为missing。

例如，workclass特征具有缺失值(用"?"表示)，这些缺失值作为一个单独类别进行建模。代码清单8.6为连续特征和分类特征实现了单独的预处理流程，并返回一个ColumnTransformer，该对象可以直接应用于此领域的任何训练数据子集。

代码清单8.6　预处理流程

```python
from sklearn.preprocessing import StandardScaler
from sklearn.impute import SimpleImputer
from sklearn.pipeline import Pipeline
from sklearn.compose import ColumnTransformer

import category_encoders as ce

def create_preprocessor(encoder):              连续特征的
    preprocess_continuous = \          ←─      预处理流程
        Pipeline(steps=[
            ('impute_missing', SimpleImputer(strategy='median')),
            ('normalize', StandardScaler())])

    preprocess_categorical = \                 分类特征的
        Pipeline(steps=[                ←─     预处理流程
            ('impute_missing', SimpleImputer(strategy='constant',
                                    fill_value='missing')),
```

```
        ('encode', encoder())])
transformations = \
    ColumnTransformer(transformers=[
        ('continuous', preprocess_continuous, cont_features),
        ('categorical', preprocess_categorical, cat_features)])
return transformations
```

ColumnTransformer
对象用于结合流程

此代码清单将创建并返回一个scikit-learn ColumnTransformer对象，该对象可以对训练集和测试集应用类似的预处理策略，从而确保一致性并最大限度地减少数据泄露。

最后，定义了一个函数来训练和评估不同类型的集成，并将它们与各种类别编码相结合。这通过将集成学习包与各种类别编码器结合，来创建不同的集成模型。

由于代码清单8.7中的函数，因此能够传递一个集成以及一个用于集成参数选择的集成参数网格。使用k-折交叉验证结合随机搜索来识别最佳集成参数，然后使用这些最佳参数来训练最终模型。

训练完成后，该函数使用三个指标评估测试集上的最终模型性能：精确度、平衡精确度和F1分数。数据集不平衡时，平衡精确度和F1分数是十分有用的指标，因为根据每个数值在标签中出现的频率，它们对模型性能进行加权来考虑标签不平衡问题。

代码清单8.7　训练和评估与编码器和集成参数网格的结合

```
from sklearn.model_selection import RandomizedSearchCV
from sklearn.metrics import accuracy_score, f1_score, balanced_accuracy_score

def train_and_evaluate_models(ensemble, parameters,
                              n_iter=25,
                              cv=5):
    results = pd.DataFrame()

    for encoder in [ce.OneHotEncoder,
                    ce.OrdinalEncoder,
                    ce.TargetEncoder]:
        preprocess_pipeline = \
            create_preprocessor(encoder)

        model = Pipeline(steps=[
                ('preprocess', preprocess_pipeline),
                ('crossvalidate',
                    RandomizedSearchCV(
                        ensemble, parameters,
                        n_iter=n_iter, cv=cv,
```

指定集成和参数网格

随机网格搜索的最大参数结合数

参数选择的交叉验证折叠数

要尝试的不同分类编码策略

初始化预处理流程(参见代码清单8.6)

使用随机网格搜索进行参数选择

```
                              refit=True,
                              verbose=2))])
```
←　使用最佳参数重新
　　拟合最终集成

```
    model.fit(Xtrn, ytrn)
    ypred_tst = model.predict(Xtst)

    res = {'Encoder': encoder.__name__,
           'Ensemble': ensemble.__class__.__name__,
           'Train Acc': accuracy_score(ytrn, ypred_trn),
           'Train B Acc': balanced_accuracy_score(ytrn,
                                                   ypred_trn),
           'Train F1': f1_score(ytrn, ypred_trn),
           'Test Acc': accuracy_score(ytst, ypred_tst),
           'Test B Acc': balanced_accuracy_score(ytst,
                                                  ypred_tst),
           'Test F1': f1_score(ytst, ypred_tst)}
    results = pd.concat([results,
                         pd.DataFrame.from_dict([res])], ignore_index=True)
    return results
```

8.3.3　类别编码和集成

在本节中，将训练各种编码器和集成方法的不同结合。

■ 编码器：独热编码、有序和贪心目标编码(来自category_encoders包)
■ 集成：scikit-learn的随机森林、LightGBM的梯度提升和XGBoost的牛顿提升

对于每个编码器和集成的结合，遵循在代码清单8.6和代码清单8.7中实现的相同步骤：预处理特征，执行集成参数选择以获取最佳的集成参数，使用最佳参数结合重新拟合最终的集成模型，并评估最终模型。

随机森林

代码清单8.8训练并评估分类编码(独热编码、有序和贪心目标)和随机森林的最佳结合。

代码清单8.8　类别编码后使用随机森林集成

```
from sklearn.ensemble import RandomForestClassifier

ensemble = RandomForestClassifier(n_jobs=-1)
parameters = {'n_estimators': [25, 50, 100, 200],
              'max_depth': [3, 5, 7, 10],
              'max_features': [0.2, 0.4, 0.6, 0.8]}

rf_results = train_and_evaluate_models(ensemble, parameters,
                           n_iter=25, cv=5)
```

随机森林集成
中的树的数量

集成中单个树
的最大深度

树学习期间
特征/列的分数

使用25个参数结
合和5折交叉验证
的随机网格搜索

此代码清单返回以下结果(编辑以适合页面)：

Encoder	Test Acc	Test B Acc	Test F1	Train Acc	Train B Acc	Train F1
OneHot	0.862	0.766	0.669	0.875	0.783	0.7
Ordinal	0.861	0.756	0.657	0.874	0.773	0.688
Target	0.864	0.774	0.679	0.881	0.797	0.72

注意，平衡准确率(B Acc)或F1分数对于训练集和测试集来说都比简单准确率(Acc)更能说明问题。由于平衡准确率明确考虑了类别不平衡，因此提供了比准确率更好的模型性能估计。这说明使用正确的指标来评估模型至关重要。

虽然所有编码方法都以简单准确率作为评估指标，这些方法看起来十分有效，但使用目标统计数据进行编码似乎在正负样本之间进行分类时才最有效。

LightGBM

接下来，使用LightGBM重复此训练和评估过程，其中使用200棵树训练集成。如代码清单8.9所示，将使用5折交叉验证选择其他几个集成超参数：最大树深度、学习率、Bagging分数和正则化参数。

代码清单8.9   类别编码后使用LightGBM集成

```
from lightgbm import LGBMClassifier

ensemble = LGBMClassifier(n_estimators=200, n_jobs=-1)

parameters = {
    'max_depth': np.arange(3, 10, step=1),          # 集成中单个树的最大深度
    'learning_rate': 2.**np.arange(-8, 2, step=2),  # 梯度提升的学习率
    'bagging_fraction': [0.4, 0.5, 0.6, 0.7, 0.8],  # 树学习期间使用的样本分数
    'lambda_l1': [0, 0.01, 0.1, 1, 10],             # 权重正则化参数
    'lambda_l2': [0, 0.01, 0.1, 1e-1, 1, 10]}

lgbm_results = train_and_evaluate_models(ensemble, parameters,
                                         n_iter=50, cv=5)
```

此代码清单返回以下结果(编辑以适合页面)：

Encoder	Test Acc	Test B Acc	Test F1	Train Acc	Train B Acc	Train F1
OneHot	0.874	0.802	0.716	0.891	0.824	0.754
Ordinal	0.874	0.802	0.717	0.892	0.825	0.757
Target	0.873	0.796	0.71	0.886	0.815	0.741

使用LightGBM后发现，所有三种编码方法产生的集成具有大致相似的泛化性能，测试集平衡准确率和F1分数证明了这一点。这三种编码方法的集成总体性能也优于随机森林。

XGBoost

最后，使用XGBoost重复此训练和评估过程，其中再次训练200棵树的集成，如代码清单8.10所示。

代码清单8.10 类别编码后使用XGBoost集成

```
from xgboost import XGBClassifier

ensemble = XGBClassifier(n_estimators=200, n_jobs=-1)
parameters = {
    'max_depth': np.arange(3, 10, step=1),
    'learning_rate': 2.**np.arange(-8., 2., step=2),
    'colsample_bytree': [0.4, 0.5, 0.6, 0.7, 0.8],
    'reg_alpha': [0, 0.01, 0.1, 1, 10],
    'reg_lambda': [0, 0.01, 0.1, 1e-1, 1, 10]}

xgb_results = train_and_evaluate_models(ensemble, parameters,
                                        n_iter=50, cv=5)
```

集成中单个树的最大深度

用于权重正则化的参数

牛顿提升的学习率

树学习期间特征/列的分数

此代码清单返回以下结果(编辑以适合页面):

Encoder	Test Acc	Test B Acc	Test F1	Train Acc	Train B Acc	Train F1
OneHot	0.875	0.799	0.715	0.896	0.829	0.764
Ordinal	0.873	0.799	0.712	0.891	0.823	0.753
Target	0.875	0.802	0.717	0.898	0.834	0.771

与LightGBM一样，所有三种编码方法都可以产生具有大致相似泛化性能的XGBoost集成。XGBoost的总体性能与LightGBM相似，但优于随机森林。

8.3.4 有序编码和CatBoost提升

最后将探讨CatBoost在此数据集上的表现。与之前的方法不同，不会使用category_encoders包。这是因为CatBoost使用了有序目标统计数据及有序提升。因此，只要明确需要使用有序目标统计数据进行编码的分类特征，CatBoost就会处理其余部分，而不需要执行任何其他的预处理！代码清单8.11使用基于交叉验证的随机参数搜索来执行有序提升。

代码清单8.11 有序目标编码和有序提升与CatBoost

```
from catboost import CatBoostClassifier

ensemble = CatBoostClassifier(cat_features=cat_features)
parameters = {
    'iterations': [25, 50, 100, 200],
    'depth': np.arange(3, 10, step=1),
```

随机森林集成中树的数量

集成中单个树的最大深度

```
                    'learning_rate': 2**np.arange(-5., 0., step=1),  ←——   牛顿提升
                    'l2_leaf_reg': [0, 0.01, 0.1, 1e-1, 1, 10]}             的学习率

   search = ensemble.randomized_search(parameters, Xtrn, ytrn,
用于权重正                                n_iter=50, cv=5, refit=True,
则化的参数                               verbose=False)  ←——   使用CatBoost的
                                                              随机搜索功能
   ypred_trn = ensemble.predict(Xtrn)
   ypred_tst = ensemble.predict(Xtst)
   res = {'Encoder': '',
          'Ensemble': ensemble.__class__.__name__,
          'Train Acc': accuracy_score(ytrn, ypred_trn),
          'Train B Acc': balanced_accuracy_score(ytrn, ypred_trn),
          'Train F1': f1_score(ytrn, ypred_trn),
          'Test Acc': accuracy_score(ytst, ypred_tst),
          'Test B Acc': balanced_accuracy_score(ytst, ypred_tst),
          'Test F1': f1_score(ytst, ypred_tst)}

   cat_results = pd.DataFrame()
   cat_results = pd.concat([cat_results,
                           pd.DataFrame.from_dict([res])], ignore_index=True)
```

CatBoost提供了自己的随机搜索功能，可以进行初始化和调用，类似于上一
节中用过的scikit-learn的RandomizedGridCV:

Ensemble	Test Acc	Test B Acc	Test F1	Train Acc	Train B Acc	Train F1
CatBoost	0.87	0.796	0.708	0.888	0.82	0.747

CatBoost在此数据集上的性能与LightGBM和XGBoost相当，并且优于随机
森林。

现在，将所有方法的结果并排放置；在图8.14中，查看了各种方法在测试集
上使用平衡准确率评估的表现。

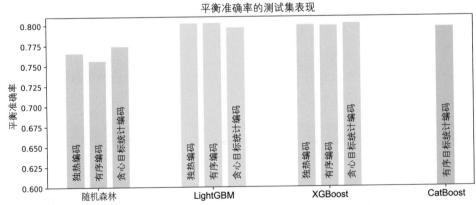

图8.14 各种编码和集成方法结合的测试集性能(使用平衡准确率指标)

在分析这些结果时，始终要记住，天下没有免费的午餐，也没有一种方法在任何时候都十分适用。然而，CatBoost有两个关键优势：

- 与其他集成方法不同，CatBoost支持用一种统一的方法来编码和处理分类特征，不像其他集成方法必须使用编码+集成的方法。
- 按设计，CatBoost减少了数据泄露和目标泄露以及分布偏移问题，在使用其他集成方法时需要重点关注这些问题。

8.4　编码高基数字符串特征

本章最后探索一下高基数分类特征的编码技术。分类特征的基数就是特征中唯一类别的数量。在分类编码中，类别的数量是一个重要的考虑因素。

现实世界的数据集通常包含分类字符串特征，其中特征值是字符串。例如，考虑一个组织中职位名称的分类特征。该特征可包含"实习生"到"总裁兼首席执行官"的数十到数百个职位名称，而且每个名称都有自己独特的角色和职责。

这些特征包含大量类别，并且本质上是高基数特征。这使得诸如独热编码(因为会显著增加特征维数)或有序编码(因为自然排序不总是存在)的编码方法不适用。

此外，在现实世界的数据集中，这些高基数特征也是"脏的"，因为存在同一类别的几个变体：

- 自然变化可能因数据来源不同而产生。例如，同一组织中的两个部门可能角色相同，但头衔不同："首席数据科学家"和"高级数据科学家"。
- 许多这样的数据集是手动输入数据库中的，因此这会因输入错误和其他错误而产生噪声。

因为两个或以上这样的变体并不完全匹配，所以这些变体被视为自己的唯一类别；但按照常理，它们应该得到清洗和/或合并。因此，通过在大量类别集中添加新的类别，高基数字符串特征出现了一些额外问题。

为解决这个问题，需要通过字符串相似性确定类别(以及如何对它们进行编码)，而不是通过精确匹配确定类别。这种方法背后的直觉是，以类人的方式将相似的类别编码在一起，以确保下游学习算法将这些类别视为同类(正如它应该做的那样)。

例如，基于相似性的编码将使用字符串相似性来识别相似的类别。

此类字符串相似度指标或度量广泛用于自然语言和文本应用(如自动更正应用程序、数据库检索或语言翻译)中。

字符串相似度度量

相似度度量是一个函数，它接收两个对象并返回这两个对象之间的数值相似度度量。数值越高意味着两个对象彼此之间越相似。字符串相似度度量在字符串上运作。

测量字符串之间的相似度是具有挑战性的，因为字符串可以有不同的长度，并且可以在不同位置有相似的子字符串。要确定两个字符串是否相似，需要匹配所有可能长度和位置的字符和子序列。这种结合复杂性意味着计算字符串相似性会花费很高的计算成本。

有几种有效的方法可用于计算不同长度字符串之间的相似性。两种常见的类型是基于字符的字符串相似性和基于记号的字符串相似性，两种类型的差别主要取决于所比较的字符串组件的粒度。

通过将一个字符串转换成另一个字符串所需的字符级操作数量(插入、删除或替换)，基于字符的方法来测量字符串相似性。这些方法非常适用于短字符串。

长字符串通常被分解为标记，通常是子字符串或单词，称为n-gram。在标记级别，基于标记的方法测量字符串相似性。

无论使用哪种字符串相似性度量，相似度评分都可用于编码高基数特征(通过将相似字符串类别分组在一起)和编码脏特征(通过"清洗"拼写错误)。

dirty_cat包

dirty_cat包(https://dirty-cat.github.io/stable/index.html)提供了现成的类别相似度指标，可以在建模流程中无缝使用。该包提供了三个专门的编码器来处理所谓的"脏类别"，实质上，这些脏类别是噪声的字符串类别和/或高基数的字符串类别：

- SimilarityEncoder——使用字符串相似性构建的一种独热编码版本。
- GapEncoder——通过考虑频繁共存的子字符串结合来编码类别。
- MinHashEncoder——通过对子字符串应用哈希技术来编码类别。

使用另一个薪资数据集来了解如何在实践中使用dirty_cat包。该数据集是Data.gov上公开可用员工薪资数据集的修改版本，其目标是根据不同职位和部门预测员工个人薪资。

首先，加载数据集(可以与源代码一起使用)并可视化前几行：

```
import pandas as pd
df = pd.read_csv('./data/ch08/employee_salaries.csv')
df.head()
```

图8.15 显示了该数据集的前几行。

gender	department_name	assignment_category	employee_position_title	underfilled_job_title	year_first_hired	salary
F	Department of Environmental Protection	Fulltime-Regular	Program Specialist II	NaN	2013	75362.93
F	Department of Recreation	Fulltime-Regular	Recreation Supervisor	NaN	1997	79522.62
F	Department of Transportation	Fulltime-Regular	Bus Operator	NaN	2014	42053.83
M	Fire and Rescue Services	Fulltime-Regular	Fire/Rescue Captain	NaN	1995	114587.02
F	Department of Public Libraries	Fulltime-Regular	Library Assistant I	NaN	1996	55139.67

图8.15 员工薪资数据集主要包含字符串类别

salary列是目标变量，这是一个回归问题。将此数据框划分为特征和标签：

```
X, y = df.drop('salary', axis=1), df['salary']
print(X.shape)
(9211, 6)
```

可以通过计算每列的唯一类别或值的数量来了解哪些是高基数特征：

```
for col in X.columns:
    print('{0}: {1} categories'.format(col, df[col].nunique()))

gender: 2 categories
department_name: 37 categories
assignment_category: 2 categories
employee_position_title: 385 categories
underfilled_job_title: 83 categories
year_first_hired: 51 categories
```

可以看到特征employee_position_title具有385个唯一的字符串类别，因此该特征成为高基数特征。直接使用独热编码对其进行编码，会将385个新列引入数据集中，大大增加了列数！

相反，看看如何使用dirty_cat包在此数据集上训练XGBoost集成。首先，确定数据集中不同类型的特征：

```
lo_card = ['gender', 'department_name', 'assignment_category']
hi_card = ['employee_position_title']
continuous = ['year_first_hired']
```

接下来，初始化要使用的不同dirty_cat编码器：

```
from dirty_cat import SimilarityEncoder, MinHashEncoder, GapEncoder
encoders = [SimilarityEncoder(),              ← 指定要使用的字符
            MinHashEncoder(n_components=100), ←  串相似度度量
            GapEncoder(n_components=100)]
                                              编码
                                              维度
```

所有编码方法中最重要的编码参数是$n\_components$，也称为编码维度。

SimilarityEncoder测量两个字符串之间的n-gram相似度。n-gram就是n个连续单词的序列。例如，字符串"I love ensemble methods"包含三个2-gram：I love、love ensemble和ensemble methods。两个字符串之间的n-gram相似度首先计算每个字符串中所有可能的n-gram，然后计算n-gram上的相似度。默认情况下，SimilarityEncoder构造所有的2-、3-和4-gram，然后使用独热编码对所有相似字符串进行编码，这意味着SimilarityEncoder可以确定自己的编码维度。

若要了解编码维度，可以考虑正在使用的独热编码特征employee_position_title，其中包含385个唯一类别，可以用相似度度量将其分为225个"相似"类别。独热编码将把每个分类值转换为225维向量，而编码维度为225。

另一方面，MinHashEncoder和GapEncoder可以接受用户指定的编码维度，并创建指定大小的相应编码。这种情况下，编码维度被指定为100，远远小于强制使用独热编码的维度。

实际上，编码维度($n\_components$)是一种建模选择，并且其最佳值应通过k折交叉验证来确定，具体取决于模型训练时间与模型性能之间的权衡。

将所有这些内容放在代码清单8.12中，该代码清单训练了三个不同的XGBoost模型，每个模型都使用不同的dirty_cat编码。

代码清单8.12　编码和集成高基数特征

```python
from sklearn.preprocessing import OneHotEncoder, MinMaxScaler
from sklearn.pipeline import Pipeline
from sklearn.compose import ColumnTransformer
from dirty_cat import SimilarityEncoder, MinHashEncoder, GapEncoder
from xgboost import XGBRegressor
from sklearn.metrics import r2_score

lo_card = ['gender', 'department_name',        # 识别低基数特征          # 识别高基数特征
           'assignment_category']
hi_card = ['employee_position_title']
continuous = ['year_first_hired']              # 识别连续特征

encoders = [SimilarityEncoder,
            MinHashEncoder(n_components=100),
            GapEncoder(n_components=100)]

from sklearn.model_selection import train_test_split
Xtrn, Xtst, ytrn, ytst = \                      # 划分训练集和测试集
    train_test_split(X, y, test_size=0.2)
```

```
for encoder in encoders:
    ensemble = XGBRegressor(
        objective='reg:squarederror',learning_rate=0.1,      将XGBoost
        n_estimators=100, max_depth=3)                        用作集成方法
    preprocess = ColumnTransformer(transformers=[
        ('continuous',                                        将连续特征重新
            MinMaxScaler(), continuous),                      缩放到[0,1]范围内
        ('onehot',
            OneHotEncoder(sparse=False), lo_card),            使用独热编码对低
        ('dirty',                                             基数特征进行编码
            encoder, hi_card)],
        remainder='drop')
    pipe = Pipeline(steps=[('preprocess', preprocess),        创建预处理
                           ('train', ensemble)])              和训练流程
    pipe.fit(Xtrn, ytrn)

    ypred = pipe.predict(Xtst)
    print('{0}: {1}'.format(encoder.__class__.__name__,       使用R²分数
                        r2_score(ytst, ypred)))               评估整体性能
```

使用dirty_cat 编码对高基数特征进行编码

在此示例中，确定了三种不同类型的特征，每个特征都有不同的预处理方式：

- 低基数特征，如gender(2个类别)和department_name(37个类别)，使用独热编码。
- 高基数特征，如employee_position_title，使用dirty_cat编码器进行编码。
- 连续特征，如year_first_hired，使用MinMaxScaler将连续特征重新缩放为0至1的范围。

编码后，使用相当标准的均方差(MSE)损失函数训练一个具有100棵树的XGBoost回归器，每棵树最大深度为3。训练后的模型使用回归度量R^2分数进行评估，其范围从$-\infty$到1，接近1的值表示表现更佳的回归器：

```
SimilarityEncoder: 0.8995625658800894
MinHashEncoder: 0.8996750692009536
GapEncoder: 0.8895356402510632
```

与其他监督方法一样，通常需要使用交叉验证来确定哪些编码参数对于手头的数据集产生最佳结果。

8.5 小结

- 分类特征是一种数据属性类型，它采用称为"类"或"类别"的离散值。因此，分类特征也称为"离散特征"。

- 标称特征是一种分类变量，其值之间互不相关(例如，猫、狗、猪、牛)。
- 有序特征是一种分类变量，其值是有序的，可以是递增或递减的(例如，大一学生、大二学生、大三学生、大四学生)。
- 独热编码向量化/编码和有序编码是常用的无监督编码方法。
- 独热编码将每个类别的二进制(0、1)列引入数据集中，当特征具有大量类别时，效率可能很低。有序编码依次为每个类别引入整数值。
- 使用目标统计量是一种分类特征的监督编码方法；分类特征不是预先确定的编码步骤或学习的编码步骤，而是用描述类别的统计量(如平均值)来代替。
- 贪心目标统计使用所有训练数据进行编码，会导致训练到测试目标泄露以及分布偏移问题，最终影响如何评估模型泛化性能。
- 保留目标统计使用了一种特殊的保留编码集(除了保留测试集外)。这消除了泄露问题和偏移问题，但浪费了数据。
- 留一法目标统计和有序目标统计是减少泄露和偏移数据的有效方法。
- 梯度提升技术使用训练数据进行残差计算和模型训练，这会导致预测偏移和过拟合。
- 有序提升是牛顿提升的升级版本，使用基于排列的方法进行集成，以进一步减少预测偏移。有序提升通过在不同的数据排列和数据子集上训练一系列模型来解决预测偏移问题。
- CatBoost是一个公开可用的提升库，它实现了有序目标统计和有序提升。
- 虽然CatBoost非常适合分类特征，但也可应用于常规特征。
- CatBoost使用无差别决策树作为弱学习器。无差别决策树在整个树的所有节点上使用相同的划分标准。无差别树是平衡的，不容易过拟合，并允许在测试过程中大幅加快执行速度。
- 高基数特征包含许多唯一的类别；对高基数特征进行一次热编码可能引入大量新的数据列，其中大多数数据列是稀疏的(具有许多零)，这会导致学习效率低下。
- dirty_cat是一个为离散值特征生成更紧凑编码的包，它使用字符串和子字符串相似性和哈希函数创建有效的编码。

第 9 章

集成学习可解释性

本章内容
- 理解白盒与黑盒以及全局与局部可解释性
- 使用全局黑盒方法来理解预训练集成的行为
- 使用局部黑盒方法解释预训练集成的预测
- 从头开始训练和使用可解释的全局和局部白盒集成

在训练和部署模型时，通常关心的是模型的预测。然而，同样重要的是，为什么模型做出这样的预测。理解模型预测是构建鲁棒的机器学习流水线的关键组成部分。当机器学习模型用于医疗保健或金融领域等高风险应用中，这一点尤其重要。

例如，在诊断糖尿病等医疗诊断任务中，理解模型为什么做出特定的诊断可以为用户(这种情况下是医生)提供更多见解，指导他们更好地开出处方、预防护理或修养治疗。反过来，这种加强的透明度又增加了对机器学习系统的信任，因此开发模型的用户能够放心地使用这些模型。

理解模型预测背后的原因也极其有用，可以用于模型调试、识别失败情况以及寻找提高模型性能的方法。此外，模型调试可帮助确定数据本身的偏见和问题。

机器学习模型可以被描述为黑盒模型和白盒模型。黑盒模型通常由于其复杂性(例如深度神经网络)而难以理解。这些模型的预测需要专门的工具来解释。本书中涵盖的许多集成(如随机森林和梯度提升)都是黑盒机器学习模型。

白盒模型则更直观，更容易理解(如决策树)。这些模型的结构使它们具有内在的可解释性。在本章中，从集成方法的角度探讨可解释性和可理解性的概念。

可解释性方法也具有全局特征或局部特征。全局方法试图宽泛地解释一个模型的特征，以及在不同类型的样本中与决策制定的相关性。局部方法试图根据个别样本和预测具体解释模型的决策过程。

9.1节介绍黑盒机器学习模型和白盒机器学习模型的基础知识。本节还从可解释性的角度重新介绍了两个著名的机器学习模型：决策树和广义线性模型(GLM)。

9.2节介绍本章的案例研究：数据驱动营销。本节的其余部分将使用此应用程序来说明可解释性和可理解性的原理。

9.3节介绍全局黑箱可解释性的三种技术：排列特征重要性、部分依赖图和全局代理模型。

9.4节介绍两种用于局部黑箱解释的方法：LIME和SHAP。9.3节和9.4节介绍的黑盒方法与模型无关；也就是说，它们可用于任何机器学习黑盒。在这些章节中，特别注意如何将这些模型用于集成方法。

9.5节介绍一种称为可解释提升机的白盒方法，这是一种新的集成方法，旨在进行直接解释，并提供全局和局部可解释性。

9.1   可解释性的含义

首先介绍机器学习模型的可解释性和可理解性的基础知识，然后讨论这些概念如何具体应用于集成方法。机器学习模型的可解释性和可理解性的概念与其结构(例如，树、网络或线性模型)有关。目标是通过其输入特征、输出预测和模型内部(即结构和参数)来理解模型的行为。

9.1.1   黑盒与白盒模型

黑盒机器学习模型难以通过模型内部来描述，这可能是因为无法访问内部模型结构和参数(例如，如果模型是由其他人训练的)。即使在可以访问模型内部的情况下，模型本身也可能非常复杂，不容易对其输入和输出之间的关系进行分析和建立直观的理解(参见图9.1)。

由于其多层结构和大量网络参数，神经网络和深度学习模型通常被引用为黑盒模型的示例。

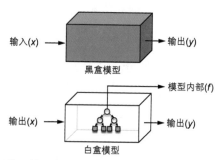

图9.1　使用黑盒机器学习模型时，只能使用输入-输出对来分析和解释模型行为。黑盒中的模型内部要么不可用，要么无法直接解释。白盒机器学习模型除了有输入-输出对，模型内部也易于解释

这些模型的作用本质上与黑盒一样：给定一个输入样本，它们提供一个预测，但它们的内部工作方式对我们来说并不透明。因此，很难解释模型行为。

到目前为止，看到的许多集成方法——随机森林、AdaBoost、梯度提升和牛顿提升——对我们来说都是有效的黑盒模型。这是因为，即使各个基础估计器本身可能是直观且可解释的，但集成过程也引入了特征之间的复杂交互作用，因此很难解释集成及集成预测。黑盒模型通常需要黑盒解释器，这是一种解释模型行为的解释模型，仅使用模型的输入和输出模式，而不使用内部模式。

另一方面，白盒机器学习模型更容易理解，通常是因为它们的模型结构对人类来说是直观或可理解的。

例如，考虑一个仅从两个特征进行糖尿病诊断的简单任务：年龄和血糖测试结果(glc)。假设已经学习了两个具有相同预测性能的机器学习模型：四次多项式分类器和决策树分类器。

该示例的数据集如图9.2所示，其中没有糖尿病的患者(类=-1)用方块表示，有糖尿病的患者(类=+1)用圆圈表示。

第一个模型是四次多项式分类器。这个分类器有一个加性结构，由加权特征幂组成，权重是模型参数：

$$f(\text{age},\text{glc}) = \text{sign}(0.0021\,\text{age}^4 - 0.497\,\text{age}^3 + 41.734\,\text{age}^2 - 1550.251\,\text{age} + 21645.647 - \text{glc})$$

该函数返回+1(糖尿病=TRUE)或-1(糖尿病=FALSE)。即使有了完整模型，给定一个新患者和相关诊断预测(例如，糖尿病=TRUE)，也不清楚模型做出的决定是什么。难道是因为患者的年龄或他们的血糖检测结果这两个因素？这些信息隐藏在复杂的数学计算中，不能通过简单地查看模型、结构和参数来推断。

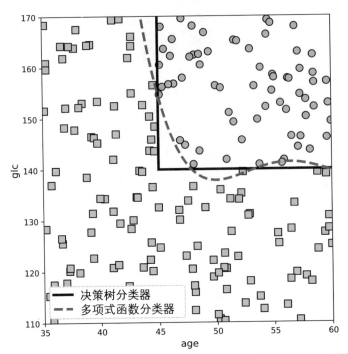

图9.2　基于年龄和血糖水平两个特征，将糖尿病患者的问题空间划分为患糖尿病(圆圈)或无糖尿病(方块)。两个机器学习模型把四次多项式分类器和决策树分类器训练成具有大致相似的预测性能。然而，它们的模型内部(结构和参数)的性质意味着决策树在解释和理解模型方面更为直观(参见9.1.2节)

现在，考虑第二个模型，一个具有单个决策节点的决策树：

$$f(\mathrm{age}, \mathrm{glc}) = \begin{cases} +1, & \text{若 age} > 45 \text{ 且 glc} > 140 \\ -1, & \text{其他情形} \end{cases}$$

该函数也返回+1(糖尿病=TRUE)或-1(糖尿病=FALSE)。但是，这个决策树的结构很容易解释为：

```
if age > 45 AND glc > 140 then diabetes = TRUE else diabetes = FALSE.
```

这个模型的解释非常简洁：任何年龄超过45岁、血糖水平超过140的患者将被诊断为患有糖尿病。

总之，尽管可以获得多项式分类器的完整模型内部结构，但由于模型内部结构不直观或不可解释，因此该模型或许是一个黑盒。另一方面，决策树表示它所学到知识更容易解释，使其成为一个白盒模型。

本节其余部分将探讨两个熟悉的机器学习模型，它们也是白盒模型：决策树(和决策规则)和广义线性模型(GLM)。这将更便于理解集成的可解释性和可理解性概念，因为在许多集成方法中，GLM和决策树通常都用作基本估计量。

9.1.2 决策树(和决策规则)

决策树可以说是最具解释性的机器学习模型,因为它们将决策制定的实现作为一个连续的问答过程。将看到决策树的树状结构及其基于特征的划分函数易于解释,因此决策树成为白盒模型。

从著名的iris数据集上训练决策树开始,该数据集可在scikit-learn中获得。这项任务根据四个特征(萼片高度、萼片宽度、花瓣高度和花瓣宽度)将鸢尾花分为三个品种,即setosa鸢尾、versicolour鸢尾和virginica鸢尾。这个非常简单的数据集只有150个训练样本,可作为可视化概念的一个很好的教学示例。

在实践中解释决策树

代码清单9.1加载数据集,训练决策树分类器并对其进行可视化。一旦该分类器得到可视化,就可以解释学习到的决策树模型。

代码清单9.1 训练和解释决策树

```
from sklearn.datasets import load_iris
from sklearn.model_selection import train_test_split
iris = load_iris()
Xtrn, Xtst, ytrn, ytst = train_test_split(iris.data, iris.target,
test_size=0.15)
```
加载iris数据集并将数据划分为训练集和测试集

```
from sklearn import tree
from sklearn.tree import DecisionTreeClassifier
from sklearn.metrics import accuracy_score
model = DecisionTreeClassifier(
        min_samples_leaf=40, criterion='entropy')
model.fit(Xtrn, ytrn)
ypred = model.predict(Xtst)
print('Accuracy = {0:4.3}%'.format(accuracy_score(ytst, ypred) * 100))
import graphviz, re, pydotplus
dot = tree.export_graphviz(model, feature_names=iris.feature_names,
                            class_names=['Iris-Setosa',
                                        'Iris-Versicolour',
                                        'Iris-Virginica'],
                            filled=True, impurity=False)
graphviz.Source(dot, format="png")
```
在学习过程中使用熵作为衡量划分质量的标准

训练决策树分类器并评估其测试集性能

将树内部导出为点格式,然后使用graphviz呈现

所得决策树在iris数据集上达到91.3%的准确率。注意,由于iris是一个非常简单的数据集,因此可训练许多不同的高精确性决策树,如图所示。使用开源图形可视化软件graphviz包(参见图9.3)进行可视化,该软件包用于呈现列表、树、图形和网络。

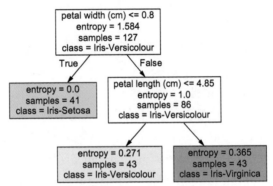

图9.3　在鸢尾花数据集上学习决策树，将鸢尾花分为三种：setosa鸢尾花、versicolour鸢尾花和virginica鸢尾花。这里遵循了标准约定：如果划分函数评估为正确，则向右分支；如果为错误，则向左分支

注意到的第一件事是，四个特征中只有两个特征(花瓣宽度和花瓣长度)足以达到90%以上的准确率。因此，该决策树通过仅使用特征的子集来学习稀疏模型。但可以从中获得的远不止这些。

决策树的一个优良特性是，从根节点到叶节点的每个路径都可以表示它本身。在每个划分点，由于样本只能向左或向右进入，因此只能到达三个叶节点的一个。这意味着每个叶节点(以及从根到叶的每个路径，即每个规则)将整个总数划分为子种群。看看实际操作。

有三个叶节点，则有三个决策规则，可以用Python语法编写这些规则，以便理解它们：

```
if petal_width <= 0.8:
    class = 'Iris-Setosa'
elif (petal_width > 0.8) and (petal_length <= 4.85):
    class = 'Iris-Versicolour'
elif (petal_width > 0.8) and (petal_length > 4.85):
    class = 'Iris-Virginica'
else:
    Can never reach here as all possibilities are covered above
```

一般来说，每个决策树都可以表示为一组决策规则，这些规则由于其if-then结构而更容易使人理解。

注意：决策树的可解释性可能是主观的，这取决于决策树的深度和叶节点的数量。中小型深度的树(例如，深度3或4)和大约8~15个叶节点通常更为直观，更容易理解。随着树的深度和叶节点数量的增加，必须处理和解释的决策规则数量和长度也会随之增加。因此，深度和复杂决策树更像黑盒模型，也更难以解释。

记住，通过决策树的每个样本必须最终到达且只能到达一个叶节点。从根节点到叶节点的路径集将完全涵盖所有样本。更重要的是，树/规则将所有鸢尾花的空间划分为三个不重叠的子种群，每个子种群对应三个品种中的一个。这对可视化和解释非常有帮助，如图9.4所示。

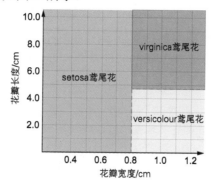

图9.4　决策树将特征空间划分为不重叠的子空间，其中每个子空间表示样本的子种群

特征重要性

知道树使用了两个特征：花瓣长度和花瓣宽度。但是每个特征对模型的贡献有多大？这是特征重要性的概念，根据每个特征在整体决策中的影响程度为其分配一个分数。在决策树中，可以非常容易地计算出特征重要性！

计算图9.3所示决策树中每个特征的特征重要性，记住一些重要细节。首先，训练集由127个训练样本(根节点中的样本=127)组成。接下来，使用熵作为划分质量标准来训练这棵树(参见代码清单9.1)。

因此，为了衡量特征重要性，只需要计算每个特征在划分后降低总体熵的程度。为避免偏向具有非常小或非常大比例样本的划分，还将加权熵减少。

更准确地说，对于每个划分节点，计算其加权熵在划分后与其子节点相比降低了多少：

$$\text{Importance(node)} = n_{\text{node}} H(\text{node}) - (n_{\text{left}} H(\text{left}) + n_{\text{right}} H(\text{right}))$$

对于节点[petal_width ≤ 0.8]：

$$\text{Importance(petal\_width)} = 127 \times 1.584 - (41 \times 0.0 + 86 \times 1.0) = 115.168$$

对于节点[petal_length ≤ 4.85]：

$$\text{Importance(petal\_length)} = 86 \times 1.0 - (43 \times 0.271 + 43 \times 0.365) = 58.652$$

由于其他两个特征未用于模型，因此它们的特征重要性为零。最后一步是归一化特征重要性，最后它们的总和为1：

$$\text{Importance(petal\_width)} = \frac{115.168}{115.168 + 58.652} \approx 0.663$$

$$\text{Importance(petal\_length)} = \frac{58.652}{115.168 + 58.652} \approx 0.337$$

实际上，不必自己计算特征重要性，因为大多数决策树学习的实现都没有计算。例如，代码清单9.1训练决策树的特征重要性可直接从模型中获得(与之前的计算进行比较)：

```
model.feature_importances_
array([0.        , 0.        , 0.33742592, 0.66257047])
```

最后，前面的示例显示了决策树对分类问题的可解释性。决策树回归器也可以用相同的方式解释；唯一的区别是叶节点将是回归值而不是类标签。

9.1.3 广义线性模型

现在，再次回到GLM，先前在7.1.4节中已经介绍过。回顾一下，GLM通过(非线性)链接函数$g(y)$扩展线性模型。例如，线性回归使用恒等链接将回归值y与数据x关联起来：

$$y = \beta_0 + \beta_1 x_1 + \cdots + \beta_d x_d$$

这里，数据点$x = [x_1, \cdots, x_d]'$由d个特征描述，并且线性模型由线性系数$\beta_1, \cdots, \beta_d$和截距(有时称为偏差)β_0参数化。GLM的另一个示例是逻辑回归，它使用logit链接将类概率p与数据x相关联：

$$\log \frac{p(y=1)}{1 - p(y=1)} = \beta_0 + \beta_1 x_1 + \cdots + \beta_d x_d$$

由于其线性和可加性结构，GLM是可解释的。可以线性参数本身直观地了解每个特征对整体预测的贡献。加性结构确保整体预测取决于每个特征的单个贡献。

例如，假设已经针对以前讨论的糖尿病诊断任务训练了一个逻辑回归模型，使用年龄和血糖测试结果(glc)等特征对患者是否患有糖尿病进行分类。假设学到的模型是($p(y=1)$作为p)：

$$\log \frac{p}{1-p} = -0.1 + 0.5 \cdot \text{age} - 0.29 \cdot \text{glc}$$

如果p是阳性诊断的概率，则为患者诊断的概率$\frac{p}{1-p}$。因此，逻辑回归将阳性糖尿病诊断的对数概率表示为特征年龄和glc的加权结合。

特征权重

如何解释特征权重？如果将年龄增加1，则 $\log\frac{p}{1-p}$ 将增加0.5(因为模型是线性且可加的)。因此，对于年龄大一岁的患者，他们的阳性糖尿病诊断的对数概率为 $\log\frac{p}{1-p}=0.5$。因此，他们被诊断为糖尿病阳性的概率为 $\frac{p}{1-p}=e^{0.5}\approx1.65$ 或增加65%。

同样，如果将glc增加1，则 $\log\frac{p}{1-p}$ 将减少0.29(注意权重中的负号表示减少)。因此，如果患者的glc增加1，则他们被诊断为糖尿病阳性的概率为 $\frac{p}{1-p}=e^{-0.29}\approx0.75$，或减少25%。

来看看如何解释一个更为现实的逻辑回归模型。首先在乳腺癌数据集上训练逻辑回归模型，该模型在第2章的案例研究中首次介绍。这项任务是用于乳腺癌诊断的二元分类。数据集中的每个样本都由来自乳房肿块图像中提取的30个特征描述，这些特征表示乳房肿块的半径、周长、面积、凹度等属性。

在实践中解释GLM

代码清单9.2加载数据集，训练逻辑回归分类器，并可视化每个特征的阳性乳腺癌诊断概率的增加或减少。

代码清单9.2　逻辑回归的训练和解释

```python
from sklearn.datasets import load_breast_cancer
from sklearn.preprocessing import StandardScaler
from sklearn.linear_model import LogisticRegression
from sklearn.model_selection import train_test_split
import matplotlib.pyplot as plt
import numpy as np

bc = load_breast_cancer()                          # 加载银行营销数据集并将
                                                   # 数据划分为训练集和测试集
X = StandardScaler().fit_transform(bc.data)        # 预处理特征以确
y = bc.target                                      # 保它们比例相同

Xtrn, Xtst, ytrn, ytst = train_test_split(X, y, test_size=0.15)
model = LogisticRegression(max_iter=1000, solver='saga', penalty='l1')
model.fit(Xtrn, ytrn)                              # 训练逻辑回归分类器
                                                   # 并评估其测试集性能
ypred = model.predict(Xtst)
print('Accuracy = {0:5.3}%'.format(accuracy_score(ytst, ypred) * 100))

fig, ax = plt.subplots(figsize=(12, 4))
                                                   # 使用exp(weight) -1
                                                   # 概率增加或减少
odds = np.exp(model.coef_[0]) - 1.
ax.bar(height=odds,                                # 将概率变化可
       x=np.arange(0, Xtrn.shape[1])               # 视化为条形图
for i, feature in enumerate(bc.feature_names):
    ax.text(i-0.25, 0, feature, rotation=90)
```

每个特征i的概率是根据权重计算的，即 $\text{odds}_i=e^{w_i}$。概率变化计算为

$change_i = odds_i - 1 = e^{w_i} - 1$，并在图9.5中可视化。

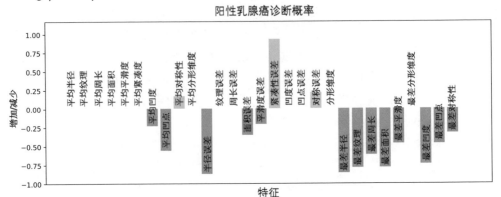

图9.5　解释逻辑回归，也就是分类的线性模型，用于乳腺癌诊断。阳性特征权重会增加乳腺癌的概率，阴性特征权重会降低乳腺癌的概率，零特征权重不会影响乳腺癌的概率

如果特征权重$w_i > 0$，则$odds_i > 1$，这将增加阳性诊断的概率($change_i > 0$)。如果特征权重$w_i < 0$，则$odds_i < 1$，将降低阳性诊断的概率($change_i < 0$)。如果特征权重$w_i = 0$，则$odds_i = 1$，该特征不影响诊断($change_i = 0$)。

最后一部分是学习稀疏线性模型的重要组成部分，其中将模型训练为零特征权重和非零特征权重的混合物。零特征权重意味着该特征不会对模型做出贡献，可以有效地删除。反过来，这又产生了更稀疏的特性集和更精简、更可解释的模型！

注意：线性模型的可解释性取决于特征之间的相对比例。例如，一个年龄可能在18岁到65岁之间的人，而工资可能在3万美元到9万美元之间。这些特征的差异会影响底层权重学习，且具有较高权重范围的特征(在本例中是薪水)将主导这些模型。当解释这样的模型时，可能会错误地将更重要的意义归因于这些特征。为了训练一个在学习过程中平等考虑所有特征的鲁棒模型，必须注意正确预处理数据，以确保所有特征具有相同的数值范围。

线性回归模型也可以进行类似的解释。这种情况下，可直接计算每个特征对回归值的贡献(而不是计算概率)，因为回归值$y = \beta_0 + \beta_1 x_1 + \cdots + \beta_d x_d$。

9.2　案例研究：数据驱动的营销

在本章的其余部分中，将探讨如何在数据驱动营销领域的机器学习任务中训练黑盒和白盒集成。数据驱动的营销旨在利用客户和社会经济信息来识别对某些类型的营销策略最具有接受力的客户。因此，企业能以最佳和个性化的方式通过广告、优惠和销售来瞄准特定客户。

9.2.1　银行营销数据集

将考虑葡萄牙银行电话营销活动的数据集[1]，该数据来自UCI机器学习仓库(http://mng.bz/VpXP)。该任务预测客户是否会预订定期存款。

该数据集也可与源代码一起使用。对于数据集中的每个客户，有四种类型的特征：人口统计属性、最后一次电话联系的详细信息、有关此客户的整体运营活动信息以及一般社会经济指标。详细信息见表9.1。

表9.1　银行营销数据集的特征和目标，按特征、类型和来源分组

特征	类型	特征描述
客户人口统计属性和财务指标		
年龄	连续	客户的年龄
工作	类别	工作类型(12个类别，例如蓝领、退休、自雇、学生、服务等，以及未知)
婚姻	类别	婚姻状况(离婚、已婚、单身、未知)
教育	类别	最高教育程度(8个类别，例如高中、大学、教授以及未知)
默认	类别	客户是否有违约信用？(是、否、未知)
住房	类别	客户是否有住房贷款？(是、否、未知)
贷款	类别	客户是否有个人贷款？(是、否、未知)
最后一次电话联系的日期和时间		
联系人	二元	联系人沟通类型(手机，电话)
月份	类别	上次联系月份(12个类别：1月至12月)
星期几	类别	上次联系周次(5个类别：星期一至星期五)
当前和以前营销活动的详细信息		
广告活动	连续	此次活动期间的联系总数
pdays	连续	上次活动后天数
以前	连续	在此活动之前进行的联系人数
poutcome	类别	以前营销活动的结果(3个类别：失败、没有、成功)
一般社会和经济指标		
emp.var.rate	连续	就业变动率：季度指标
cons.price.idx	连续	消费者价格指数：月度指标
cons.conf.idx	连续	消费者信心指数：月度指标
euribor3m	连续	欧元区三个月利率：每日指标
nr.employed	连续	员工人数：季度指标预测目标 是否预订？
预订结果		
是否预订？	二元	客户是否预订了定期存款？

1　S. Moro, P. Cortez and P. Rita, "A Data-Driven Approach to Predict the Success of Bank Telemarketing," Decision Support Systems, 62:22–31, June 2014.

需要注意的是，该数据集显示结果极度不平衡：在这次营销活动中，只有数据集中的10%客户预定了定期存款。

代码清单9.3列出了如何加载数据集，将数据集分为训练集和测试集，并对数据集进行预处理。使用scikit-learn的MinMaxScaler对连续特征进行缩放，将其控制在0到1之间；使用OrdinalEncoder对分类特征进行编码。

代码清单9.3　加载和预处理银行营销数据集

```python
import pandas as pd
data_file = './data/ch09/bank-additional-full.csv'          # 加载
df = pd.read_csv(data_file, sep=';')                         #   数据集
df = df.drop('duration', axis=1)                            # 删除 duration列

from sklearn.model_selection import train_test_split
y = df['y']
X = df.drop('y', axis=1)                                     # 将数据框划分
Xtrn, Xtst, ytrn, ytst = \                                  #   为特征和标签
    train_test_split(X, y, stratify=y, test_size=0.25)
# 使用分层采样将其划分为训练集
# 和测试集以保留类平衡

from sklearn.preprocessing import LabelEncoder              # 使用LabelEncoder
preprocess_labels = LabelEncoder()                          #   预处理标签
ytrn = preprocess_labels.fit_transform(ytrn).astype(float)
ytst = preprocess_labels.transform(ytst)


from sklearn.preprocessing import MinMaxScaler, OrdinalEncoder
from sklearn.pipeline import Pipeline
from sklearn.compose import ColumnTransformer


cat_features = ['default', 'housing', 'loan', 'contact', 'poutcome',
                'job', 'marital', 'education', 'month', 'day_of_week']
cntnous_features = ['age', 'campaign', 'pdays', 'previous', 'emp.var.rate',
                    'cons.price.idx', 'cons.conf.idx', 'nr.employed',
                    'euribor3m']
# 使用MinMaxScaler预
# 处理连续特征，并使用
# OrdinalEncoder预处理分
# 类特征
preprocess_categorical = Pipeline(steps=[('encoder', OrdinalEncoder())])
preprocess_numerical = Pipeline(steps=[('scaler', MinMaxScaler())])
data_transformer = \
    ColumnTransformer(transformers=[
        ('categorical', preprocess_categorical, cat_features),
        ('numerical', preprocess_numerical, cntnous_features)])
all_features = cat_features + cntnous_features

Xtrn = pd.DataFrame(data_transformer.fit_transform(Xtrn),
                    columns=all_features)
Xtst = pd.DataFrame(data_transformer.transform(Xtst), columns=all_features)
```

为了防止数据泄露和目标泄露(请参见第8章)，确保缩放和编码函数在应用于测试之前只适合训练集。

注意：原始数据集包含一个名为duration的特征，它指的是最后一次通话的持续时间。长时间的通话与通话结果高度相关，因为长时间的通话表明客户更投入，更可能预订。然而，与其他特征不同，在打电话之前无法知道通话的持续时间。因此，duration特征本质上类似于目标变量，因为通话结束后，持续时间和是否预订立见分晓。为构建一个真实的预测模型，可在调用之前使用所有可用特征，从我们的建模中删除了此特征。

9.2.2 训练集成

现在，将在该数据集XGboost上训练两个集成(来自两个不同的软件包)：xgboost.XGBoostClassifier和sklearn.RandomForestClassifier。这两个模型都是200个决策树(在XGBoost的情况下是加权集成)的复杂集成，并且实际上是黑盒。训练完毕后，将在9.3节中探索如何让这些黑盒变得易于解释。

代码清单9.4显示了如何在此数据集上训练XGBoost集成。使用随机网格搜索结合5折交叉验证和早停(有关详细信息，请参见第6章)来选择各种超参数，例如学习率和正则化参数。

代码清单9.4　在银行营销数据集上训练XGBoost

```
from xgboost import XGBClassifier
from sklearn.model_selection import RandomizedSearchCV

xgb_params = {                               ◄———  创建XGBoost
    'learning_rate': [0.001, 0.01, 0.1],           的超参数网格
    'n_estimators': [100],
    'max_depth': [3, 5, 7, 9],
    'lambda': [0.001, 0.01, 0.1, 1],
    'alpha': [0, 0.001, 0.01, 0.1],
    'subsample': [0.6, 0.7, 0.8, 0.9],
    'colsample_bytree': [0.5, 0.6, 0.7],
    'scale_pos_weight': [5, 10, 50, 100]}

fit_params = {'early_stopping_rounds': 15,   ◄———  初始化早停并将
              'eval_metric': 'aucpr',               早停轮数设置为15
              'eval_set': [(Xtst, ytst)],
              'verbose': 0}
```

将XGBoost的分类
损失设置为逻辑损失

```
xgb = XGBClassifier(objective='binary:logistic',
                    use_label_encoder=False)
xgb_search = RandomizedSearchCV(xgb, xgb_params, cv=5, n_iter=40,
                                verbose=2, n_jobs=-1)
xgb_search.fit(X=Xtrn, y=ytrn.ravel(), **fit_params)
xgb = xgb_search.best_estimator_
```

在交叉验证后保存
最佳XGBoost模型

还要注意一些超参数中的"scale_pos_weight"，它使我们可以不同方式加权正负训练样本。这是必要的，因为银行营销数据集是不平衡的(10%:90%正负样本比率)。增加正样本的权重，可确保其贡献不会为更大比例的反例所掩盖。在这里，使用交叉验证来确定5、10、50和100中正样本的权重。

此代码清单训练了一个XGBoostClassifier，其测试集准确率约为87.24%，平衡准确率为74.67%。可使用类似过程来训练此数据集上的随机森林。主要区别在于，将正样本的类权重设置为10。

代码清单9.5   银行营销数据集上的随机森林训练

```
from sklearn.ensemble import RandomForestClassifier
from sklearn.model_selection import RandomizedSearchCV

rf_params = {
    'max_depth': [3, 5, 7],
    'max_samples': [0.5, 0.6, 0.7, 0.8],
    'max_features': [0.5, 0.6, 0.7, 0.8]}

rf = RandomForestClassifier(
        class_weight={0: 1, 1: 10},
        n_estimators=200)
rf_search = RandomizedSearchCV(rf, rf_params, cv=5, n_iter=30,
                               verbose=2, n_jobs=-1)
rf_search.fit(X=Xtrn, y=ytrn)
rf = rf_search.best_estimator_
```

创建RandomForestClassifier
的超参数网格

将负样本到正样本
的权重设置为1:10

在交叉验证后保
存最佳随机森林

此代码清单训练了一个RandomForestClassifier，其测试集准确率约为84%。

9.2.3   树集成中的特征重要性

本书中的大多数集成(包括上一节中训练的XGBoostClassifier和RandomForestClassifier)都是树集成，因为它们使用决策树作为基础估计器。计算集成特征重要性的一种方法是，简单地均化各个基本决策树的特征重要性！

实际上，随机森林(在scikit-learn中)和XGBoost的实现已经做到了这一点，可使用以下方法获取集成的特征重要性：

```
xgb_search.best_estimator_.feature_importances_
rf_search.best_estimator_.feature_importances_
```

在图9.6中可视化并比较了这两个集成的特征重要性，以解释这两个集成的决策过程。

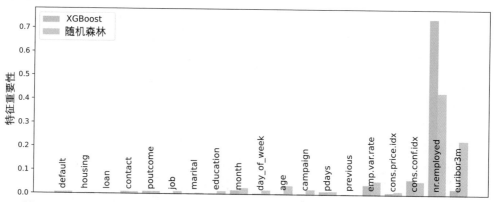

图9.6　XGBoost(左边的条形图)和随机森林(右边的条形图)分类器学习的集成特征重要性

这两个集成都将重要性归因于社会经济指标变量，特别是nr.employed和emp.var.rate(表示失业率)，以及euribor3m(表示宏观经济稳定性的银行间利率)和cons.conf.idx(表示消费者对其预期财务状况的乐观程度)。

但是，XGBoost模型主要依赖于其中一个变量，而不是其他变量：nr.employed。解读这一现象得出的总体结论是，当整体经济形势令人乐观，没有不确定性或出现波动时，人们更可能开设定期存款账户。

由于特征重要性，能够了解模型的总体情况和不同类型样本的情况。换言之，特征重要性是一种全局解释方法。

9.3　全局可解释性的黑盒方法

机器学习模型可解释性方法可以分为两种类型：
- 全局方法尝试概述性解释模型的决策过程以及广泛的相关因素。
- 局部方法尝试针对单个样本和预测具体解释模型的决策过程。

全局可解释性是指模型在部署或实际使用中合理运用大量样本，而局部可解释性是指模型对单个样本的单个预测，这表明用户能决定下一步要做什么。

在本节中，将介绍一些黑盒模型的全局可解释性方法。这些方法仅考虑模型的输入和输出，并不使用模型内部(因此是黑盒子)来解释模型行为。因此，它们可以用于任何机器学习方法的全局可解释性，也被称为模型不可知方法。

9.3.1　排列特征重要性

机器学习模型中的特征重要性指的是一个表示特征在模型中好坏的指标，即特征在模型决策过程中的有效性。

已经看到如何计算决策树的特征重要性，以及如何通过结合，计算使用决策树作为基础估计器的基于树的集成重要性。对于基于树的方法，特征重要性计算使用模型内部特点，如树结构和划分参数。但是，如果这些模型内部特点不可用怎么办？这种情况下，是否有适用于黑盒的等效方法来获取特征重要性？

答案肯定是有的：排列特征重要性。回想一下，根据每个特征减少划分标准的程度，决策树特征重要性划分对每个特征进行评分(例如，分类的基尼杂质或熵，回归的平方差)。与此相反，根据排列(重组)特征值后增加测试误差的程度，排列特征重要性对每个特征进行评分。

这里的原理很简单：如果一个特征更重要，那么"干扰它"会影响该特征对预测的贡献，并加大测试误差。如果一个特征不太重要，那么对该特征进行干扰不会对模型的预测产生太大影响，也不会影响测试误差。

通过随机排列其值来"干扰"特征。这有效地捕捉了该特征与其预测之间的关系。排列特征重要性的过程如图9.7所示。

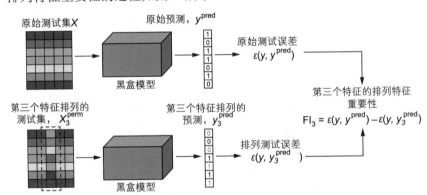

图9.7　计算排列特征重要性的过程如第三个特征所示。对所有特征重复此过程。排列特征重要性仅使用输入和输出来估计特征重要性，而不使用模型内部特点来估计特征重要性(使其成为模型不可知方法)

在不访问模型内部的情况下，排列特征重要性对特征进行评分的方式既优雅又简单。以下是一些需要牢记的重要技术细节：

- 排列特征重要性是一种前后分数。它试图估计重组(排列)特征之前和重组特征之后模型的预测性能如何变化。为了获得鲁棒和无偏差估计值，必须使用保留测试集！

- 根据任务(分类或回归)、数据集和自己的建模目标,有许多方法可以评估模型的预测性能。例如,对于此任务,请考虑以下性能指标。
  - 平衡准确率——由于这是分类任务,因此准确率是一种模型评估指标的自然选择。但是,这个数据集极不平衡,正负样本的比率为1:10。为了考虑这一点,可以使用平衡准确率,这确保通过按类大小加权预测来考虑这种偏斜。
  - 召回率——此模型的目的是识别预订定期存款的高价值客户。从这个角度看,希望最大限度地减少假阴性,换言之,模型本认为客户不会订阅,但实际上会订阅!这种错误的预测会失去客户,而召回率是减少这些假阴性非常好的指标。
- 该过程随机打乱特征值。与任何随机化方法一样,最好将该过程重复几次并取结果平均值(类似于在交叉验证中使用k折的方式)。

实践中的排列特征重要性

代码清单9.6使用平衡准确率为上一节中使用的XGB分类器计算排列特征重要性。

代码清单9.6 计算排列特征重要性

```
from sklearn.inspection import permutation_importance
pfi = permutation_importance(
        xgb, Xtst, ytst,
        scoring='balanced_accuracy',
        n_repeats=30)
```

使用保留测试集计算特征重要性

不同的度量标准可用于评估模型性能和特征重要性

重复随机打乱特征

图9.8呈现了使用平衡准确率和召回率计算的排列重要性,以及XGBoost模型的特征重要性,并可视化了每种方法识别的前10个特征。

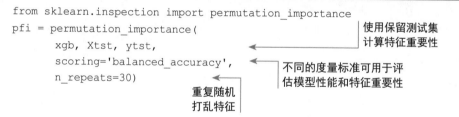
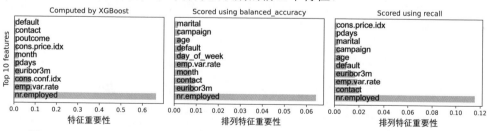

图9.8 XGBoost计算的特征重要性,与XGBoost模型使用两个不同指标(平衡准确率和召回率)计算的黑盒排列特征重要性

有趣的是,虽然这三种方法都确定了nr.employed(员工人数)的重要性,但在使用平衡准确率或召回率给特征评分时,euribor3m(银行间借贷利率)成为关键指

标。稍微深入思考一下，就会明白其中的原因。在一个更健康的经济环境中，更好的银行间借贷利率意味着更好的利率，这反过来又有利于客户预订定期存款账户。

除了社会经济指标外，其他特征，如联系方式(手机与电话联系)和运动(此运动期间的总联系次数)，也成为客户是否预订定期存款的重要指标。

当使用召回率进行评分时，某些人口统计特征，如婚姻状况、年龄和教育，也开始变得重要，旨在减少假阴性并识别尽可能多的高价值客户。同样不难看出，有效地识别高价值客户取决于他们的个人人口统计指标。

注意：由于相关特征包含类似的信息，因此必须注意相关特征。例如，当两个特征相关时，如果对其中一个特征进行排列，则模型仍然可使用另一个未排列的特征而不会降低其性能(因为它们都包含相似信息)。由于排列前后的分数相似，因此两个相关特征的排列特征重要性分数都很低。从这个角度看，可能会错误地得出"两个特征都不重要"的结论，但实际上这两个特征都很重要。当有三个、四个或一组相关特征时，这种情况变得更糟。处理此情况的一种方法是将特征聚类成组并使用每个特征组的代表性特征来预处理数据。

9.3.2 部分依赖图

部分依赖图(PDP)是另一种有用的黑盒方法，可帮助确定特征与目标之间的关系性质。与排列特征重要性不同，排列特征重要性使用随机化来引出特征的重要性，而部分依赖关系使用边缘化或求和来识别。

假设有兴趣计算目标 y 和第 k 个特征 X_k 之间的部分依赖关系。让剩余功能的数据集为 X_{rest}。有一个黑盒模型 $y = f([X_k, X_{rest}])$。

要从此黑盒中获取部分依赖函数 $\hat{f}(X_k)$，只需要对所有其他功能 X_{rest} 的所有可能值进行求和；也就是说，边缘化其他特征。从数学上讲，对其他特征的所有可能值进行求和相当于对它们进行积分：

$$\hat{f}(X_k) = \int_{X_{rest}} f([X_k, X_{rest}]) \mathrm{d}X_{rest}$$

但是，由于计算这个积分实际上并不可行，因此需要对其进行近似。使用 n 个样本构成的一个组很容易做到这一点：

$$\hat{f}(X_k = a) = \frac{1}{n} \sum_{i=1}^{n} f\left(\left[a, X_{rest}^i\right]\right)$$

该公式为我们提供了一种计算特征 X_k 的部分依赖函数的简单方法。

对于不同的 a 值，只需要将整个列替换为 a。因此，对于每个 a，创建一个新的数据集 $X^{[a]}$，其中第 k 个特征对于每个样本都采用值 a。使用黑盒模型对此修改过数据集的预测将是 $y^{[a]} = f(X^{[a]})$。预测向量 $y^{[a]}$ 是一个长度为 n 的向量，包含修改后数据集中每个测试样本的预测。现在，可以对这些预测进行平均，以获得一对点：

$$\left(X_k = a, \hat{f}(X_k = a) = \frac{1}{2}\sum_{i=1}^{n} y_i^{[a]} \right)$$

重复这个过程以生成完整的PDP。图9.9说明了 $a=0.1$ 和 $a=0.4$ 两个值的情况。

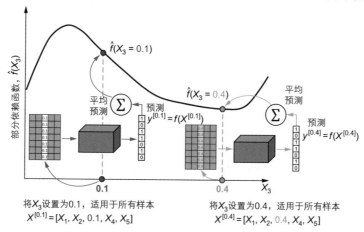

图9.9　在 $X_3=0.1$ 和 $X_3=0.4$ 处计算的第三个特征的PDP中的两个点。注意，将第三列(特征)分别设置为0.1和0.3，以获取两个数据集。所获取的每个数据集都会生成两组预测，对其进行平均得到PDP上的两个点

PDP易于创建和使用，尽管对于依赖关系图中的每个点，需要创建和评估新的数据集的修改版本，这可能有些耗时。以下是一些需要记住的重要技术细节：

- 部分依赖关系试图将模型的输出特征与输入特征相关联，即模型的行为与其所学习的内容相关。因此，最好使用训练集创建和可视化PDP。
- 记住，整个部分依赖函数是通过对 n 个样本求平均值而得到的；也就是说，每个训练样本都可以用于创建特定样本的部分依赖函数。特定样本与样本输出之间的这种部分依赖关系称为单个条件期望(ICE)。

实践中的部分依赖图

代码清单9.7说明了如何在银行营销数据集上构建XGBoost分类器的PDP，该分类器在9.2节中进行了训练。

代码清单9.7   创建PDP

```
from sklearn.inspection import PartialDependenceDisplay as pdp
import matplotlib.pyplot as plt

fig, ax = plt.subplots(nrows=2, ncols=2, figsize=(10, 6))
pdp.from_estimator(
    xgb, Xtrn,
    features=['euribor3m', 'nr.employed',
              'contact', 'emp.var.rate'],
    feature_names=list(Xtrn.columns),
    kind='average',
    response_method='predict_proba',
    ax=ax)
```

要计算PDP
的特征

数据集中所有特征
的代码清单

为每个样本或平均
PDP绘制单个条件
期望

设置是需要带有预
测还是预测概率的
部分依赖性

图9.10显示了银行营销数据集中四个高分变量的部分依赖函数：euribor3m、nr.employed、contact和emp.var.rate。

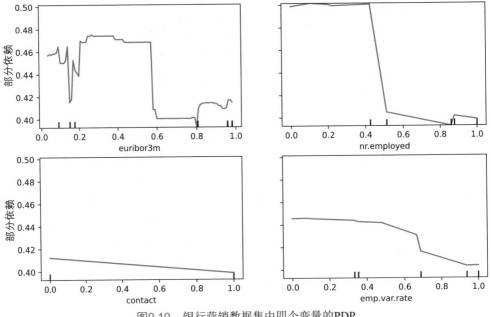

图9.10   银行营销数据集中四个变量的PDP

可通过PDP进一步了解不同变量的行为方式以及它们对预测的影响。注意，在代码清单9.7中，将response_method设置为predict_proba。因此，图9.10显示了每个变量(部分)如何影响客户预订定期存款账户的预测概率。较高的预测概率表明这些属性在识别高价值客户方面更有帮助。

例如，euribor3m的低值(例如在0~0.5的范围内)通常对应于较高的预订可能性。如前所述，这是有道理的，因为更低的银行借贷利率通常意味着更低的客户利率，这对潜在客户具有吸引力。

从变量emp.var.rate和nr.employed中也可以得出类似的结论，即失业率较低也可能影响潜在客户开设定期存款账户的可能性。

注意： 与排列特征重要性一样，PDP过程中的一个关键假设是感兴趣的特征X_k与其余特征X_{rest}不相关。这种独立性假设允许通过对它们求和来边缘化其他特征。如果与特征X_{rest}相关，则通过对它们进行边缘化会破坏X_k的某些组成部分，因此不能准确地了解X_k对预测的贡献程度。

PDP的一个重要限制是，只能创建一个变量(曲线)、两个变量(等高线)或三个变量(表面图)的部分依赖关系图。超过三个变量，若不将特征分为两个或三个更小的组，就无法可视化多变量的部分依赖关系。

9.3.3 全局代理模型

诸如特征重要性和部分依赖关系的黑盒解释，试图确定单个特征或一组特征对预测的影响。在本节中，将探讨一种更全面的方法，旨在以可解释的方式近似得到黑盒模型的行为方式。

代理模型的想法非常简单：训练第二个模型来模拟黑盒模型的行为。但是，代理模型本身是一个白盒，本质上是可解释的。

训练后，可以使用代理白盒模型解释黑盒模型的预测，如图9.11所示。

- 使用代理数据集(X_{trn}^s, y_{trn}^s)来训练代理模型。如果可用原始数据训练黑盒模型，则也可以使用原始数据训练代理模型。如果没有，则使用原始问题空间的备用数据样本。关键是要确保代理数据集与用于训练黑盒模型的原始数据集具有相同的分布。
- 代理模型是基于原始黑盒模型的预测进行训练的模型。这是因为我们的想法是拟合一个代理模型来模仿黑盒模型的行为，以便使用代理模型来解释黑盒。一旦训练完成，如果代理预测(y_{pred}^s)与黑盒预测(y_{pred}^b)匹配，则可以使用代理模型来解释预测。
- 任何白盒模型都可以用作代理模型。包括决策树和GLM。

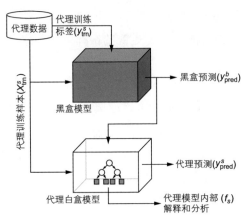

图9.11   从黑盒模型的预测中训练全局代理模型的过程。两个模型都基于相同的代
理训练样本进行训练。然而，代理模型是基于黑盒模型的预测进行训练的，以便代
理模型可以学习模仿其预测。如果黑盒模型和代理模型做出相同的预测，那么代理
模型就可以用来解释黑盒模型的预测

忠诚度和可解释性权衡

训练一个代理决策树来解释最初在银行营销数据集上训练的XGBoost模型。
原始训练集也用作代理训练集。

记住，在训练模型时，要在两个标准之间进行权衡：代理对黑盒模型的忠诚
度和代理的可解释性。代理的忠诚度衡量它能在多大程度上模仿黑盒模型的预测
行为。更准确地说，测量代理模型的预测(y^s_{pred})与黑盒模型的预测(y^b_{pred})之间的相
似度。

对于二元分类问题，可以使用诸如准确率或R^2分数(见第1章)的指标来完成此
操作。对于回归问题，可以使用平均平方差(MSE)或再次使用R^2等指标来完成此操
作。R^2分数越高，表明黑盒模型与其代理之间的忠诚度越高。

代理的可解释性取决于其复杂性。假设想要训练一个决策树代理。回想一
下，在9.1节中的讨论中，需要限制代理模型中的叶节点数，因此其具备可解释
性，因为太多叶节点可能导致模型复杂性过高，最终导致解释器不堪重负。

实际中训练全局代理模型

为了训练一个有用的代理模型，需要在忠诚度与可解释性之间找到一个权衡
点。这个权衡点将是一个近似黑盒预测的代理模型，但也不会复杂到完全无法解
释(或许通过检查)。

图9.12显示了针对XGBoost模型训练的决策树代理的忠诚度和可解释性权衡。
代理模型在9.1节中用于训练XGBoost模型的同一银行营销训练集上。

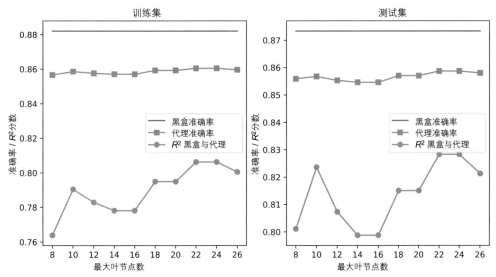

图9.12 银行营销数据集的忠诚度及可解释性权衡。黑盒模型是一个XGBoost集成，而代理是在黑盒预测上训练的决策树

增加了代理的复杂性(由叶节点数表示)，同时注重黑盒和代理预测之间的忠诚度(R^2分数)。一个带有14个叶节点的决策树代理似乎实现了忠诚度和可解释性的理想权衡。代码清单9.8使用这些规格训练代理决策树模型。

代码清单9.8 训练代理模型

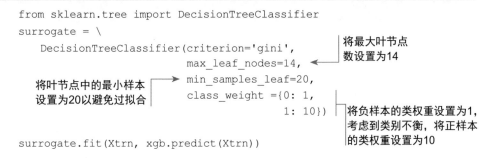

```
from sklearn.tree import DecisionTreeClassifier
surrogate = \
    DecisionTreeClassifier(criterion='gini',
                    max_leaf_nodes=14,
                    min_samples_leaf=20,
                    class_weight ={0: 1,
                                1: 10})
surrogate.fit(Xtrn, xgb.predict(Xtrn))
```

将最大叶节点数设置为14

将叶节点中的最小样本设置为20以避免过拟合

将负样本的类权重设置为1，考虑到类别不衡，将正样本的类权重设置为10

图9.13显示了XGBoost模型的决策树代理。

突出路径从根节点到叶子节点出现了几个变量。这些变量描述了一个高价值的子种群，并为潜在的成功策略提供了见解。

例如，nr.employed和euribor3m的社会经济变量确定了发起成功广告活动的有利社会环境。此外，[day_of_week <=1.5]表明在星期一(0)或星期二(1)给这些高价值客户打电话的策略非常好。

还可以查看其他路径和节点以获得更多见解。从预处理后的数据中得出节点age≤0.147，其中0.147对应于重新缩放前的40岁。这表明40岁以下的客户具有高价值。

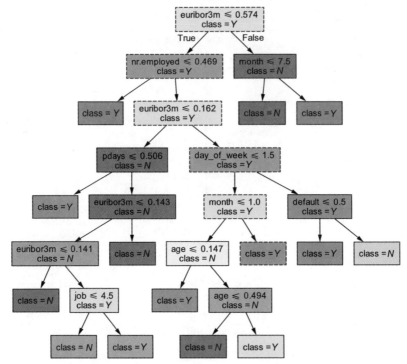

图9.13   从XGBoost模型的预测中训练的代理模型，该模型最初是在银行营销数据集上进行训练的。这棵树有14个叶节点。检查和分析这棵树可加深理解，例如从根到叶子(虚线边框节点)的突出路径

另一个有用的节点是[default≤0.5]，这表明以前没有欠款的客户价值非常高。当然，还可以通过其他可行的策略来识别高价值客户和策略。

9.4   适用于局部可解释性的黑盒方法

上一节介绍了用于全局可解释性的方法，旨在解释模型在不同类型的输入样本和子种群中的全局行为趋势。在本节中，将探讨局部可解释性的方法，这些方法旨在解释模型的单个预测，因此用户(例如，使用诊断系统的医生)能够相信预测并根据它们采取行动。这与用户理解模型为何做出特定决策有关。

9.4.1   借助LIME的局部代理模型

将要看的第一种方法称为"模型不可知的局部可解释性算法"(LIME)。顾名思义，LIME是①一种模型不可知的方法，这意味着它可以与任何机器学习模型黑盒一起使用；②一种局部解释性方法，用于解释模型的单个预测。

事实上，LIME是一种局部代理方法。它使用一个线性模型来近似解释感兴趣

样本周围的黑盒模型。如图9.14所示,在黑盒模型和解释性线性代理模型之间的复杂表面,该模型近似于单个感兴趣样本周围的黑箱行为。

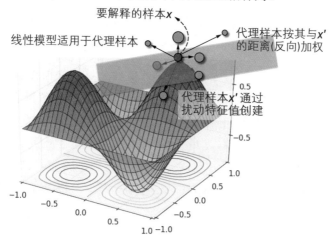

图9.14 LIME在需要解释其预测样本的邻域中创建代理训练集。这些样本通过其距离进一步加权。这可以通过代理样本的大小表示,距离更近的样本权重更高(并显示更大)。使用加权损失函数来拟合线性代理模型,从而提供局部解释

忠诚度-可解释性权衡再次出现

给定一个需要解释其预测的训练样本,LIME训练一个局部代理作为在忠诚度和可解释性之间进行最佳权衡的模型。在上一节中,训练了一个决策树代理来优化忠诚度与可解释性之间的权衡。

将其公式化。首先,将黑盒模型表示为$f_b(\boldsymbol{x})$,将代理模型表示为$f_s(\boldsymbol{x}')$。使用R^2分值来衡量黑盒(f_b)和代理(f_s)之间的预测忠诚度。使用树中叶节点的数量来衡量代理模型的可解释性:叶节点越少,通常代表可解释性越好。

假设想要解释黑盒在样本$\boldsymbol{x}$上的预测。对于决策树代理训练,试图找到一个决策树来优化以下内容:

$$\text{树的代理训练标准} = \underbrace{R^2\left(f_b(\boldsymbol{x}),\ f_s(\boldsymbol{x}')\right)}_{\text{忠诚度}} + \underbrace{n_{\text{leaf}}(f_s)}_{\text{可解释性}}$$

同样,LIME通过优化以下内容来训练线性代理:

$$\text{LIME的代理训练标准} = \underbrace{L\left(f_b(\boldsymbol{x}), f_s(\boldsymbol{x}'), \pi_x\right)}_{\text{忠诚度}} + \underbrace{n_{\text{non-zeros}}(f_s)}_{\text{可解释性}}$$

在这里，称为代理训练样本的x'将用于训练代理模型。用于衡量忠诚度的损失函数是一个简单的加权MSE，用于衡量黑盒和代理之间的预测差异：

$$L\big(f_b(\boldsymbol{x}), f_s(\boldsymbol{x}'), \pi_x\big) = \sum_{x'} \underbrace{\pi_x(\boldsymbol{x}')}_{\text{局部权重}} \big(f_b(\boldsymbol{x}) - f_s(\boldsymbol{x}')\big)^2$$

代理是$f_s(\boldsymbol{x}') = \beta_0 + \beta_1 x_1' + \cdots + \beta_d x_d'$的线性模型，$x'$是代理样本。正如在9.1节中看到的那样，线性模型的可解释性取决于特征数量。特征数量更少意味着更容易分析相应的参数β_k。因此，LIME试图训练具有更多零参数的稀疏线性模型，以提高可解释性(记住，在第7章中，$L1$正则化可以帮助实现这一点)。

但是，是什么使LIME成为局部解释器呢？如何训练局部代理模型？如何获得代理样本x'？在前面的公式中这些局部权重(π_x)是多少？答案在于LIME如何创建和使用代理样本。

采样代理样本以实现局部可解释性

现在有了一个明确定义的忠诚度-可解释性标准来训练代理模型。如果使用整个训练集，将获得一个全局代理模型。

要训练局部代理模型，需要接近或类似于感兴趣的样本数据点。LIME通过采样和平滑来创建一个局部代理训练集。

假设想要解释一个具备五个特征的黑盒预测样本：$\boldsymbol{x} = [x_1, x_2, x_3, x_4, x_5]$。LIME对$x$邻域内的数据进行如下采样：

- 扰动——随机生成每个特征的扰动。对于连续特征，从正态分布中随机采样扰动，$\epsilon \sim N(0,1)$。对于分类特征，这些是从K个类别值的多元分布中随机采样的，$\epsilon \sim Cat(K)$。这将生成一个代理样本$\boldsymbol{x}' = [x_1 + \epsilon_1, x_2 + \epsilon_2, x_3 + \epsilon_3, x_4 + \epsilon_4, x_5 + \epsilon_5]$。现在，也可以使用黑盒$y = f_b(\boldsymbol{x}')$进行标记。这个过程一直持续到在$x$的邻域内得到一个代理集合Z。
- 平滑——每个代理训练样本也使用指数平滑核分配权重：$\pi_x(\boldsymbol{x}') = \exp(-\gamma \cdot D(\boldsymbol{x}, \boldsymbol{x}')^2)$。这里，$D(\boldsymbol{x}, \boldsymbol{x}')$指的是需要解释的样本$x$和扰动样本$x'$之间的距离。距离$x$较远的代理训练样本权重较小，而距离$x$较近的代理训练样本权重较大。因此，该函数鼓励代理模型在训练线性近似时优先考虑更局部的代理样本。平滑参数$\gamma > 0$控制核的宽度。增加γ促使LIME考虑更大的邻域，使模型的局部性更小。

现在在样本x的邻域中有了代理训练集，可以训练一个线性模型，目标是训练它以诱导稀疏性(尽可能多的零参数)。LIME支持使用$L1$正则化训练稀疏线性模型，例如LASSO或elastic网络。这些模型在线性回归的第7章中进行了介绍，并可很容易地扩展到分类的逻辑回归。

注意: 敏锐的观察者可能已经注意到, 以D为欧氏距离的指数核与支持向量机和其他核方法中使用的RBF核相同。从这个角度看, 指数平滑核本质上是一个相似函数。更接近的点被认为更相似, 权重更高。

实践中的LIME

LIME可通过Python最流行的两个软件包管理器pip和conda作为软件包使用。该软件包的GitHub页面(https://github.com/marcotcr/lime)还包含其他文档和许多示例, 旨在说明如何在文本和图像分析中使用LIME进行分类、回归和应用。

在代码清单9.9中, 使用LIME解释来自银行营销数据集的测试集样本的预测。测试样本3104是一位存款预订客户, XGBoost模型以64%的置信度识别出了该客户, 这是一个真实的正样本。

代码清单9.9　　使用LIME解释XGBoost预测

显式标识分类特征及
其索引(用于可视化)

```python
cat_features = ['default', 'housing', 'loan', 'contact', 'poutcome',
                'job', 'marital', 'education', 'month', 'day_of_week']
cat_idx = np.array(
             [cat_features.index(f) for f in cat_features])

from lime import lime_tabular
explainer = lime_tabular.LimeTabularExplainer(
    Xtrn.values,
    feature_names=list(Xtrn.columns),
    class_names=['Sub?=NO', 'Sub?=YES'],
    categorical_names=cat_features,
    categorical_features=cat_idx,
    kernel_width=75.0,
    discretize_continuous=False)

exp = explainer.explain_instance(
         Xtst.iloc[3104], xgb.predict_proba)
fig = exp.as_pyplot_figure()
```

传递训练集, 有时用于
采样, 特别是连续特征

显式标识特征名称和
类别名称(用于可视化)

为此数据集设置核宽度
(通过试错法确定)

解释测试样本
3104的预测

将解释可视
化为条形图

图9.15可视化了LIME识别的局部权重以解释此样本。

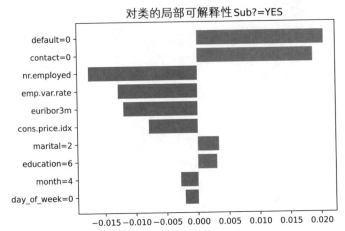

图9.15　LIME生成3104测试样本(真正的正面预测)的解释。促成负预测(不预订)的特征将为负并位于零的左侧，而促成正预测的特征将为正的并位于零的右侧

y轴显示样本的特征和特征值。x轴显示LIME特征重要性。

抛开社会经济趋势不谈，看看这位客户的个性化特征。影响最大的变量是联系方式(=0)，即是否通过蜂窝网络或固定电话进行联系(这里，0=蜂窝网络)；以及欠款行为，即他们以前是否有银行违约行为(这里，0=以前未欠款)。

这些解释对非人工智能用户(如销售和营销人员)来说也是直观的，他们或许会进一步分析，以微调未来的营销活动。

9.4.2　借助SHAP的局部可解释性

在本节中，将涵盖另一种广泛使用的局部可解释性方法：沙普利加和解释(SHAP)。SHAP是另一种与模型独立的黑盒解释器，类似于LIME，用于通过特征重要性解释单个预测(因此具备局部可解释性)。

SHAP是一种特征归因技术，它根据每个特征对整体预测的贡献来计算特征重要性。SHAP建立在Shapley值的概念上，源于合作博弈领域。在本节中，将学习Shapley值是什么，如何将Shapley值应用于计算特征重要性，以及如何在实践中高效地计算Shapley值。

理解Shapley值

假设四名数据科学家(Ava、Ben、Cam和Dev)在Kaggle挑战赛中进行合作，并赢得了第一名，获得的总奖金为20 000美元。作为一个公正的团队，他们决定根据不同贡献分配奖金。他们打算弄清楚在各种组合中的工作表现来做到这一点。由于他们过去经常一起工作，因此在这个过程中他们写下了单独工作以及两人一组、三人一组的表现。图9.16显示了代表每种情况的效果值。

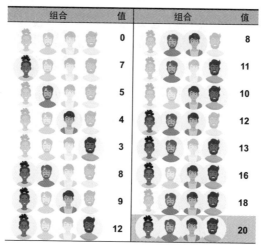

组合	值	组合	值
	0		8
	7		11
	5		10
	4		12
	3		13
	8		16
	9		18
	12		20

图9.16　Ava、Ben、Cam和Dev的所有可能组合，及其对应的价值(以1000美元为单位)。最后一个组合包含所有组员，总奖金为20 000美元。可能的组合如下：有一个大小为0的组合、四个大小为1的组合、两个大小为2的组合、四个大小为3的组合以及一个大小为4的组合。这个表称为特征函数

图中列出了Ava、Ben、Cam和Dev的每种可能结合，也就是所谓的组合。与每个组合关联的是其价值(奖金单位为1000美元)

例如，Ava单独组成的组合的价值为7000美元，而Ava、Ben和Dev组成的组合的价值为13000美元。而四人所组成的最后一个组合称为"大组合"，总奖金为2万美元。

Shapley值能将所有可能的组合中的总奖金分配给这四名团队成员。它本质上帮助确定了团队成员对总体协作的重要性，并帮助确定分配协作总体价值的公平方法(在本例中是奖金)。

每个团队成员p(也称为玩家)的Shapley值以非常直观的方式计算：观察每个组合的值在有或没有团队成员的情况下是如何变化的。公式如下：

$$\phi_p = \sum_{S \in \text{所有没有}p\text{的组合}} \underbrace{\frac{(n-n_s-1)!\,n_s!}{n!}}_{\text{权重，}\pi_x} \cdot (\text{val}(S \cup p) - \overbrace{\text{val}(S)}^{\substack{\text{没有}p\text{的组合}\\S\text{的值}}})$$

（其中 $\text{val}(S \cup p)$ 下方标注：有p的组合 S的值）

这个公式可能一开始看起来令人生畏，但它实际上非常简单。图9.17说明了计算Dev(团队成员4)的Shapley值时该公式的组成部分：①带Dev的组合在第一行，②没有Dev的相应组合在第二行，③两者之间的加权差在第三行。

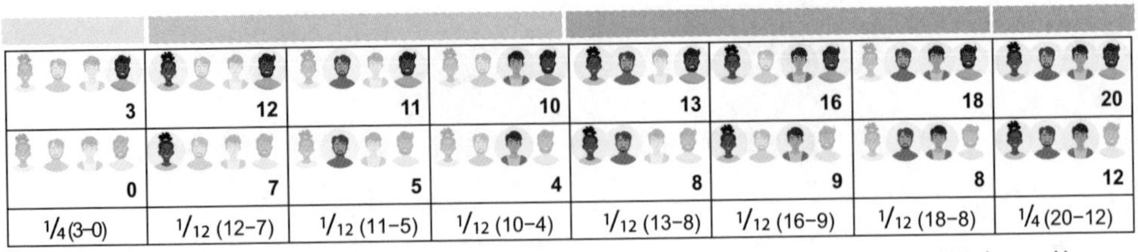

3	12	11	10	13	16	18	20
0	7	5	4	8	9	8	12
$\frac{1}{4}$(3-0)	$\frac{1}{12}$(12-7)	$\frac{1}{12}$(11-5)	$\frac{1}{12}$(10-4)	$\frac{1}{12}$(13-8)	$\frac{1}{12}$(16-9)	$\frac{1}{12}$(18-8)	$\frac{1}{4}$(20-12)

图9.17　计算Dev的Shapley值。顶行是所有带Dev的组合。中间一行显示没有Dev的相应组合。最后一行显示组合价值的单个加权差异。将最后一行相加可得到Dev的Shapley值：$\phi_{\text{Dev}} = 6$

权重是使用团队成员总数n(在本例中为4)和组合大小n_s计算的。例如，对于组合$S=\{\text{Ava, Cam}\}$，$n_s=2$。没有Dev(S)和有Dev($S \cup \text{Dev}$)的组合的权重都是$\frac{1!2!}{4!}=\frac{1}{12}$。其他权重也可以执行类似的计算。

将图9.17中最后一行的所有加权差异相加，得到Dev的Shapley值$\phi_{\text{Dev}} = 6$。同样，还可以获得$\phi_{\text{Ava}} = 4.667$，$\phi_{\text{Ben}} = 4.333$和$\phi_{\text{Can}} = 5$。这表明，基于贡献分配奖金的公平方法(根据图9.16中的特征函数)，Ava、Ben、Cam和Dev的贡献奖金分别为4 667美元、4 333美元、5 000美元和6 000美元。

Shapley值理论性质非常有趣。首先，观察到$\phi_{\text{Ava}} + \phi_{\text{Ben}} + \phi_{\text{Cam}} + \phi_{\text{Dev}} = 20$。也就是说，Shapley值总和等于大组合的价值：

$$\sum_p \phi_p = \text{val}(\{1, 2, \dots, n\})$$

Shapley值的这个属性称为效率，确保了合作的整体价值恰好被分解并归属于合作中的每个团队成员。

另一个重要属性是可加性，它确保如果有两个值函数，则使用联合值函数计算的整体Shapley值等于单个Shapley值的总和。这对于集成方法影响重大，因为它能将单个基础估计器的Shapley值相加，以获得整个集成的Shapley值。

那么，Shapley值与可解释性有什么关系呢？类似于四位数据科学家朋友的情况，机器学习问题中的特征会一起协作进行预测。Shapley值可以帮助确定每个特征对总体预测的贡献。

Shapley值作为特征重要性

假设要解释黑盒模型f在样本$\boldsymbol{x}$上的预测。特征j的Shapley值计算为

$$\phi_j = \underset{\substack{S \in \text{所有没有} \\ \text{特征} j \text{的组合}}}{\sum} \underbrace{\frac{(n - n_s - 1)! \, n_s!}{n!}}_{\text{权重，} \pi_x} \cdot (\underbrace{f(\boldsymbol{x}_{S \cup j})}_{\text{使用带有} j \text{的} \atop \text{特征} S \text{的模型}} - \overbrace{f(\boldsymbol{x}_S)}^{\text{使用不带} j \text{的} \atop \text{特征} S \text{的模型}})$$

使用黑盒模型作为特征/值函数。与之前一样，考虑所有具有和不具有特征j的可能组合。

现在，可以计算所有特征的Shapley值。与之前一样，将Shapley值用于估计特征重要性是有效的，并且将整体预测的一部分归因于每个特征：

$$\sum_j \phi_j = f(x)$$

Shapley值在理论上具有良好的动机，并且具有一些非常有吸引力的特性，因此其成为特征重要性的可靠度量。在实践中，直接使用这个过程有一个重要的限制：可伸缩性。

Shapley计算使用训练模型对特征重要性进行评分。事实上，它需要为每个特征组合使用一个训练模型。例如，对于之前所分析的有两个特征的糖尿病诊断模型(年龄和血糖)，必须训练三个模型，每个组合有一个模型：f_1(年龄)，f_2(glc)和f_3(age, glc)。

一般来说，如果有d个特征，将有$2d$个总组合数，并将必须训练$2d-1$个模型(不会为空组合训练模型)。例如，银行营销数据集有19个特征，那么需要训练$2^{19}-1=524\ 287$个模型！在实践中，这简直就是天方夜谭。

SHAP

面对这种结合的不可行性，该怎么做呢？通常做的是近似和采样。受LIME的启发，SHAP方法旨在学习一个线性代理函数，其参数是每个特征的Shapley值。

类似于LIME，给定黑盒模型$f_b(x)$，SHAP还使用与LIME具有相同形式的损失函数来训练代理模型$f_s(x')$。但是，与LIME不同的是，必须在损失函数中纳入组合的概念：

$$L(f_b(x), f_s(x' \mid z), \pi_x) = \sum_z \underbrace{\pi_x(z)}_{\text{局部权重}} \cdot (f_b(x) - f_s(h_x(z)))^2$$

通过查看它与LIME的相似之处和不同之处(也请参见图9.18)来理解这一损失函数和SHAP。与之前一样，假设有兴趣解释一个具有五个特征$x = [x_1, x_2, x_3, x_4, x_5]$的黑盒模型的预测。

- LIME通过随机扰动原始样本x来创建代理样本x'。SHAP使用一个复杂的两步方法来创建代理样本：
  - SHAP生成一个随机组合向量z，它是一个0-1向量，表示组合中是否应该有特征。例如，$z = [1,1,0,0,1]$表示第一、第二和第五个特征的组合。

- SHAP通过使用映射函数 $x' = h_x(z)$ 从 z 创建代理样本。无论 $z_j = 1$ 在哪里，都将 x'_j 设置为 x_j，即感兴趣的样本 x 的原始特征值。无论 $z_j = 0$ 在哪里，都将 x'_j 设置为 x_j^{rand}，即随机选择的另一个样本 x^{rand} 的特征值。对于上面的 z 的选择，代理样本将为 $x' = [x_1, x_2, x_3^{rand}, x_4^{rand}, x_5]$。

因此，每个代理样本都来自想要解释的原始训练样本和另一个随机训练样本的特征的集合体。其中思想是，属于组合的特征从感兴趣的样本中获取特征值，而不属于组合的特征从数据集中的其他样本中获取随机"真实特征值"。

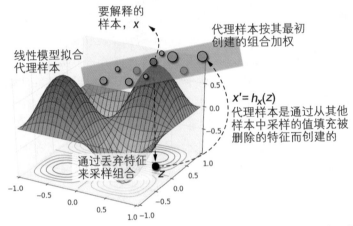

图9.18　SHAP在需要解释其预测样本的局部位置创建一个代理样本训练集

- LIME使用RBF/指数核，通过与 x 的距离对代理样本 x' 进行反向加权。SHAP使用Shapley核对代理样本 x' 加权，该核就是Shapley计算的权重 $\pi_x(z) = \frac{(d - n_z - 1)! n_z!}{d!}$，其中 d 是总特征数，n_z 是组合大小(z 中1的数量)。直观地看，这一权重反映了其他类似组合的数量，这些组合具有相似数量的零和非零特征。

现在，在 x 样本的局部环境中有了一个代理训练集，可以训练一个线性模型。SHAP的一个版本称为KernelSHAP，它使用线性回归进行训练。这个线性模型的权重即是每个特征的近似Shapley值。

SHAP实践

与LIME一样，SHAP也可以通过Python的两个最流行的包管理器(pip和conda)获得。请参见SHAP的GitHub页面(https://github.com/slundberg/shap)以获取文档和许多样本，说明如何将其用于分类、回归、文本、图像甚至基因组数据。

在本节中，将使用一种称为TreeSHAP的SHAP版本，该版本专门设计用于基于树的模型，包括单个决策树和集成。TreeSHAP是SHAP的一种特殊变体，它利用决策树的独特结构有效地计算Shapley值。

如前所述，Shapley值具备"可加性"的良好属性。对于我们来说，这意味着如果有一个模型是树的加性结合，即树集成(如Bagging、随机森林、梯度提升和牛顿提升等)，则集成的Shapley值只是单个树的Shapley值的总和。

由于TreeSHAP可以有效地计算集成中每个单个树中每个特征的Shapley值，因此可以高效地获取整个集成的Shapley值。最后，与LIME不同，TreeSHAP不必提供代理数据集，因为树本身包含所有需要的信息(特征划分、叶值/预测、样本计数等)。

TreeSHAP支持本书中讨论的许多集成方法，包括XGBoost。代码清单9.10显示如何使用XGBoost模型计算和解释银行营销数据集测试样本3104的Shapley值。

代码清单9.10　使用TreeSHAP解释XGBoost预测

```
import shap

explainer = shap.TreeExplainer(xgb, feature_names=list(Xtrn.columns))

shap_values = explainer(
                Xtst.iloc[3104].values.reshape(1, -1))    ← 解释测试样本
                                                            3104的预测
shap.plots.waterfall(shap_values[0])    ← 使用瀑布图可视
                                          化Shapley值

shap.initjs()
shap.plots.force(shap_values[0])    ← 使用力导向图可
                                      视化Shapley值
```

此代码清单以两种方式可视化Shapley值：瀑布图(图9.19)和力导向图(图9.20)。记住，SHAP是用预测概率(置信度)解释分类器模型的。对于分类器，x轴的值为对数概率，其中0.0表示分类的均等概率(1:1)，或正样本的50%预测概率。

图9.19的瀑布图显示了每个特征对样本3104整体预测的单个贡献。正如接下来看到的，每个特征的单个预测贡献加起来等于最终预测：0.518。该图直观地说明了SHAP解释的加性性质。

图9.20的力导向图帮助更直观地观察特征如何对预测作出贡献。该图以预测(0.518)为中心，并通过正样本或负样本解释可视化特征对预测的影响程度。

注意：LIME和SHAP都是加性局部可解释性方法。这意味着它们可用一种直接的方式扩展到全局可解释性，两种方法的全局特征重要性都可以通过对与任务相关的数据集计算的局部特征重要性进行平均来获得。

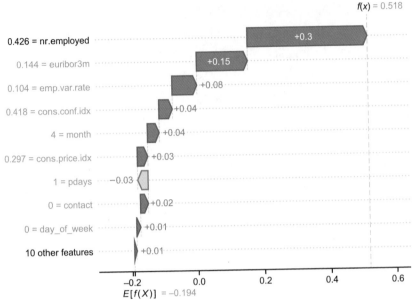

图9.19　瀑布图可视化Shapley值。图左侧的值表示测试样本3104的特征值，而条形图中的文本显示它们的Shapley值

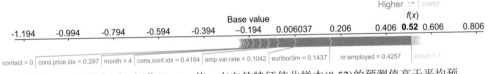

图9.20　力导向图可视化Shapley值。右向的特征使此样本(0.52)的预测值高于平均预测(-0.194)。左向的特征使预测值降低并接近基值。贡献加起来就是整体预测，该预测值高于此例的基值。解的样本的特征值显示在力导向图下方

LIME和SHAP的一个缺点是，它们仅设计用于计算和评估单个特征的重要性，而不是特征交互。SHAP以类似于PDP的方式为可视化特征交互提供了一些支持。

但是，就像PDP一样，SHAP没有任何机制自动识别重要的交互特征组，而迫使可视化所有的对，这可能令人不知所措。假设银行营销数据集中有19个特征，那么也将有171个成对的特征交互。

在实际应用中，由于许多特征彼此依赖，因此了解特征交互如何影响决策也非常重要。在下一节中，将学习这样一种方法：可解释性提升机。

9.5　白盒集成：训练解释性

已经了解了独立于模型的可解释性方法。这些方法可以采用已经训练的模

型(例如，由XGBoost等集成学习器训练)并尝试解释模型本身(全局)或模型预测(局部)。

但是，与其将集成视为一个黑盒，能否从头开始训练一个可解释的集成？这种集成方法的表现良好并且可解释吗？这些类型的问题推动了可解释提升机(EBM)的开发，EBM是一种白盒集成方法，其主要亮点如下：

- EBM可用于单个样本的全局可解释性和局部可解释性！
- EBM学习完全因式分解模型，即模型组件仅取决于单个特征或特征对。这些组件直接提供可解释性，且EBM不需要其他计算(如SHAP或LIME)来生成解释。
- EBM是一种广义的可加性模型(GAM)，是本章和本书其他地方讨论的GLM的非线性扩展。与GLM类似，GAM的每个组件也仅取决于一个特征。
- EBM还可以检测重要的特征对交互。因此，EBM扩展了GAM，以包括两个特征的组件。
- EBM使用循环训练方法，其中通过所有特征的重复传递来训练大量的基础估计器。该方法也是可并行的，因此EBM成为高效的训练方法。

在接下来的两节中，将看到EBM在概念上的工作原理，以及如何在实践中训练和使用它们。

9.5.1　可解释性提升机

EBM有两个关键的组成部分：第一，是广义加性模型(GAM)；第二，具有特征交互。因此，可将模型展示分解成更小的组件，从而可以更好地解释。

具有特征交互的广义加性模型

GLM使用链接函数$g(y)$将目标与特征上的线性模型联系起来：

$$g(y) = \beta_0 + \beta_1 x_1 + \cdots + \beta_d x_d$$

GLM的每个组件$\beta_1 x_1$仅取决于一个特征x_j。GAM扩展了这个非线性模型：

$$g(y) = \beta_0 + f_1(x_1) + \cdots + f_d(x_d)$$

与GLM一样，GAM的每个组件$f(x_j)$也仅取决于一个特征x_j。记住，GLM和GAM都可以被视为集成，集成的每个组件仅取决于一个特征！这对于训练具有重大意义。

EBM进一步扩展了GAM，包括成对组件。但是，由于特征对的数量可能非常大，EBM仅包含少量重要的特征对：

$$g(y) = \beta_0 + \underbrace{f_1(x_1) + \cdots + f_d(x_d)}_{\text{所有单个特征}} + \overbrace{f_{ab}(x_a, x_b) + \cdots + f_{uv}(x_u, x_v)}^{\text{重要特征对}}$$

图9.21也显示了早期的糖尿病诊断问题，但有三个变量：age(年龄)、glc(血糖水平)和bmi(体重指数)。此示例EBM分别包含所有三个特性的组件，以及一个成对的组件(并非所有三个结合)。

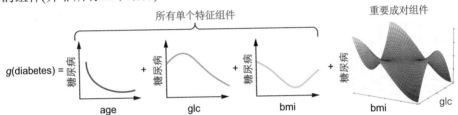

图9.21　EBM是由仅取决于一个特征以及两个特征的非线性组件组成的广义加性模型。此示例显示了一个取决于三个变量的糖尿病诊断EBM：age、glc和bmi。尽管有三对变量(age-glc、glc-bmi、age-bmi)，但此EBM仅包括其所认为的一对重要变量。可解释性提升模型也是一个集成

由于每个组件是只有一个变量或两个变量的函数，因此一旦学习，可以立即可视化每个变量(或变量对)与目标之间的依赖关系。此外，EBM未包含所有成对组件，仅选择最有效的组件。这种机制避免了模型膨胀，并提高了其可解释性。通过精心选择EBM的结构，可以训练一个可解释的集成，因此EBM成为白盒方法。

但是，模型性能如何呢？是否有可能有效地训练EBM，帮助它像现有的集成方法一样表现良好？

训练EBMS

与GLM和GAM一样，EBM也是基于单个特征以及特征对的基本组件的集成。这很重要，因为它使能够使用最喜欢的集成学习器(梯度提升)简单修改对EBM进行有顺序的训练。EBM同样采用两阶段步骤进行训练：

- 在第一阶段，EBM逐个为每个特征拟合组件 $f_j(x_j)$。这是通过数千次迭代的循环和顺序训练过程来完成的，每次迭代涉及一个特征。在迭代 t 中，对于特征 j，使用梯度提升拟合了一个非常浅的 tree_j^t。一旦在迭代中循环遍历了所有特征，就进入下一个迭代。该过程如图9.22所示。
- 现在冻结部分训练好的EBM $g(y) = f_1(x_1) + \cdots + f_d(x_d)$，用于评估所有可能的特征对 (x_i, x_j) 并进行评分。这使EBM能够确定数据中至关重要的特征交互对 $(x_a, x_b) \cdots (x_u, x_v)$，选择了少量相关特征对。

- 在第二阶段，EBM以与第一阶段完全相同的方式拟合每个特征对$f_{jk}(x_j, x_k)$的浅树 tree'_{jk}。这会产生一个完全训练好的EBM：$g(y) = f_1(x_1) + \cdots + f_d(x_d) + f_{ab}(x_a, x_b) + \cdots + f_{uv}(x_u, x_v)$。

从图9.22中，可以看到每个单个组件$f_j(x_j)$实际上都是成千上万个浅层树的集成：

$$f_j(x_j) = \text{tree}_j^1(x_j) + \cdots + \text{tree}_j^{5000}(x_j)$$

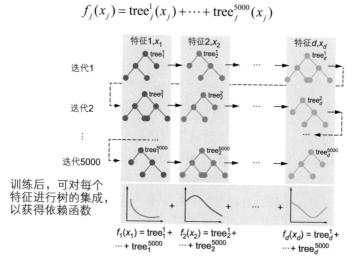

图9.22　EBM训练过程的第一阶段，其中每个特征的模型进行顺序和循环训练，每次迭代每个特征一个模型。所训练的树是浅层的，学习率非常低。然而，经过大量迭代，可以学到每个特征的复杂非线性模型。训练EBM的第二阶段也遵循类似的程序，其中训练成对特征交互的模型

同样，每个特征交互组件也是一个集成：

$$f_{jk}(x_{jk}) = \text{tree}_{jk}^1(x_j, x_k) + \cdots + \text{tree}_{jk}^{5000}(x_j, x_k)$$

那么这个EBM如何成为一个白盒呢？有三种方式：

- 局部可解释性——对于分类问题，给定一个特定的例子，如果想解释x，可以从EBM中得到预测的对数概率为$f_1(x_1) + \cdots + f_d(x_d) + f_{ab}(x_a, x_b) + \cdots + f_{uv}(x_u, x_v)$。通过构造，EBM已经是一个完全分解和可加模型，因此可以简单地获取每个特征$f_j(x_j)$或特征对$f_{jk}(x_j, x_k)$的贡献。对于回归问题，可以类似地获得对整体回归值的贡献。这两种情况下，都不需要像LIME或SHAP那样的额外过程，也没有使用线性模型进行近似的必要！

- 全局可解释性——由于每个组件$f_j(x_j)$或$f_{jk}(x_j, x_k)$，也可以在x_j和/或x_k的特征范围上绘制依赖图。这将生成特征x_j和/或x_k在所有可能值上的依赖图，以此表明模型在组合中的行为。

■ 特征交互——与SHAP或LIME不同，模型允许方便地识别关键特征交互。
这提供了对模型行为的额外见解，也有助于更好地解释预测。

9.5.2　EBM实践

EBM是InterpretML软件包的一部分。除了EBM，InterpretML软件包还提供了
LIME和SHAP的封装器，因此能够在同一个框架中使用它们。InterpretML还包括
一些很好的可视化功能。但在本节中，将探讨如何使用InterpretML来训练、可视
化和解释EBM。

注意：可以通过pip和Anaconda安装InterpretML。该软件包的文档页面(https://
interpret.ml/)包含有关如何使用各种白盒和黑盒模型的其他信息。

代码清单9.11展示了如何在银行营销数据集上训练EBM。与第9.2节中训练的
随机森林和XGBoost模型一样，必须考虑数据中的类不平衡。在训练过程中，通
过将正样本加权5.0，将负样本加权1.0来实现这一点。此代码清单还创建了两个可
视化：一个用于局部可解释性(测试样本3104)，另一个用于全局可解释性(使用特
性重要性和依赖性图)。

代码清单9.11　使用InterpretML训练和可视化EBM

```
from interpret.glassbox import ExplainableBoostingClassifier

wts = np.full_like(ytrn, fill_value=1.0)          ◀── 权重样本1:5以解决
wts[ytrn > 0] = 5.0                                      类别不平衡问题


feature_names = list(Xtrn.columns)
feature_types = np.full_like(feature_names, fill_value='continuous')
cat_features = ['default', 'housing', 'loan', 'contact', 'poutcome',
                'job', 'marital', 'education', 'month', 'day_of_week']
feature_types = ['categorical' if f in cat_features else 'continuous'
                for f in feature_names]          ◀── 为EBM识别特征类
                                                      型：分类、连续
ebm = ExplainableBoostingClassifier(feature_names=feature_names,
                    feature_types=feature_types)
ebm.fit(Xtrn, ytrn, sample_weight=wts)           ◀── 使用这些权重初
                                                      始化和训练EBM

from interpret import set_visualize_provider      ◀── 初始化InterpretML
from interpret.provider import InlineProvider          可视化工具
set_visualize_provider(InlineProvider())

from interpret import show                         ◀── 测试样本3104
x = Xtst.iloc[3104, :].values.reshape(1, -1)           的解释
y = ytst[3104].astype(float).reshape((1, 1))
```

```
local_explainer = ebm.explain_local(x, y)
show(local_explainer)

ebm_global = ebm.explain_global()
show(ebm_global)
```

◄── 测试样本的局部解释
(针对测试样本3104)

◄── 全局解释(特征重
要性和依赖图)

ExplainableBoostingClassifier默认情况下训练5000轮，并支持早停。ExplainableBoostingClassifier还将成对交互的数量限制为10(默认情况下，也可由用户自行设置)。由于此数据集有19个特征，因此共将有171个成对交互，模型将从这些成对交互中选择前10个。

经过训练的EBM模型的整体准确率为86.69%，平衡准确率为74.59%。在第9.2节中训练的XGBoost模型的整体准确率为87.24%，平衡准确率为74.67%。EBM模型与XGBoost模型相当接近！关键区别在于XGBoost模型是黑盒，而EBM模型是白盒。

那么，可从这个白盒中得到什么？图9.23显示了测试样本3104的局部解释。局部解释显示了模型中每个特征和特征交互对整体正样本或负样本预测的贡献程度。

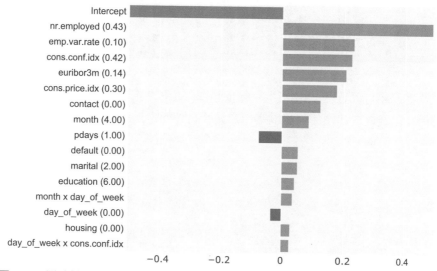

图9.23　测试样本3104的局部可解释性，包括单个特征(例如euribor3m和poutcome)和成对特征(例如month×day_of_week)，以及每个EBM组件及其对整体预测(Sub?=YES)的贡献

测试样本3104是一个正样本(即Sub?=YES，这意味着客户已经预订了一笔定期存款账户)。EBM模型对此样本进行了正确分类，置信度(预测概率)为66.1%。

训练过的EBM模型使用了许多已知的重要特征，如nr.employed，这与其他方法类似。经过训练的EBM还使用了三个成对特征对3104样本进行预测：month × day_of_week，day_of_week × cons.conf.idx，default × month。两两特征交互作用最高的是month × day_of_week，这对整体预测的贡献是正面的。与此形成对比的是XGBoost黑盒的LIME和SHAP解释，它们只能识别月份，因为它们未明确支持特征交互。EBM模型能够学习使用更精细的特征，并解释其重要性！这里的要点是，EBM模型明确地包含特征交互并可对其进行解释。

　　EBM还可在特征重要性方面提供全局可解释性。总体重要性是通过对整个训练集上的单个特征重要性进行平均(绝对值)来获得的。

　　整体模型包含30个组件：19个单个特征组件、10个成对特征组件和1个拦截器。图9.24显示了前15个特征和成对特征重要性。这些结果与以前使用其他方法(如SHAP和LIME)计算的特征重要性度量基本一致。

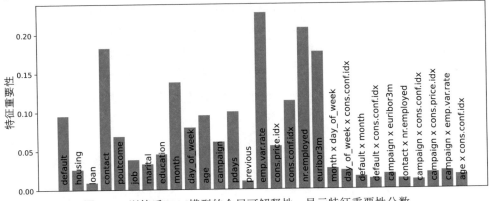

图9.24　训练后EBM模型的全局可解释性，显示特征重要性分数

　　最后，还可以直接从EBM中获得依赖图(如图9.22所述)。图9.25显示了年龄的依赖图，以及该依赖图如何影响某用户是否会订阅定期存款账户。

Age

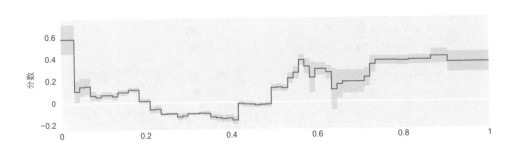

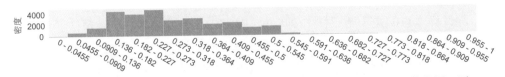

图9.25　年龄依赖性图。在预处理期间，表示年龄的x轴箱被缩放到0~1的范围。原始年龄在17~98之间。在0.2~0.4范围内的人分数为负，对应的年龄为33~49岁。这表明，在没有其他任何信息的情况下，这个年龄段的人通常不太可能申请定期存款账户

9.6　小结

- 黑盒模型通常由于其复杂性而难以理解。这些模型的预测需要专门的工具来解释。
- 白盒模型更直观、更容易理解。这些模型的结构使它们本质上易于解释。
- 大多数集成方法通常是黑盒方法。
- 全局方法试图解释模型的整体决策过程和广泛相关因素。
- 根据单个样本和预测，局部方法试图具体解释模型的决策过程。
- 特征重要性是一种可解释性方法，根据特征对目标变量正确预测的贡献获得分数。
- 决策树是常用的白盒模型，可以表示为一组决策规则，易于理解。
- 决策树的可解释性取决于它们的复杂性(深度和叶节点数)。更复杂的树更不直观，更难理解。
- 广义线性模型(GLM)是另一种常用的白盒模型。它们的特征权重可以解释为特征重要性，因为它们确定每个特征对整体决策的贡献程度。
- 排列特征重要性是一种用于全局可解释性的黑盒方法。它试图估计模型的预测性能在打乱/排列特征之前和之后发生的变化。
- PDP是另一种用于全局可解释性的黑盒方法。部分依赖关系通过边缘化或其他变量的求和来确定。
- 代理模型通常用于模仿或近似黑盒模型的行为。代理模型是白盒，本质上是可解释的。
- 全局代理模型(如决策树)训练模型，以优化忠诚度和可解释性之间的权衡。
- 模型不可知的局部可解释性算法(LIME)是一种局部代理模型，它在想要解释的样本邻域中训练线性模型。
- LIME还优化了忠诚度和可解释性之间的权衡，并通过干扰待解释样本的局部邻域特征来生成代理训练集。
- 由于Shapley值，能够通过考虑它们在所有可能特征结合中的贡献来确定单个特征的整体贡献(特征重要性)。
- 对于具有许多特征和样本的真实数据集，Shapley值是不可直接计算的。
- SHAP是一种局部代理模型，它训练一个局部线性模型来近似Shapley值。
- 对于基于树的模型，使用特别设计的变量TreeSHAP可以高效地计算Shapley值。
- Shapley值和SHAP都具有可加性，因此可以在集成单个模型时结合

Shapley值。

- LIME和SHAP的一个缺点是，它们基本上只设计用于计算和评估单个特征的重要性，而不是计算和评估特征交互。

- EBM是一种白盒模型，可用于解释单个样本的全局可解释性和局部可解释性。

- EBM学习全因式模型；即模型组件仅取决于单个特征或特征对。这些组件直接提供可解释性，EBM不需要进行额外的计算(如SHAP或LIME)来生成解释。

- EBM是一种广义加性模型(GAM)，是GLM的非线性扩展。

- EBM还可以检测重要的成对特征交互。因此，EBM将GAM扩展到包括两个特征的组件。

- 使用循环训练方法，其中通过重复所有特征来训练大量的基础估计器。这种方法也是可并行的，因此使用EBM成为一种有效的训练方法。

结语

恭喜你完成了学习！无论你是对使用集成构建企业模型感兴趣的数据科学家、参与构建基于机器学习的应用程序工程师、希望在竞赛中获得额外优势的参赛者、学生还是业余爱好者，我都希望你能从本书中学到一些关于集成方法的新知识！

本书的目标不仅是要超越其他数百种通过Google搜索即可获得的教程，而是要培养对于集成方法的直觉和更深入的理解，了解不同集成方法的设计和发展动机以及如何充分发挥它们的优势。

划分了不同的集成方法，并将其重新结合(许多情况下，甚至从头开始！)以真正了解它们的运作原理。学习了针对多种流行集成方法的成熟的现成工具和包。最后，通过案例研究，学习了如何在实践中使用集成方法来应对具有挑战性的实际应用。

通过采用这种沉浸式方法，我希望能帮助你从概念和视觉上揭开技术和算法细节的神秘面纱。有了这个基础和集成思维，你现在可以继续构建更好的应用程序，并创建自己的集成方法。表E.1是所学到的各种集成方法的回顾。

表E.1　本书中涵盖的集成方法

章节	集成方法
第2章	同质并行集成：Bagging、随机森林、Pasting、随机子空间、Random Patch、极度随机树
第3章	异质并行集成：多数投票、加权、Dempster-Shafer集成、Stacking和元学习
第4章	顺序自适应提升集成：AdaBoost、LogitBoost
第5章	顺序梯度提升集成：梯度提升(和LightGBM)
第6章	顺序梯度提升集成：牛顿提升(和XGBoost)
第8章	顺序梯度提升集成：有序提升(和CatBoost)
第9章	可解释的集成：可解释提升机(EBM)

进一步阅读

集成方法是所有数据科学家工具箱中的关键部分,可以使用它们来训练强学习器、弱学习器甚至其他集成器中的集成器!在你继续探索这个丰富且迷人的领域时,以下资源将帮助你更深入地了解集成方法的专业子主题和未来方向。

实用的集成方法

- Corey Wade,*Hands-On Gradient Boosting with XGBoost and scikit-learn: Perform accessible machine learning and extreme gradient boosting with Python* (Packt Publishing,2020)
- Dipayan Sarkar和Vijayalakshmi Natarajan,*Ensemble Machine Learning Cookbook* (Packt Publishing,2019)

集成方法的理论和基础

- Robert E. Schapire和Yoav Freund,*Boosting: Foundations and Algorithms* (MIT Press,2012)
- 周志华,*Ensemble Methods: Foundations and Algorithms*(Chapman & Hall / CRC,2012)
- Lior Rokach,*Pattern Classification Using Ensemble Methods* (World Scientific Publishing Co.,2010)

几个高级主题

最后,将指出机器学习和人工智能的另外两个框架,这些框架在集成方法的研究方面受到了越来越多的关注。本书中所涵盖的集成方法解决了"经典机器学习问题",其中数据通常以表格形式表示。然而,数据要丰富得多,可以有更多的模态和结构,而不仅仅是表格,包括对象级表示、图像、视频、文本、音频、图形、网络,甚至是这些结合的多模态数据!

关系学习框架(也称为符号机器学习)使用对象、概念和它们之间关系的高级符号表示。然后,机器学习问题可在这种表示中构建,并使用不同的方法(包括集成方法)进行训练。关系学习通常非常适用于推理问题(例如,社交网络中的链接预测)。

深度学习框架(也称为神经机器学习)使用对象及其概念之间的低级神经连接主义表示。人工神经网络和深度学习模型也构建于该低级神经连接主义表示中。

深度学习通常非常适用于感知问题(例如视频中的目标检测)。

集成方法已经在不同程度上成功地应用于这两个学习框架中，是机器学习社区中较为热门的研究主题。

统计关系学习的集成方法

如前所述，本书中涵盖的方法是针对表格数据设计的，其中每个样本都是具有多个属性或特征的单个对象。例如，在糖尿病诊断中，每个样本都是具有多个属性(如血糖、年龄等)的患者。

然而，数据通常比这复杂得多，无法轻松地都塞进一张表格中。例如，在糖尿病诊断中，存在许多不同类型的对象，如患者、医学测试、处方和药物。每个对象都有自己的属性集。不同对象之间存在复杂的关系，不同患者有不同的医学测试、不同的结果、特定的处方等。

简言之，数据通常是关系型的。在关系数据库术语中，这种数据不能只通过单个表格来获取，而实际上需要多个表格，它们之间也具有复杂的交互和交叉引用。

SRL(统计关系学习)是机器学习一个子领域，该子领域涉及这些领域中的训练模型。SRL模型是有效的概率数据库，可以用于SQL样式数据库查询以外的复杂查询。

SRL模型非常适合建模任务，例如链接预测、实体解析、组检测和聚类、集体分类和其他基于图形的预测任务。SRL模型已应用于文本挖掘和自然语言处理、社交网络分析、生物信息学、Web和文档搜索以及需要推理的更复杂应用程序。

SRL是一个高级主题，需要掌握一阶逻辑、图模型和概率方面的背景知识。以下是一些开始学习这些主题和SRL的良好资源：

- Lise Getoor和Ben Taskar，*Introduction to Statistical Relational Learning* (MIT Press，2009)
- Luc De Raedt、Kristian Kersting、Sriraam Natarajan和David Poole，*Statistical Relational Artificial Intelligence Logic, Probability, and Computation* (Morgan＆Claypool Publishers，2016)

SRL的一个重要集成方法是BoostSRL(https://starling.utdallas.edu/software/boostsrl/)，它适用于不同SRL模型的梯度提升框架。以下参考资料是深入研究SRL模型集成方法的良好起点：

- Sriraam Natarajan、Kristian Kersting、Tushar Khot和Jude Shavlik，*Boosted Statistical Relational Learners: From Benchmarks to Data-Driven Medicine* (Springer，2015)

深度学习的集成方法

在过去十年里，神经网络经历了一次复兴并且广受欢迎，在文本、图像、视频和音频的大规模学习任务上取得了巨大成功。本书中讨论的许多集成技术都可以通过使用深度神经网络作为基础估计器用于创建深度学习集成。这些技术包括Bagging、自适应提升和Stacking等。

其主要缺点是训练深度学习集成的巨大计算开销。单个深度学习模型的训练计算成本很高，并且需要大量数据。因为集成方法依赖于多个基础模型的集成多样性，而一个有效的深度学习集成就需要训练许多这样的网络！

深度学习集成技术通常试图通过训练单个深度神经网络并依靠DropOut(在网络中随机删除神经元)或DropConnect(随机删除连接)等技术以更有效地从单个预训练的网络中创建各种变体。以下是一些有用的参考资料：

- (最初的DropOut论文)Geoffrey Hinton、Nitish Srivastava、Alex Krizhevsky、Ilya Sutskever和Ruslan Salakhutdinov，*Improving neural networks by preventing co-adaptation of feature detectors* (2012)
- (DropOut作为神经集成)Pierre Baldi和Peter Sadowski，*Understanding Dropout* (NeurIPS，2013)

另一种称为快照集成的方法，在训练期间保存模型的权重快照，以在没有任何额外训练成本的情况下创建一个集成：

- Gao Huang、Yixuan Li、Geoff Pleiss、Zhuang Liu、John E. Hopcroft和Kilian Q. Weinberger，*Snapshot Ensembles: Train 1, get M for free* (ICLR，2017)

另一种专门研究表格数据深度学习模型的方法是神经遗忘决策集成(NODE)，它使用可微遗忘决策树(类似于CatBoost)，但像神经网络一样使用反向传播进行训练。

- Sergei Popov、Stanislav Morozov和Artem Babenko，Neural Oblivious *Decision Ensembles for Deep Learning on Tabular Data*(ICLR，2020)

深度学习集成研究领域非常活跃。

谢谢！

最后，亲爱的读者，感谢你阅读本书并一直坚持到最后！我希望你在学习集成方法的过程中获得了乐趣，并且希望本书对你的项目有所帮助，或者仅仅是作为一个有用的参考资料。祝你好运！